EUL VERLAG

MARKETING UND MEDIEN

Herausgegeben von Prof. Dr. Thorsten Hennig-Thurau, Münster

Band 5
Anne Berit Knaevelsrud
Bindungs- und Bewältigungsreaktionen von Konsumenten nach dem Ende von Markenbeziehungen – Eine Studie am Beispiel von High-Involvementgütern
Lohmar – Köln 2012 • 248 S. • € 56,- (D) • ISBN 978-3-8441-0214-7

Band 6
Paul Marx
Providing Actionable Recommendations – A Movie Recommendation Algorithm with Explanation Capability
Lohmar – Köln 2013 • 240 S. • € 56,- (D) • ISBN 978-3-8441-0215-4

Band 7
Torsten Heitjans
Der Markenwert von Spielfilmen
Lohmar – Köln 2015 • 248 S. • € 56,- (D) • ISBN 978-3-8441-0391-5

Band 8
Julia Vogel
Internet Kills the Physical Store!? – Der Einfluss einer Multikanalstrategie auf den Unternehmenserfolg im Vergleich zur internetbasierten oder stationären Einkanalstrategie: Empirische Überprüfung eines Kontingenzmodells
Lohmar – Köln 2015 • 252 S. • € 57,- (D) • ISBN 978-3-8441-0426-4

Band 9
Maria Bartschat
Der Wert verschiedener Word of Mouth-Arten für die Informationssuche von Konsumenten
Lohmar – Köln 2017 • 196 S. • € 56,- (D) • ISBN 978-3-8441-0519-3

Band 10
Jan Flemming
Good Social Media Marketing – Erfolgsdeterminanten für B2C-Unternehmen
Lohmar – Köln 2017 • 256 S. • € 62,- (D) • ISBN 978-3-8441-0529-2

JOSEF EUL VERLAG

Good Social Media Marketing – Erfolgsdeterminanten für B2C-Unternehmen

Inauguraldissertation
zur
Erlangung des akademischen Grades eines Doktors
der Wirtschaftswissenschaften
durch
die Wirtschaftswissenschaftliche Fakultät
der
Westfälischen Wilhelms-Universität Münster

2015

vorgelegt von
Jan Flemming
D6

Dekanin:	Prof. Dr. Theresia Theurl
Erstgutachter:	Prof. Dr. Thorsten Hennig-Thurau Lehrstuhl für Marketing & Medien Marketing Center Münster Westfälische Wilhelms-Universität Münster
Zweitgutachter:	Prof. Dr. Thorsten Wiesel Institut für Wertbasiertes Marketing Marketing Center Münster Westfälische Wilhelms-Universität Münster
Drittgutachter:	Prof. Dr. Stefan Klein Lehrstuhl für Wirtschaftsinformatik & Interorganisationssysteme Institut für Wirtschaftsinformatik Westfälische Wilhelms-Universität Münster
Disputation:	25.11.2015

Reihe: Marketing und Medien · Band 10

Herausgegeben von Prof. Dr. Thorsten Hennig-Thurau, Münster

Dr. Jan Flemming

Good Social Media Marketing

Erfolgsdeterminanten für B2C-Unternehmen

Mit einem Geleitwort von Prof. Dr. Thorsten Hennig-Thurau,
Westfälische Wilhelms-Universität Münster

EUL VERLAG

Bibliografische Information der Deutschen Nationalbibliothek

Die Deutsche Nationalbibliothek verzeichnet diese Publikation in der Deutschen Nationalbibliografie; detaillierte bibliografische Daten sind im Internet über <http://dnb.d-nb.de> abrufbar.

Dissertation, Westfälische Wilhelms-Universität Münster, 2015

D 6

ISBN 978-3-8441-0529-2
1. Auflage Oktober 2017

JOSEF EUL VERLAG GmbH
Brandsberg 6
D-53797 Lohmar
Tel.: +49 (0) 22 05 / 90 10 6-80
Fax: +49 (0) 22 05 / 90 10 6-88
https://www.eul-verlag.de
info@eul-verlag.de

Bei der Herstellung unserer Bücher möchten wir die Umwelt schonen. Dieses Buch ist daher auf säurefreiem, 100% chlorfrei gebleichtem, alterungsbeständigem Papier nach DIN 6738 gedruckt.

Geleitwort

Die Digitalisierung verändert die Umwelt nahezu aller gesellschaftlichen Akteure auf fundamentale Weise. Für Unternehmen resultiert hieraus die Notwendigkeit, bestehende Strategien und Organisationsregeln im Hinblick auf ihre Eignung in der digitalisierten Umwelt zu überdenken. Ein wichtiges Handlungsfeld für Unternehmen ist dabei die Kommunikation mit Konsumenten, für die Social Media neuartige Rahmenbedingungen schaffen, welche es Unternehmen ermöglichen, sich mit aktuellen und potenziellen Kunden über Facebook-Fanseiten oder andere Social-Media-Unternehmensseiten auszutauschen. Kommunikation im Zeitalter des „Flipper-Marketing" kann durch bestehende Organisationsstrukturen mehr schlecht als recht gestaltet werden – Unternehmen, die Marketing als Bowling-Spiel praktiziert haben, müssen sich nicht zuletzt auch organisational neu erfinden, um den gänzlich anderen Anforderungen an Marketing im digitalen Zeitalter Rechnung tragen zu können.

Was muss eine solche Organisation beachten, was muss sie können? Eben dieser Frage geht Jan Flemming in dieser Arbeit nach. Er untersucht, welche Ressourcen und Fähigkeiten Unternehmen benötigen, um ein leistungsfähiges Social Media Marketing anbieten zu können. Mit anderen Worten: um effektiv „flippern" zu können. Er baut seine hochgradig zeitgemäße und zudem praxisrelevante Arbeit auf der grundlegenden Überlegung auf, dass Social Media nicht lediglich ein weiterer Kommunikationskanal sind, sondern eine zentrale Funktion bei der inhaltlichen Ausgestaltung des Marketing im digitalen Zeitalter einnehmen – Social Media als Kern des „Marketing-Flippers".

Mittels eines ressourcenbasierten Ansatzes untersucht er sowohl theoretisch-konzeptionell als auch empirisch, inwieweit etablierte unternehmenskulturbezogene Ressourcen, neuartige Social-Media-spezifische Ressourcen und Fähigkeiten im Zusammenhang mit der Leistungsfähigkeit des Social Media Marketing stehen. Die empirische Untersuchung basiert auf einer eigens durchgeführten Befragung unter 207 Managern von 174 B2C-Marken sowie einer unabhängigen (Sekundär-)Datenquelle. Jan Flemming zeigt anhand diverser Tests, dass der Leser den Daten und Ergebnissen vertrauen kann und diese eine große Güte aufweisen. Sein methodisches Vorgehen entspricht durchgehend dem State of the Art der strategischen Managementforschung, und seine Ergebnisse enthalten sowohl erwartete als auch überraschende Erkenntnisse, die dem Leser mit plausiblen Erklärungen verdeutlicht werden.

Jan Flemmings Arbeit ist eine überzeugende und innovative Verbindung von zwei bisher weitgehend separaten Forschungsgebieten – dem Social Media Marketing und dem strategischen Management. Jene Verbindung gelingt ihm mit bemerkenswerter argumentativer, methodischer und auch sprachlicher Eleganz. Die Arbeit ist durchgängig präzise und motivierend argumentiert und liefert einen großen Erkenntnisbeitrag.

Jan Flemming legt hier eine beeindruckende Arbeit vor, die sowohl in Sachen thematischer Relevanz als auch in der Art und Weise ihrer Umsetzung als Vorbild für viele weitere Dissertationen empfohlen werden kann. Ich wünsche der Arbeit ihren verdienten Markterfolg und hoffe, dass Sie als Leser einen großen Nutzen aus den Erkenntnissen ziehen werden.

Münster, im Februar 2016 Univ.-Prof. Dr. Thorsten Hennig-Thurau

Vorwort

Die vorliegende Arbeit ist in den Jahren 2012 bis 2015 entstanden und wurde im November 2015 von der Wirtschaftswissenschaftlichen Fakultät der Westfälischen Wilhelms-Universität Münster als Dissertation angenommen. Wenngleich die Dissertation selbst eine Einzelleistung ist, durfte ich auf dem Weg zum Ziel von der großartigen Unterstützung mehrerer Personen profitieren, denen ich an dieser Stelle ausdrücklich danken möchte. Besonders dankbar bin ich meinem Doktorvater Prof. Dr. Thorsten Hennig-Thurau, der meine Dissertation durch wertvolle Impulse, anregende Diskussionen und meine wissenschaftliche Weiterbildung nachhaltig gefördert hat. Zudem danke ich Prof. Dr. Thorsten Wiesel für die Übernahme des Zweitgutachtens sowie für seine interessanten Fragen und Anmerkungen im Rahmen meiner Disputation.

Neben meinen beiden Gutachtern möchte ich Socialbakers, einem führenden Anbieter von Social-Media-Metriken, für die Bereitstellung umfangreicher Daten zur Messung des Social-Media-Erfolgs danken. Jene zentrale abhängige Variable meiner empirischen Untersuchung konnte mit Hilfe von Socialbakers aus einer von der Befragung separaten Datenquelle erhoben werden, was maßgeblich zur Steigerung der Qualität meiner Datengrundlage beitrug.

Darüber hinaus danke ich meinen aktuellen und ehemaligen Kolleginnen und Kollegen am Lehrstuhl für Marketing & Medien der Westfälischen Wilhelms-Universität Münster sowie bei Roland Berger. Auf Seiten des Lehrstuhls ist insbesondere Dr. Jonas vor dem Esche hervorzuheben, der mir mit seiner Social-Media-Expertise stets ein guter und hilfreicher Diskussionspartner war. Über Roland Berger konnte ich vor allem von der Unterstützung von Dr. Ralf Kiene, Dr. André Pohlkamp, Edgar Scheunert und Egbert Wege profitieren, die mir von der Anbahnungs- bis zur Abschlussphase meiner Arbeit mit Kontakten, Experten-Einschätzungen und wertvollen Tipps behilflich waren. Sowohl die fachliche als auch die persönliche Unterstützung aller genannten Personen weiß ich sehr zu schätzen.

Schließlich danke ich meiner Familie und meinen Freunden, die auf meinem Weg stets für mich da waren und auch in den nicht immer einfachen Tagen für die notwendige Kraft und Ablenkung sorgten. Eine ebenfalls förderliche Abwechslung in meinen Dissertationsalltag brachten die großartigen Erlebnisse im In- und Ausland mit Borussia Dortmund, für die ich den Spielern und Verantwortlichen des Ballspielvereins dankbar bin. Der größte Dank gilt jedoch meiner Lebenspartnerin Julia Beckemeyer für ihre Geduld, ihr Verständnis sowie ihren liebevollen und uneingeschränkten Rückhalt. Ohne dich, liebe Julia, hätte ich die vielfältigen Herausforderungen der Dissertation kaum meistern können. Du hast ohne Zweifel einen großen Anteil am Erfolg meiner Arbeit.

Düsseldorf, im Februar 2016 Jan Flemming

Inhaltsverzeichnis

Abbildungsverzeichnis

Tabellenverzeichnis

Abkürzungsverzeichnis

AMA	American Marketing Association
B2B	Business-to-Business
B2C	Business-to-Consumer
BVDW	Bundesverband Digitale Wirtschaft
CFI	Comparative-Fit-Index
CRM	Customer Relationship Management (Kundenbeziehungsmanagement)
DEV	Durchschnittlich extrahierte Varianz
df	degrees of freedom (Freiheitsgrade)
EFA	Explorative Faktorenanalyse
ER	Engagement Rate
FR	Faktorreliabilität
INT	Interaktionsorientierung
IO	Innovationsorientierung
KBE	Kundenbezogener Erfolg
KFA	Konfirmatorische Faktorenanalyse
KMO	Kaiser-Meyer-Olkin-Kriterium
KO	Kundenorientierung
LN	Natürlicher Logarithmus
LO	Lernorientierung

MF	Marketing-Fähigkeiten
MSA	Measure of Sampling Adequacy
NNFI	Non-Normed-Fit-Index
n. s.	nicht signifikant
RMSEA	Root Mean Square Error of Approximation
SMB	Social-Media-Bereitschaft der Mitarbeiter
SMF	Social-Media-Marketing-Fähigkeiten
SMI	Interne Social-Media-Integration
SMM	Social-Media-Monitoring
SMO	Social-Media-Organisation
SMS	Social-Media-Strategie
SRMR	Standardized Root Mean Square Residual
TLI	Tucker-Lewis-Index
TMC	Topmanagement-Commitment zu Social Media
VHB	Verband der Hochschullehrer für Betriebswirtschaft
VRIN	Value (Wert), Rareness (Seltenheit), Imperfect Imitability (Unvollständige Imitierbarkeit), Non-Substitutability (Nicht-Substituierbarkeit)
VRIO	Value (Wert), Rareness (Seltenheit), Imitability (Imitierbarkeit), Organization (Organisation)

Symbolverzeichnis

#	Anzahl
N	Anzahl der Indikatoren
χ^2	Chi-Quadrat
α	Cronbachs Alpha
∅	Durchschnitt (arithmetisches Mittel)
x	Indikator (formativ)
y	Indikator (reflektiv)
r	Korrelation
s	Kovarianz (empirisch)
σ	Kovarianz (geschätzt)
γ	Ladungskoeffizient (formativ)
λ	Ladungskoeffizient (reflektiv)
η	Latente Variable (formativ oder endogen reflektiv)
ξ	Latente Variable (reflektiv)
δ	Messfehler eines Indikators
ζ	Messfehler einer latenten Variable
p	p-Wert
β	Standardisierter Pfadkoeffizient
n	Stichprobengröße

σ^2	Varianz
θ	Varianz des Messfehlers eines Indikators (geschätzt)
ϕ	Varianz einer latenten Variable (geschätzt)

1 Einleitung

1.1 Problemstellung

„Social Media is the biggest shift since the Industrial Revolution.“[1]

Die rasante Geschwindigkeit der weltweiten Social-Media-Verbreitung übertrumpft die Entwicklung aller zuvor existierenden Medientechnologien. Während Radio, Fernsehen und Internet 38, 13 und 3 Jahre benötigten, um 50 Millionen Nutzer zu erreichen, erzielten Facebook und Twitter die gleiche Reichweite in weniger als einem Jahr, nachdem sie öffentlich zugänglich gemacht wurden.[2] Inzwischen liegt die Zahl der monatlich aktiven Social-Media-Nutzer bei über zwei Milliarden Menschen, was nahezu einem Drittel der Weltbevölkerung und mehr als zwei Dritteln aller Internetnutzer entspricht.[3] Facebook allein ist mit knapp 1,4 Milliarden Nutzern größer als die bevölkerungsreichsten Länder China und Indien.[4] Die Nutzer von Facebook und anderen Social-Media-Plattformen verbringen durchschnittlich 2,4 Stunden pro Tag auf den verschiedenen Plattformen und machen Social Media damit zur insgesamt meistgenutzten Internetanwendung.[5]

Infolge der hohen Social-Media-Nutzung haben sich die Art und das Ausmaß der Interaktionen zwischen Konsumenten untereinander sowie zwischen Konsumenten und Unternehmen grundlegend verändert.[6] Neben der Aufnahme von Informationen können Konsumenten über Social-Media-Plattformen in Echtzeit eigene Beiträge mit beliebig vielen anderen Konsumenten teilen. Dabei kann es sich sowohl um persönliche Inhalte als auch um Marken- und Produkterfahrungen handeln, welche die Wahrnehmungen, Präferenzen und Verhaltensweisen anderer Konsumenten beeinflussen. Unternehmen können auf Basis dieser zusätzlich verfügbaren Informationen ein besseres Verständnis ihrer Kunden erlangen und erhalten zudem neue Möglichkeiten zur direkten Interaktion mit ihnen.[7]

---

1 Curry (2011).
2 Vgl. Chui et al. (2012), S. 22.
3 Stand: Januar 2015. Vgl. Kemp (2015).
4 Stand: Januar 2015. Vgl. CIA (2015); Facebook (2015).
5 Stand: Januar 2015. Vgl. Goldsmith (2008); Kemp (2015).
6 Vgl. hierzu und im Folgenden Blazevic et al. (2014), S. 87; Hennig-Thurau et al. (2010), S. 312-314; Singh/Sonnenburg (2012), S. 190.
7 Vgl. Hennig-Thurau et al. (2010), S. 312; Labrecque (2014), S. 134.

Die meisten Unternehmen scheinen hierin klare Chancen für sich zu sehen, insbesondere für ihr Marketing. In einer Befragung von Social Media Examiner unter weltweit 2.887 Marketern geben 97% der Befragten an, Social Media Marketing zu nutzen, und 92% bezeichnen es als wichtig für ihr Unternehmen.[8] Passend hierzu prognostiziert Forrester Research einen deutlichen Anstieg der Ausgaben für Social Media Marketing: Es wird davon ausgegangen, dass diese zwischen 2014 und 2019 in Westeuropa von 2,6 auf 4,3 Milliarden Euro und in den USA von 8,2 auf 18,7 Milliarden US-Dollar steigen.[9] Sofern diese Mittel richtig eingesetzt werden, lassen sich durch Social Media Marketing diverse geschäftsrelevante Mehrwerte für Unternehmen erzielen. Verschiedene Studien zeigen u. a. einen positiven Einfluss von Social Media Marketing auf den Umsatz und die Kapitalrendite.[10] Zudem kann die Höhe der Ausgaben für Social Media Marketing vor allem bei B2C-Unternehmen zur Steigerung des eigenen Marktwertes beitragen.[11]

Während Social Media für das Marketing folglich zunehmend an Bedeutung gewinnen, gilt es für Unternehmen zu berücksichtigen, dass sich das egalitäre Social-Media-Umfeld wesentlich von traditionellen und anderen Online-Medien unterscheidet.[12] Durch das zuvor beschriebene Teilen eigener Beiträge über Social-Media-Plattformen können Konsumenten heute als aktive Marktteilnehmer Kaufentscheidungen anderer Konsumenten beeinflussen.[13] Derartige Beiträge können sowohl von anderen Social-Media-Nutzern als auch von Massenmedien aufgegriffen werden, wodurch ihre rasante Verbreitung zusätzlich verstärkt wird. Das Marketing ähnelt im Social-Media-Zeitalter daher einem chaotischen und interaktiven Flipperspiel, in dem Unternehmen die Beiträge zu ihren Marken und Produkten nicht länger kontrollieren können und sich die Marktmacht zugunsten der Konsumenten verschiebt.[14] Um in diesem neuen Umfeld erfolgreich sein zu können, benötigen Unternehmen klare Ansätze für ihr Marketing, die sich für die Bewältigung der besonderen Social-Media-Herausforderungen eignen.[15]

---

8 Vgl. Stelzner (2014), S. 7.
9 Vgl. Miglani (2014a); Miglani (2014b).
10 Vgl. Kumar et al. (2013), S. 194; Rui/Liu/Whinston (2013), S. 863; Stephen/Galak (2012), S. 636 f.
11 Vgl. Plangger (2012), S. 145.
12 Vgl. Peters et al. (2013), S. 296.
13 Vgl. Hennig-Thurau/Wiertz/Feldhaus (2015), S. 388; Wang/Yu/Wei (2012), S. 204 f.
14 Vgl. Deighton/Kornfeld (2009), S. 4; Hennig-Thurau et al. (2010), S. 312-314.
15 Vgl. Hennig-Thurau et al. (2010), S. 312; Peters et al. (2013), S. 296.

Derzeit bestehen in Unternehmen hinsichtlich des richtigen Umgangs mit Social Media deutlich mehr Fragen als Antworten.[16] Wenngleich die meisten Unternehmen einige mit Social Media Marketing verbundene Chancen erkennen, sind viele von ihnen nicht in der Lage, diese erfolgreich zu nutzen.[17] Stattdessen kommt es immer wieder zu Fehlern im Umgang mit Social Media, die u. a. zu Reputationsschäden führen können.[18] Ein viel zitiertes Beispiel für derartige Fehler lieferte der größte Lebensmittelkonzern der Welt Nestlé im März 2010.[19] Über ein YouTube-Video und weitere Social-Media-Plattformen wurde dieser von Greenpeace dazu aufgefordert, für die Herstellung des Schokoriegels KitKat nicht länger auf Palmöl-Zulieferer zu setzen, die mit der Abholzung von Regenwäldern den Lebensraum von Orang-Utans zerstören. Anstatt sich mit den kritischen Beiträgen der vielen mobilisierten Konsumenten auseinanderzusetzen, ließ Nestlé das Video aus Copyright-Gründen von YouTube entfernen, zensierte einzelne Kommentare und löschte die offizielle KitKat-Facebook-Seite mit über 750.000 Fans. Jene Versuche, die Kommunikation in gewohnter Weise zu kontrollieren, forcierten die Wirkung der Kampagne zusätzlich, weshalb sich dieses Negativ-Beispiel noch heute in mehreren Social-Media-Büchern und auf der Wikipedia-Seite von Nestlé findet.[20]

Doch wie lässt sich erklären, dass selbst große und erfahrene Unternehmen wie Nestlé im Social-Media-Umfeld solche Fehler begehen, während andere deutlich erfolgreicher sind? Eine sowohl aus unternehmerischer als auch aus wissenschaftlicher Perspektive zentrale Frage ist demnach, ob es einzelne Determinanten gibt, die den Erfolg des Social Media Marketing eines Unternehmens beeinflussen. Scheinbar hängt der Erfolg nicht nur mit der Größe eines Unternehmens und den damit verbundenen höheren Budgets oder der bekannteren Marke zusammen. Unterscheiden sich Unternehmen also hinsichtlich gewisser Determinanten, die zum Erfolg ihres Social Media Marketing beitragen? Eine Antwort auf diese Frage würde Unternehmen hilfreiche Ansätze für den richtigen Umgang mit Social Media geben.

---

16 Vgl. Weinberg et al. (2013), S. 300.
17 Vgl. Kietzmann et al. (2011), S. 242.
18 Vgl. Labrecque (2014), S. 134; van Noort/Willemsen (2012), S. 131.
19 Vgl. hierzu und im Folgenden Hermes (2010); Hutter (2010).
20 Vgl. Puscher (2012); Wikipedia (2015).

In der Wissenschaft war in den letzten Jahren ein deutlicher Anstieg an Publikationen mit Social-Media-Bezug zu verzeichnen.[21] Dennoch befindet sich die wissenschaftliche Social-Media-Literatur vor allem im Hinblick auf quantitative Studien nach wie vor in einem frühen Stadium.[22] Studien zu möglichen Verbesserungen im Umgang mit Social Media sind daher weiterhin selten.[23] Zu den Determinanten eines erfolgreichen Social Media Marketing besteht derzeit lediglich eine geringe Anzahl relevanter Artikel, die überwiegend Empfehlungen auf Basis konzeptioneller Überlegungen enthalten. Entsprechende empirische Studien liegen hingegen kaum vor. Die wenigen empirischen Studien fokussieren sich primär auf die Ausgestaltung von Social-Media-Aktivitäten und weisen z. T. keinen Bezug zum Erfolg oder methodische Mängel auf.[24] Ungeklärt ist demnach, ob unterschiedliche Ressourcen und Fähigkeiten von Unternehmen als Determinanten eines erfolgreichen Social Media Marketing in Frage kommen.

Dass diese Fragestellung für viele Unternehmen eine hohe Relevanz hat, verdeutlicht allein die diesbezügliche große Vielzahl an öffentlich zugänglichen Empfehlungen von Beratungen, Agenturen und anderen Autoren der unternehmerischen Praxis. Allerdings bietet auch die Praxisliteratur keine adäquate Antwort auf die Frage nach Ressourcen und Fähigkeiten als mögliche Erfolgsdeterminanten im Social Media Marketing. Zwar lassen sich anhand der umfangreichen Veröffentlichungen hilfreiche Praxiseinsichten identifizieren, jedoch weisen diese größtenteils konzeptionelle Mängel auf und nehmen keine empirische Prüfung der Erfolgswirkung der aufgezeigten Determinanten vor. Es bedarf somit sowohl aus wissenschaftlicher als auch aus unternehmerischer Sicht einer umfassenden empirischen Untersuchung der Determinanten eines erfolgreichen Social Media Marketing in Form von Ressourcen und Fähigkeiten. Dabei mangelt es derzeit konkret an folgenden Aspekten:

- Es existiert keine ausreichende Darstellung der theoretisch-konzeptionellen Grundlagen der Determinanten eines erfolgreichen Social Media Marketing in Form von Ressourcen und Fähigkeiten.

21 Vgl. Khang/Ki/Ye (2012), S. 286; Yadav et al. (2013), S. 313 und S. 320.
22 Vgl. Wirtz/Piehler/Ullrich (2013), S. 14 f.
23 Vgl. Aral/Dellarocas/Godes (2013), S. 9; Khang/Ki/Ye (2012), S. 291.
24 Vgl. u. a. Campbell/Anitsal/Anitsal (2013), S. 43-56; de Vries/Gensler/Leeflang (2012), S. 83-91; Trainor et al. (2014), S. 1201-1208.

- Entsprechend besteht weder ein Bezugsrahmen noch ein Modell zur Untersuchung derartiger Erfolgsdeterminanten.
- Eine umfassende empirische Untersuchung dieser Erfolgsdeterminanten liegt bislang nicht vor, sodass keine fundierten Erkenntnisse für die wissenschaftliche Forschung und die unternehmerische Praxis möglich sind.

1.2 Eingrenzung und Ziele der Untersuchung

Aufbauend auf dem im Rahmen der Problemstellung verdeutlichten Bedarf nach einer umfassenden empirischen Untersuchung der Determinanten eines erfolgreichen Social Media Marketing in Form von Ressourcen und Fähigkeiten werden in dieser Arbeit die folgenden Fragestellungen betrachtet:

- Welche Ressourcen und Fähigkeiten kommen als Determinanten eines erfolgreichen Social Media Marketing in Frage und wie lassen sich diese konzeptualisieren und operationalisieren?
- Wie wirken sich diese Determinanten auf den tatsächlichen Social-Media-Erfolg eines Unternehmens aus?
- Tragen diese Determinanten auch zum Social-Media-übergeordneten Erfolg bei oder führen sie zu einer reinen Social-Media-Optimierung eines Unternehmens?

Mit fundierten Erkenntnissen zu diesen Fragestellungen leistet die vorliegende Arbeit einen wichtigen Beitrag für die wissenschaftliche Forschung und die unternehmerische Praxis. Dabei wird aus konzeptionellen Gründen eine Eingrenzung der Untersuchung auf B2C-Unternehmen vorgenommen. Wie bereits in der Problemstellung ersichtlich wird, liegt der Fokus dieser Arbeit auf Marketing-Auswirkungen infolge von Social-Media-bedingten Veränderungen in der Beziehung zwischen Unternehmen und Konsumenten. Hinzu kommt, dass sich die Social-Media-Nutzung im B2C- und B2B-Bereich deutlich voneinander unterscheidet, was eine gemeinsame Betrachtung der jeweils zugehörigen Unternehmen erschwert.[25] Die Eingrenzung auf den B2C-Bereich ermöglicht somit eine höhere Vergleichbarkeit der innerhalb der empirischen Untersuchung zu betrachtenden Unternehmen.

Darüber hinaus erfolgt in dieser Arbeit keine weitere Eingrenzung der Fragestellungen auf einzelne Branchen oder Unternehmenssituationen (z. B. Social-Media-Krisen wie in dem in Abschnitt 1.1 geschilderten Nestlé-Beispiel). Stattdessen wird versucht, mit der eigenen empirischen Untersuchung möglichst generalisierbare Erkenntnisse für B2C-Unternehmen zu erzielen. Die zu betrachtenden B2C-Unternehmen werden daher auf Unternehmens- bzw. Geschäftsbereichsebene untersucht. Hierdurch wird im Gegensatz zur Untersuchung einzelner Social-Media-Kampagnen, die spontan, zeitlich begrenzt und sehr spezifisch sein können, eine Generalisierbarkeit der Erkenntnisse zum Einfluss der Erfolgsdeterminanten gewährleistet.[26] Damit folgt die Arbeit der Vorgehensweise in zahlreichen hochrangigen Publikationen zur Erfolgswirkung diverser Determinanten in Form von Ressourcen und Fähigkeiten.[27]

Auf jener Basis sollen als übergeordnetes Ziel dieser Arbeit die Determinanten eines erfolgreichen Social Media Marketing untersucht werden. Dabei wird Social Media Marketing als erfolgreich erachtet, wenn hierdurch ein Nutzen für Konsumenten entsteht. Da Unternehmen die Kommunikation im egalitären Social-Media-Umfeld nicht länger kontrollieren können, wird angenommen, dass ein entsprechender Nutzen eine notwendige Grundlage für weitere Unternehmensziele darstellt. Sofern dieser vorliegt, wird in der vorliegenden Arbeit auch von Good Social Media Marketing gesprochen. Im Hinblick auf eine strukturierte Untersuchung wird das übergeordnete Ziel in die vier in Abbildung 1 zusammengefassten Teilziele untergliedert. Diese dienen als Leitfaden für den Aufbau der Arbeit und werden im Folgenden näher erläutert.

---

25 Vgl. Stelzner (2014), S. 28.

26 Vgl. Ernst et al. (2011), S. 296; Montoya-Weiss/Calantone (1994), S. 414.

27 Vgl. u. a. Kumar et al. (2011), S. 21 f.; Morgan/Vorhies/Mason (2009), S. 912; Ramani/Kumar (2008), S. 33.

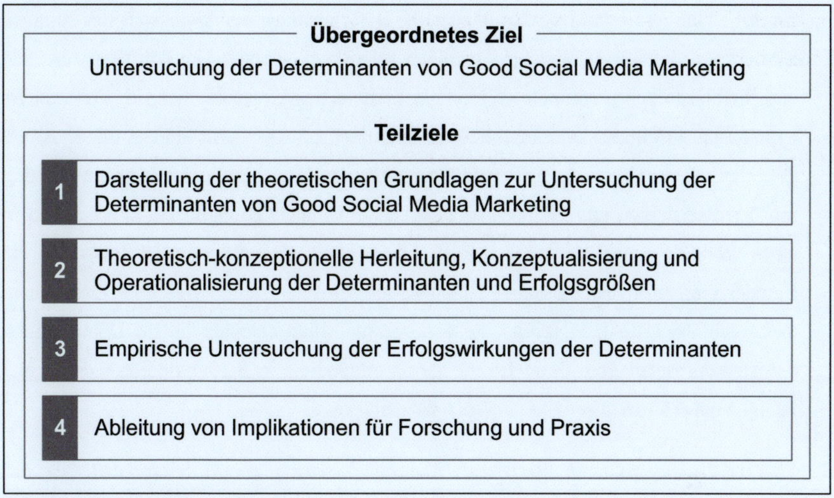

Abbildung 1: Ziele der Untersuchung

Quelle: Eigene Darstellung.

1. *Darstellung der theoretischen Grundlagen zur Untersuchung der Determinanten von Good Social Media Marketing*

Als Grundlage für die Untersuchung möglicher Erfolgsdeterminanten ist ein klares Verständnis von Good Social Media Marketing erforderlich. Dazu sollen zunächst die hierfür zentralen Begriffe Social Media und Social Media Marketing definiert werden. Weiterhin sind die Auswirkungen des Social-Media-Aufkommens auf das Marketing von Unternehmen zu diskutieren, um die in der Problemstellung aufgezeigte Relevanz eines aus Konsumentensicht guten Social Media Marketing näher zu verdeutlichen. Sobald geklärt ist, wie Social Media und Social Media Marketing in dieser Arbeit verstanden werden und wieso Konsumenten für das Marketing im heutigen Social-Media-Umfeld eine so wichtige Rolle spielen, kann eine plausible Definition von Good Social Media Marketing erfolgen.

Neben einem klaren Verständnis von Good Social Media Marketing erfordert die Untersuchung von Erfolgsdeterminanten eine geeignete theoretische Fundierung. Anhand von ausgewählten Theorien zur Erklärung des Unternehmenserfolgs kann im späteren Verlauf der Arbeit dargelegt werden, warum einzelne Determinanten aus theoretischer Sicht einen Einfluss auf die betrachteten Erfolgsgrößen haben sollten. Zwischen den Determinanten und Erfolgsgrößen vermutete Wirkungszusammenhänge lassen sich in Forschungshypothesen postulieren und anschließend empirisch prüfen. Dafür sind in dieser Arbeit Theorien auszuwählen, die eine Erklärung eines erfolgreichen Social Media Marketing mit den Ressourcen und Fähigkeiten eines Unternehmens ermöglichen. Diese sollen in einem Bezugsrahmen integriert werden können, um eine theoretische Basis für die Entwicklung eines gemeinsamen Untersuchungsmodells zu gewährleisten. Mit einem derartigen Bezugsrahmen vereint die vorliegende Arbeit erstmals die zur Untersuchung der Determinanten von Good Social Media Marketing in Form von Ressourcen und Fähigkeiten erforderlichen theoretischen Grundlagen.

2. *Theoretisch-konzeptionelle Herleitung, Konzeptualisierung und Operationalisierung der Determinanten und Erfolgsgrößen*

   Im Hinblick auf die eigene empirische Untersuchung sollen die im Bezugsrahmen enthaltenen Determinanten in Form von Ressourcen und Fähigkeiten sowie die für Good Social Media Marketing verwendeten Erfolgsgrößen im nächsten Schritt näher spezifiziert werden. Dazu ist zuerst der aktuelle Forschungsstand zu Determinanten von Good Social Media Marketing zu prüfen, um bereits vorliegende Erkenntnisse durch theoretische Überlegungen oder empirische Beobachtungen zu erfassen. Auf Basis dieser Erkenntnisse und eigener Überlegungen lässt sich das in dieser Arbeit verwendete Modell zur Untersuchung der Determinanten von Good Social Media Marketing entwickeln. Dabei soll das Verständnis der Determinanten und Erfolgsgrößen präzise dargelegt sowie die vermuteten Wirkungszusammenhänge anhand der ausgewählten Theorien verdeutlicht und in zugehörigen Forschungshypothesen festgehalten werden. Als Erfolgsgrößen werden zur Berücksichtigung über Social Media hinausgehender Effekte der Determinanten sowohl der Social-Media- als auch der Social-Media-übergeordnete Erfolg eines Unternehmens betrachtet. Sämtliche in das Untersuchungsmodell aufgenommenen Konstrukte sind anschließend zu operationalisieren, um eine empirische Prüfung der Forschungshypothesen zu ermöglichen. Ein derartiges Untersuchungsmodell mit neuen Skalen zur Messung verschiedener Determinanten von Good Social Media Marketing lag bislang noch nicht vor.

3. *Empirische Untersuchung der Erfolgswirkungen der Determinanten*

   Mit Hilfe des Untersuchungsmodells sowie der operationalisierten Determinanten und Erfolgsgrößen können die in den Forschungshypothesen postulierten Wirkungszusammenhänge empirisch geprüft werden. Hierzu sind Daten zu erheben, die eine geeignete Grundlage für die Prüfung der Forschungshypothesen bilden. Auf Basis dieser Daten kann unter Einhaltung methodischer Standards eine empirische Untersuchung der Determinanten von Good Social Media Marketing erfolgen. Dabei ist zunächst die Güte der Konstrukt-Operationalisierung sicherzustellen, ehe Aussagen zu den aufgestellten Forschungshypothesen verlässlich und gültig getroffen werden können. Ziel dieser Arbeit ist es, die in der Wissenschaft gängigen Güte-Standards zu erfüllen und damit erstmals empirisch fundierte Erkenntnisse zu verschiedenen Determinanten von Good Social Media Marketing in Form von Ressourcen und Fähigkeiten zu erlangen. Durch die gemeinsame Untersuchung von Ressourcen und Fähigkeiten leistet die Arbeit einen über Social Media hinausgehenden Forschungsbeitrag, da Studien zur Erfolgswirkung der Fähigkeiten eines Unternehmens derzeit nicht in ausreichender Form vorliegen.

4. *Ableitung von Implikationen für Forschung und Praxis*

   Aus den empirischen Erkenntnissen zu den Determinanten von Good Social Media Marketing lassen sich relevante Implikationen für die wissenschaftliche Forschung und die unternehmerische Praxis ableiten. Für Letztere sollen möglichst konkrete Handlungsempfehlungen für ein erfolgreiches Social Media Marketing und somit dringend notwendige Antworten zum richtigen Umgang mit Social Media gegeben werden. Insbesondere aus wissenschaftlicher Sicht sind darüber hinaus die Grenzen der Untersuchung und der hieraus resultierende zukünftige Forschungsbedarf von Bedeutung.

1.3 Aufbau der Untersuchung

Die vorliegende Arbeit ist in sechs Kapitel untergliedert, deren Aufbau zur besseren Übersicht in Abbildung 2 dargestellt ist und anschließend erläutert wird.

Abbildung 2: Aufbau der Untersuchung

Quelle: Eigene Darstellung.

Den Startpunkt der Arbeit bildet dieses einleitende *Kapitel 1*. Mit einer forschungs- und praxisrelevanten Problemstellung wurde in Abschnitt 1.1 als Erstes die Notwendigkeit einer Untersuchung der Determinanten von Good Social Media Marketing in Form von Ressourcen und Fähigkeiten verdeutlicht. Darauf aufbauend wurden in Abschnitt 1.2 nach einer Eingrenzung auf B2C-Unternehmen die Ziele der Untersuchung abgeleitet.

Die für das Verständnis der Untersuchung relevanten theoretischen Grundlagen werden in *Kapitel 2* dargelegt. Hierzu wird in Abschnitt 2.1 anhand konzeptioneller Grundlagen zu

Social Media, Social Media Marketing und den Auswirkungen des Social-Media-Aufkommens auf das Marketing erläutert, was genau in dieser Arbeit unter Good Social Media Marketing verstanden wird. Mit der Resource-based Theory und der Dynamic Capabilities Theory werden im daran anschließenden Abschnitt 2.2 zwei ausgewählte Theorien zur Erklärung des Unternehmenserfolgs präsentiert. Diese werden in einem Bezugsrahmen zur Untersuchung der Determinanten von Good Social Media Marketing integriert, der eine Basis für die Entwicklung des Untersuchungsmodells bildet.

Die Entwicklung des in der vorliegenden Arbeit verwendeten Untersuchungsmodells ist Gegenstand von *Kapitel 3*. In Abschnitt 3.1 wird zunächst der aktuelle Stand der wissenschaftlichen und praxisorientierten Literatur zu den Determinanten von Good Social Media Marketing geprüft, um bestehende theoretische und empirische Erkenntnisse zu erfassen. Die gewonnenen Erkenntnisse erlauben eine klare Positionierung dieser Arbeit und tragen gemeinsam mit eigenen Überlegungen zur Darstellung des Untersuchungsmodells in Abschnitt 3.2 bei. Im Rahmen dessen werden die betrachteten Determinanten und Erfolgsgrößen konzeptualisiert, die unterstellten Wirkungszusammenhänge anhand der ausgewählten Theorien verdeutlicht und die zugehörigen Forschungshypothesen aufgestellt. Letztere werden in der späteren empirischen Untersuchung überprüft.

Damit die empirische Untersuchung durchgeführt werden kann, wird in *Kapitel 4* deren Konzeption und Methodik geschildert. Als Erstes werden in Abschnitt 4.1 methodische Grundlagen zur Konstrukt-Operationalisierung und Strukturgleichungsanalyse erläutert. Im Anschluss erfolgt in Abschnitt 4.2 die Operationalisierung aller im Untersuchungsmodell betrachteten Determinanten, Erfolgsgrößen und Kontrollvariablen. Abschließend wird in Abschnitt 4.3 der Prozess der Datenerhebung und die für die empirische Untersuchung resultierende Datengrundlage vorgestellt.

Auf jener Grundlage werden in *Kapitel 5* die Ergebnisse der empirischen Untersuchung präsentiert. Dabei findet die Beurteilung der Ergebnisse in zwei getrennten Schritten statt: In Abschnitt 5.1 wird zunächst die Güte der Messmodelle anhand der Reliabilität und Validität der zuvor operationalisierten Konstrukte getestet. Darauf folgend werden in Abschnitt 5.2 die Ergebnisse der Strukturmodelle dargestellt und die Forschungshypothesen zu den Determinanten von Good Social Media Marketing überprüft.

Den Abschluss der vorliegenden Arbeit bildet *Kapitel 6*. In Abschnitt 6.1 werden die zentralen Erkenntnisse der Untersuchung zusammengefasst, aus denen in Abschnitt 6.2 Implikationen für die wissenschaftliche Forschung und die unternehmerische Praxis abgeleitet werden. Abschnitt 6.3 zeigt die Grenzen der Untersuchung und Ansätze für die zukünftige Forschung auf.

2 Theoretische Grundlagen

Zielsetzung dieses Kapitels ist die Darstellung der für das Verständnis der vorliegenden Untersuchung relevanten theoretischen Grundlagen. Hierzu wird in Abschnitt 2.1 zunächst anhand konzeptioneller Grundlagen erläutert, was in dieser Arbeit unter Good Social Media Marketing verstanden wird. Im Anschluss werden in Abschnitt 2.2 mit der Resource-based Theory und der Dynamic Capabilities Theory zwei ausgewählte Theorien zur Erklärung des Unternehmenserfolgs präsentiert, die als Grundlage für die Untersuchung der Determinanten von Good Social Media Marketing dienen.

2.1 Konzeptionelle Grundlagen zum Verständnis von Good Social Media Marketing

Für die Erläuterung des in dieser Arbeit gewählten Verständnisses von Good Social Media Marketing, werden in Abschnitt 2.1.1 als Erstes die hierin enthaltenen Begriffe Social Media und Social Media Marketing definiert. Hierauf aufbauend werden in Abschnitt 2.1.2 die Auswirkungen des Social-Media-Aufkommens auf das Marketing von Unternehmen diskutiert, welche die Relevanz eines guten Social Media Marketing verdeutlichen. Abschließend erfolgt in Abschnitt 2.1.3 eine Zusammenfassung der konzeptionellen Grundlagen, um auf Basis der vorangegangenen Erkenntnisse das Verständnis von Good Social Media Marketing zu bestimmen.

2.1.1 Social Media und Social Media Marketing als zentrale Begriffe

In der wissenschaftlichen und praktischen Literatur bestehen unzählige *Social-Media-Definitionen*, die jeweils unterschiedliche Facetten des Begriffs beleuchten und damit ein einheitliches Verständnis erschweren.[28] Während z. B. einige Autoren Social Media als zusätzliches Medium der Massenkommunikation betrachten, fokussieren sich andere auf den Aspekt der individuellen Interaktion. Diese Problematik wird weiter verschärft, wenn zudem die häufig synonym verwendeten Begriffe Web 2.0 und User Generated Content hinzu-

---

28 Vgl. hierzu und im Folgenden Andzulis/Panagopoulos/Rapp (2012), S. 308.

genommen werden.[29] Eine der am weitesten verbreiteten Social-Media-Definitionen stammt von Kaplan/Haenlein (2010), die den Begriff wie folgt definieren und eine Abgrenzung zu Web 2.0 und User Generated Content vornehmen:[30]

> *„Social Media is a group of Internet-based applications that build on the ideological and technological foundations of Web 2.0, and that allow the creation and exchange of User Generated Content."*

Während Web 2.0 demnach die ideologische und technologische Basis für Social Media bildet, verweisen Kaplan/Haenlein (2010) zur Erklärung von User Generated Content auf drei Kriterien der OECD.[31] Hiernach können Beiträge (Content) als nutzergeneriert (User Generated) bezeichnet werden, wenn sie 1) über das Internet öffentlich zugänglich gemacht wurden, 2) eine gewisse kreative Leistung widerspiegeln und 3) außerhalb der regulären beruflichen Tätigkeit entstanden sind.[32] Gemäß dem dritten Kriterium sind sämtliche Unternehmensaktivitäten somit kein User Generated Content. Wenngleich Kaplan/Haenlein (2010) lediglich von der technologischen Möglichkeit der Erstellung und des Austausches von User Generated Content sprechen, ist ihre Definition deutlich darauf fokussiert. Dadurch könnte beim Leser fälschlicherweise der Eindruck entstehen, dass Unternehmensaktivitäten per Definition nicht Teil von Social Media sind. Da für die vorliegende Arbeit gerade die Unternehmensperspektive von Bedeutung ist, wird Social Media hier nach Peters et al. (2013) definiert, die den Begriff auf Basis einer Erklärung seiner Teilbegriffe Social und Media wie folgt beschreiben:[33]

> *„Combined, social media are communication systems that allow their social actors to communicate along dyadic ties."*

Der Fokus dieser Definition liegt auf der Kommunikation in zweiseitigen Beziehungen (dyadic ties), wobei die Akteure (social actors) sowohl Individuen als auch Unternehmen sein können.[34] In Abgrenzung zu traditionellen Medien sind Unternehmen im egalitären Social-Media-Umfeld gleichberechtigt mit Konsumenten, sodass sie die Kommunikation nicht länger

29 Vgl. Kaplan/Haenlein (2010), S. 60; Wirtz/Piehler/Ullrich (2013), S. 11.
30 Kaplan/Haenlein (2010), S. 61.
31 Vgl. Kaplan/Haenlein (2010), S. 61.
32 Vgl. Vickery/Wunsch-Vincent (2007), S. 9 und S. 18.
33 Peters et al. (2013), S. 282.
34 Vgl. hierzu und im Folgenden Peters et al. (2013), S. 282.

in einer hierarchischen Beziehung diktieren können. Die zwei vorgestellten Definitionen ergänzen sich folglich durch ihre jeweilige technologische bzw. beziehungsorientierte Perspektive und stehen keinesfalls im Widerspruch zueinander.

Hierauf aufbauend können verschiedene *Social-Media-Arten* bestimmt werden, um ein tiefergehendes Verständnis von Social Media zu erlangen. In den letzten Jahren ist eine Vielzahl derartiger Plattformen entstanden und es kommen ständig neue hinzu.[35] Im Hinblick auf eine bessere Übersicht der verschiedenen *Social-Media-Arten* nehmen Kaplan/Haenlein (2010) die in Tabelle 1 dargestellte Klassifizierung vor.

		Soziale Präsenz		
		Niedrig	**Mittel**	**Hoch**
Selbst-darstellung	**Hoch**	Blogs/Mikroblogs (z. B. Twitter)	Soziale Netzwerke (z. B. Facebook)	Soziale virtuelle Welten (z. B. SecondLife)
	Niedrig	Kollektivprojekte (z. B. Wikipedia)	Content Communities (z. B. YouTube)	Massen-Mehrspieler-Online-Rollenspiele (z. B. World of Warcraft)

Tabelle 1: Klassifizierung verschiedener Social-Media-Arten

Quelle: Eigene Darstellung in Anlehnung an Kaplan/Haenlein (2010), S. 62.

Anhand der Dimensionen soziale Präsenz und Selbstdarstellung kommen sie zu sechs Kategorien: 1) Kollektivprojekte, 2) Blogs/Mikroblogs, 3) Content Communities, 4) soziale Netzwerke, 5) Massen-Mehrspieler-Online-Rollenspiele und 6) soziale virtuelle Welten.[36] Bereits wenige Jahre nach der Veröffentlichung dieser Klassifizierung erscheint ihre durchgehende Gültigkeit infolge neu aufkommender Plattformen jedoch fraglich. Dies sei mit Instagram am Beispiel einer der derzeit am schnellsten wachsenden Social-Media-Plattformen verdeutlicht.[37] Bei Instagram können Nutzer ein eigenes Profil mit kurzen persönlichen Informationen und einem Profilfoto anlegen, Fotos und Videos hochladen, bearbeiten und mit

[35] Vgl. Kietzmann et al. (2011), S. 248 f.; Peters et al. (2013), S. 283.

[36] Soziale Präsenz umfasst das mit einem Medium mögliche Ausmaß des akustischen, visuellen und physischen Kontakts zwischen zwei Kommunikationspartnern. Selbstdarstellung beschreibt den Grad der bewussten oder unbewussten Offenbarung persönlicher Informationen, die im Einklang mit der gewünschten Fremdwahrnehmung stehen. Vgl. Kaplan/Haenlein (2010), S. 61 f.

[37] Instagram hat allein zwischen Februar 2013 und Juni 2014 100 Millionen monatlich aktive Nutzer hinzugewonnen. Vgl. Instagram (2014).

Text versehen sowie beliebigen anderen Nutzern folgen. Die Plattform ist somit mit der sozialen Präsenz bei YouTube, Flickr und anderen Content Communities sowie der Selbstdarstellung bei Twitter und anderen Mikroblogs vergleichbar. Gleichzeitig handelt es sich nicht um ein soziales Netzwerk, da in diesen u. a. umfangreichere Profil-Informationen und eine Auswahl von Nutzern mit Zugriffsrechten (sog. Freunde) möglich sind.[38]

Um trotz der Vielfalt der verfügbaren *Social-Media-Arten* eine Übersicht über die relevantesten Plattformen zu erhalten, sind in Abbildung 3 die nach ihren weltweit monatlich aktiven Nutzern zehn größten Social-Media-Plattformen dargestellt.

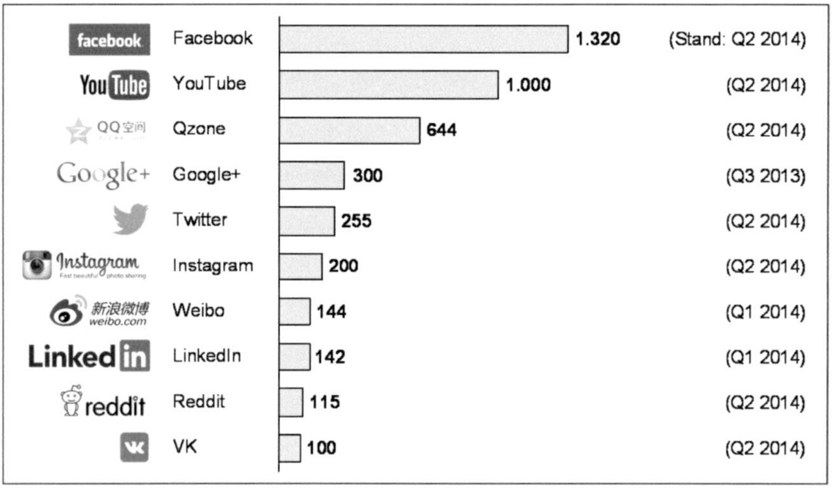

Abbildung 3: Monatlich aktive Nutzer der größten Social-Media-Plattformen weltweit (in Millionen)

Quelle: Eigene Darstellung in Anlehnung an Facebook (2014d); Google (2013); Instagram (2014); LinkedIn (2014); Reddit (2014); Tencent (2014); Twitter (2014); VK (2014); Weibo (2014); YouTube (2014d).

Es wird deutlich, dass Facebook mit 1,32 Milliarden monatlich aktiven Nutzern die größte Social-Media-Plattform der Welt ist, gefolgt von YouTube mit einer Milliarde. Während die meisten dieser Plattformen aus den USA stammen und international agieren, schaffen es mit Qzone und Weibo aus China sowie VK aus Russland drei primär nationale Angebote aus anderen Ländern in die „Top Ten“. Die dominierende Stellung von Facebook zeigt sich auch

---

[38] Vgl. Kaplan/Haenlein (2010), S. 63 f.; Trusov/Bucklin/Pauwels (2009), S. 92 f.

bei einer Betrachtung der Social-Media-Nutzung in Deutschland. In Abbildung 4 sind hierzu exemplarisch Teilergebnisse einer Studie des Digitalization Think:Lab zusammengefasst, in der 1.924 deutsche Internetnutzer u. a. gefragt wurden, welche Social-Media-Plattformen sie nutzen und wie häufig.

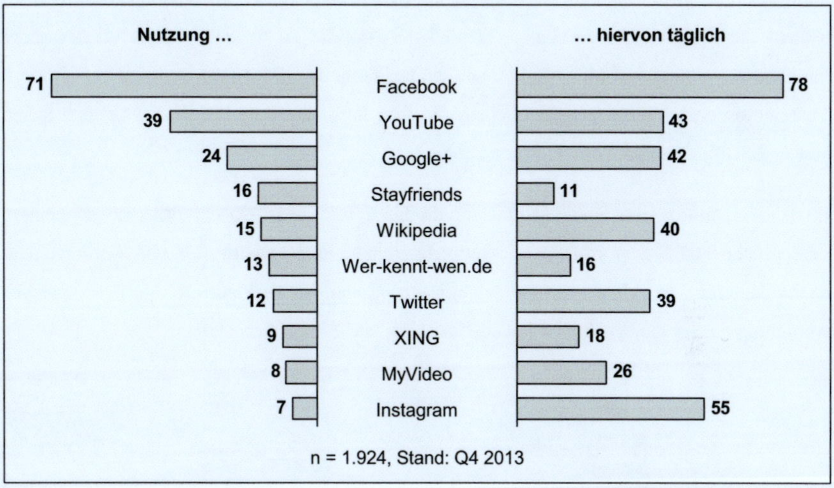

Abbildung 4: Angegebene Nutzung der größten Social-Media-Plattformen in Deutschland (in %)

Quelle: Eigene Darstellung in Anlehnung an vor dem Esche/Hennig-Thurau (2014), S. 26.

Nahezu drei von vier deutschen Internetnutzern machen demnach Gebrauch von Facebook und rund vier von zehn nutzen YouTube. Hinsichtlich der Nutzungshäufigkeit liegt Facebook ebenfalls klar vor allen anderen Plattformen. Von den befragten Facebook-Nutzern melden sich mehr als drei Viertel mindestens einmal am Tag bei dem sozialen Netzwerk an. Es folgt Instagram mit einem deutlichen Abstand von 23 Prozentpunkten. Facebook ist somit auch in Deutschland eindeutig die beliebteste Social-Media-Plattform.[39]

Eine mögliche Ursache der hohen Facebook-Nutzung sind die vielfältigen Anwendungsmöglichkeiten des sozialen Netzwerks. Facebook-Nutzer können u. a. über selbst erstellte Profile persönliche Informationen, Fotos und weitere Inhalte veröffentlichen sowie Freunde

[39] Die eindeutig führende Position von Facebook wird durch eine Studie von Tomorrow Focus Media bestätigt, in der 589 deutsche Internetnutzer nach ihrer Social-Media-Nutzung befragt wurden. Laut dieser Studie nutzen sogar 83% der deutschen Internutzer Facebook, von denen 73% täglich auf die Plattform zugreifen. Vgl. Tomorrow Focus Media (2013), S. 8-10.

von anderen Nutzern werden.[40] Mit diesen kann anschließend über direkte Nachrichten oder für Dritte einsehbare Kommentare auf den Profilseiten kommuniziert werden. Beiträge befreundeter Nutzer werden als Neuigkeiten auf der eigenen Startseite angezeigt und können „geliked“ (das sog. „Liken“ entspricht dem Anklicken eines „Gefällt mir“-Buttons), kommentiert und mit anderen Nutzern geteilt werden. Neben der Verbindung mit Freunden besteht die Möglichkeit, ein Fan verschiedener Marken zu werden, womit vergleichbare Funktionen verbunden sind.[41] Marken können auf ihren sog. Fanseiten Beiträge in Form von Text, Fotos oder Videos veröffentlichen, die ihre Fans ebenfalls auf ihrer Startseite sehen sowie „liken“, kommentieren und teilen können.

Dass die damit verbundenen Möglichkeiten auch für Unternehmen attraktiv erscheinen, verdeutlicht eine Studie von Social Media Examiner, in der weltweit 2.887 Marketer u. a. nach der für ihr Unternehmen wichtigsten Social-Media-Plattform gefragt wurden. Abbildung 5 zeigt die Ergebnisse jeweils für B2C- und B2B-Unternehmen.

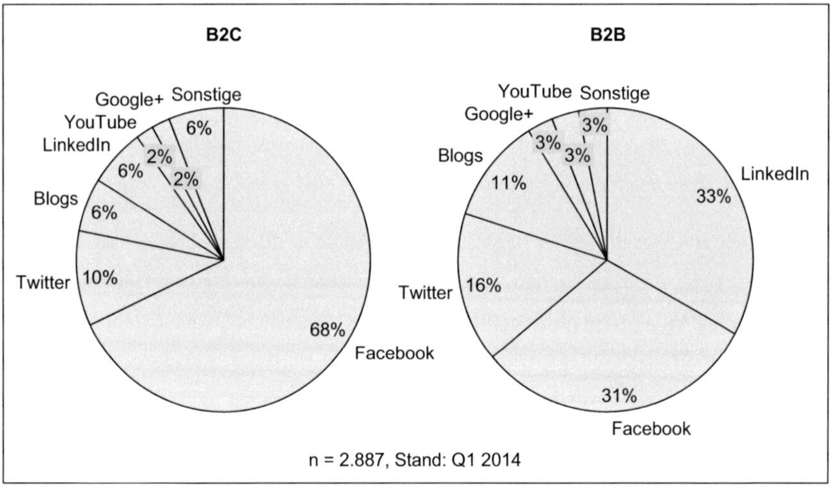

Abbildung 5: Wichtigste Social-Media-Plattformen für Unternehmen weltweit

Quelle: Eigene Darstellung in Anlehnung an Stelzner (2014), S. 28 und S. 48.

[40] Vgl. hierzu und im Folgenden Smith/Fischer/Yongjian (2012), S. 103; Trusov/Bucklin/Pauwels (2009), S. 92 f.

[41] Vgl. hierzu und im Folgenden de Vries/Gensler/Leeflang (2012), S. 84.

Hiernach hat Facebook insgesamt einen hohen Stellenwert in der Social-Media-Nutzung von Unternehmen, allerdings bestehen deutliche Unterschiede zwischen dem B2C- und B2B-Bereich. Mehr als zwei Drittel der befragten B2C-Marketer bezeichnen Facebook als wichtigste Social-Media-Plattform für ihr Unternehmen und fokussieren sich damit auf die von Konsumenten meistgenutzte Plattform. Von den B2B-Marketern sehen 31% Facebook als wichtigste Plattform, der Fokus liegt hier jedoch mit 33% eher auf dem Geschäftskontakte-Netzwerk LinkedIn.

Facebook und andere Social-Media-Plattformen können von Unternehmen für unterschiedliche Zwecke genutzt werden, die nicht zwingend einen Bezug zum Marketing aufweisen müssen. Ein Beispiel ist der Einsatz von Social Media im Rahmen der Personalbeschaffung. So betreiben z. B. BMW, die Deutsche Bahn, die Deutsche Telekom und viele weitere Unternehmen separate Facebook-Karriereseiten, die sich an potenzielle Bewerber richten.[42] Im Fokus der vorliegenden Arbeit steht jedoch die Untersuchung der Determinanten von Good Social Media Marketing, weshalb Social Media hier im Kontext des Marketing betrachtet werden. Marketing wird dabei gemäß der aktuellen Definition der American Marketing Association (AMA) wie folgt verstanden:[43]

> *„Marketing is the activity, set of institutions, and processes for creating, communicating, delivering, and exchanging offerings that have value for customers, clients, partners, and society at large."*

Marketing beinhaltet demnach Aktivitäten von Individuen (z. B. Marketer, Konsumenten) und Organisationen (z. B. Marken, externe Dienstleister), Institutionen zur Förderung bzw. Regulierung dieser Aktivitäten (z. B. Facebook, Gesetzgeber) sowie hieraus resultierende Prozesse (z. B. Fan-Beziehungen, Interaktion).[44] Zudem kann Marketing einen Nutzen für Kunden und andere generieren, inklusive der Gesellschaft insgesamt (z. B. durch Innovationen, bessere Kommunikation). Die AMA-Definition deckt somit verschiedene für Social Media relevante Aspekte ab und bildet eine geeignete Grundlage für die *Definition von Social Media Marketing*. Innerhalb des Marketing stellt Social Media Marketing eine Form des Online Marketing dar, das von der AMA als *„Internet and e-mail based aspects of a*

42 Vgl. Facebook (2014b); Facebook (2014c); Facebook (2014e).

43 American Marketing Association (2014a).

44 Vgl. hierzu und im Folgenden Gundlach/Wilkie (2009), S. 262.

marketing campaign" definiert wird.[45] Analog hierzu wird Social Media Marketing in der vorliegenden Arbeit wie folgt verstanden:

> *„Social Media Marketing umfasst sämtliche Marketing-Aspekte, die auf einer durch Web-2.0-Technologien ermöglichten Kommunikation sozialer Akteure in dyadischen Beziehungen basieren."*

Hiernach kann Social Media Marketing die Direktkommunikation, Markenführung, Marktforschung, Produktentwicklung, Verkaufsförderung, Werbung und weitere Teilbereiche des Marketing betreffen, die Social Media nutzen. Aufbauend auf dem Verständnis von Social Media und Social Media Marketing werden im folgenden Abschnitt die Auswirkungen des Social-Media-Aufkommens auf das Marketing von Unternehmen diskutiert.

2.1.2 Auswirkungen des Social-Media-Aufkommens auf das Marketing von Unternehmen

Die rasante Entwicklung von Social Media und den damit verbundenen Möglichkeiten beeinträchtigt etablierte Geschäftsprozesse und hat disruptive Auswirkungen auf das Marketing von Unternehmen.[46] Infolge von Facebook, YouTube und anderen Plattformen haben Konsumenten heute Zugang zu mehr Informationen denn je und können als aktive Marktteilnehmer selbst Inhalte erstellen sowie mit beliebig vielen anderen Konsumenten in Echtzeit teilen.[47] Diese Inhalte können nicht von Unternehmen kontrolliert werden, wodurch sich die Marktmacht zugunsten der Konsumenten verschiebt.[48]

Eine Möglichkeit zur Beschreibung der Auswirkungen des Social-Media-Aufkommens auf das Marketing ist die *Flipper*-Metapher von Hennig-Thurau et al. (2010), nach der Marketing im Zeitalter von Social Media dem chaotischen Spiel an einem Flipperautomaten ähnelt.[49] Im Folgenden wird anhand von Abbildung 6 erläutert, welchen Einfluss Social Media auf das

---

45 American Marketing Association (2014b).
46 Vgl. Hanna/Rohm/Crittenden (2011), S. 272 f.; Hennig-Thurau/Hofacker/Bloching (2013), S. 237.
47 Vgl. Hennig-Thurau et al. (2010), S. 312; Malthouse et al. (2013), S. 270.
48 Vgl. Labrecque et al. (2013), S. 257-269; Mangold/Faulds (2009), S. 360.
49 Vgl. hierzu und im Folgenden Hennig-Thurau/Hofacker/Bloching (2013), S. 237 f.; Hennig-Thurau et al. (2010), S. 312-314; Hennig-Thurau/vor dem Esche/Bloching (2012), S. 8-10.

Verhalten von Konsumenten haben und welche Konsequenzen sich hieraus für das Marketing von Unternehmen ergeben.

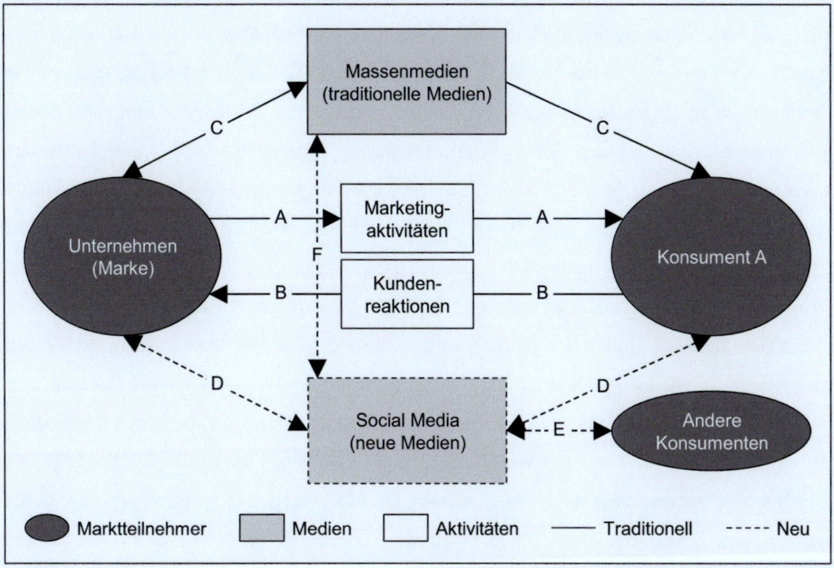

Abbildung 6: Auswirkungen des Social-Media-Aufkommens auf das Marketing von Unternehmen

Quelle: Eigene Darstellung in Anlehnung an Hennig-Thurau et al. (2010), S. 313.

Traditionelles Marketing kommt dem *Bowlingspiel* nahe: Unternehmen versuchen mit Hilfe ihrer Marketing-Aktivitäten (Bowlingkugeln) möglichst viele Konsumenten (Pins) zu erreichen (Pfad A) und erfolgreich als Kunden zu gewinnen (Pins fallen um, Pfad B). Massenmedien (Bowlingbahn) fungieren als Mediator für Marketing-Inhalte (Pfad C) und müssen sorgsam bedient werden, da sie die Effektivität der Marketing-Aktivitäten beeinflussen können. Wenngleich Wettbewerber, veränderte Konsumentenpräferenzen und andere Herausforderungen zu einer höheren Komplexität führen, kann traditionelles Marketing somit als überwiegend linear und unidirektional bezeichnet werden.

Social Media verändern das Marketing derart grundlegend, dass dieses nun eher einem *Flipperspiel* gleicht. Der Flipperautomat entspricht dem heutigen Marktumfeld, in dem Unternehmen mit Marketing-Aktivitäten (Flipperkugeln) analog zur Bowling-Metapher Konsumenten erreichen (Kontaktpunkte berühren) und für sich gewinnen (Punkte erzielen) wollen. Die zwei zentralen Unterschiede sind die durch Social Media induzierte aktive Partizipation und umfangreiche Vernetzung der Konsumenten, die deren Marktmacht deutlich vergrößern. Konsumenten nehmen Marketing-Aktivitäten nicht länger nur auf wie Bowling-Pins, sondern teilen eigene Marken- und Produkterfahrungen über Facebook-Kommentare, YouTube-Videos oder andere Social-Media-Kanäle (Pfad D). Derartige Beiträge werden über Beziehungen zu Freunden, Abonnenten, Followern etc. direkt sichtbar für zahlreiche andere Konsumenten und können deren Wahrnehmungen, Präferenzen und Verhaltensweisen beeinflussen (Pfad E). Hierdurch kann die Wirkung der ursprünglichen Marketing-Aktivitäten hinsichtlich ihrer Richtung und Intensität in vielfältiger Hinsicht verändert werden. Die Flipperkugel wird somit durch aktive Banden (sog. Slingshots) in meist unvorhersehbarer Weise umgeleitet, beschleunigt, abgebremst oder sogar zum kompletten Stillstand gebracht. Zusätzlich kann die Initiative im Social-Media-Zeitalter auch von den Konsumenten selbst ausgehen, d. h., sie bringen weitere Kugeln ins Spiel, wodurch es für Unternehmen zum sog. Multiball-Spiel kommt. Weist ein Spiel eine besondere Spannung auf, berichten traditionelle Massenmedien hierüber und steigern die Reichweite des Spiels um ein Vielfaches (Pfad F). Die Beiträge werden dann zwischen verschiedenen Medientypen (sog. Bumper) hin und her gespielt und führen bei mehrheitlich positiven Äußerungen zu einem Highscore für das Unternehmen.

Ein *Beispiel für ein erfolgreiches Flipperspiel* ist der im Februar 2014 veröffentlichte „Supergeil"-Werbespot des Lebensmitteleinzelhändlers EDEKA.[50] In dem etwa dreiminütigen YouTube-Video tänzelt der Ende 50-jährige Künstler Friedrich Liechtenstein singend durch Regalreihen und andere Umgebungen und bezeichnet unzählige Produkte als „supergeil". Bereits einen Tag nach der Veröffentlichung lobte die US-amerikanische Internetseite BuzzFeed den Spot als „the most gloriously entertaining commercial you'll see today".[51] Es folgten weitere positive Berichte, u. a. von der Werbefachzeitschrift Adweek, die das Video „super cool and super crazy" fand.[52] Gleichzeitig präsentierten mehrere YouTube-Nutzer eigene „Supergeil"-Parodien und -Remix-Versionen.[53] Diese verschiedenen Slingshots und Bumper vergrößerten die Reichweite der Kampagne, die infolge der positiven Resonanz

50 Vgl. hierzu und im Folgenden YouTube (2014c).
51 BuzzFeed (2014).
52 Adweek (2014).
53 Vgl. u. a. YouTube (2014a); YouTube (2014b).

sowie drei Millionen YouTube-Views binnen einer Woche und acht Millionen nach einem Monat ein voller Erfolg für EDEKA war.[54]

Unternehmensaktivitäten können im Social-Media-Zeitalter jedoch ebenso in einem Sturm der Entrüstung (sog. Shitstorm) münden. Ein bekanntes *Beispiel für ein aus Unternehmenssicht schwieriges Flipperspiel* ist das Musikvideo „United Breaks Guitars" des kanadischen Musikers Dave Carroll und seiner Band Sons of Maxwell.[55] Nachdem Carrolls Gitarre während eines United-Airlines-Flugs durch unsachgemäße Handhabung bei der Gepäckabfertigung zerstört wurde, versuchte er über ein Jahr lang vergeblich, den Schaden von der Fluggesellschaft ersetzt zu bekommen. Daraufhin schrieb er ein Lied zu dem Vorfall und postete das zugehörige Video im Juli 2009 bei YouTube. Bereits am Tag nach der Veröffentlichung registrierten die Internetseite der Los Angeles Times und andere Online-Medien die Verbreitung des Videos über Twitter.[56] Es folgten Berichterstattungen von CNN und weiteren US-amerikanischen Fernsehsendern, woraufhin das Video nach drei Tagen mit über 1,5 Millionen Views zum damals erfolgreichsten YouTube-Video aller Zeiten wurde.[57] Wenig später schrieb die britische Tageszeitung The Times, der Aktienkurs von United Airlines sei infolge der schlechten Presse um 10% gesunken, was einem Marktkapitalisierungsrückgang von 180 Millionen US-Dollar entsprach.[58] Zahlreiche andere Medien griffen diese Geschichte auf und nach nur einem Monat wurde das Video allein bei YouTube rund fünf Millionen Mal angeschaut.[59] Wenngleich der Aktienkurs tatsächlich in einem konstanten Bereich schwankte und kurze Zeit später stieg, zeigt das Beispiel, wie schnell sich einzelne Beiträge im Social-Media-Zeitalter ausbreiten, Meinungen anderer Marktteilnehmer beeinflussen und damit zu einer Herausforderung für Unternehmen werden können.[60]

Für das Marketing ergeben sich durch Social Media sowohl Chancen als auch Risiken. Ein guter Flipperspieler kann seine Flipperhebel geschickt einsetzen, um die Marketing-Kugeln in die richtige Richtung zu lenken und so eine hohe Punktzahl zu erzielen. Beide geschilderten Beispiele verdeutlichen, dass eine große Reichweite nicht zwingend teure Kampagnen in Massenmedien erfordert. Dabei müssen sich Unternehmen jedoch richtig auf die Dynamik des

[54] Vgl. Löhr (2014); Mattgey (2014).
[55] Vgl. hierzu und im Folgenden YouTube (2009a).
[56] Vgl. Reynolds (2009).
[57] Vgl. Carroll (2014); YouTube (2009b).
[58] Vgl. Ayres (2009).
[59] Vgl. Gabbatt (2009).
[60] Vgl. MarketWatch (2014).

schwer kontrollierbaren Flipperspiels einstellen, um die Social-Media-Herausforderungen erfolgreich bewältigen zu können. Hiervon sind u. a. zentrale Marketing-Bereiche betroffen, wie die Markenführung, das Kundenbeziehungsmanagement (CRM) und der Vertrieb sowie verschiedene dabei förderliche Faktoren.[61] Für eine erfolgreiche Markenführung müssen Unternehmen ihre Aktivitäten heute infolge der geringeren Kontrolle über die zu ihren Marken veröffentlichten Beiträge mit denen aktiver Konsumenten koordinieren.[62] Wollen sie in der zunehmenden Informationsflut die Aufmerksamkeit ihrer Kunden gewinnen und positive Reaktionen bei ihnen hervorrufen, ergeben sich ebenfalls Herausforderungen für das CRM.[63] Auch der Vertrieb wird vom Flipperumfeld beeinflusst, sei es durch direkte Transaktionen über Social Media oder von Social-Media-Informationen beeinflusste Kaufentscheidungen.[64] Faktoren, die sich hierbei förderlich auswirken und damit als Erfolgsdeterminanten zu einem guten Social Media Marketing beitragen, werden im weiteren Verlauf der Arbeit untersucht.

2.1.3 Zusammenfassung der konzeptionellen Grundlagen und Verständnis von Good Social Media Marketing

Die Definitionen der zentralen Begriffe Social Media und Social Media Marketing sowie die Darstellung der Auswirkungen des Social Media-Aufkommens auf das Marketing ermöglichen es, abschließend das in der vorliegenden Arbeit gewählte Verständnis von Good Social Media Marketing zu bestimmen. Hierzu werden die Erkenntnisse der vorangegangenen Abschnitte 2.1.1 und 2.1.2 zunächst kurz zusammengefasst.

Social Media werden in dieser Arbeit als Systeme zur Kommunikation sozialer Akteure in zweiseitigen Beziehungen und damit aus einer beziehungsorientierten Perspektive verstanden. Akteure können dabei sowohl Konsumenten als auch Unternehmen sein, die im egalitären Social-Media-Umfeld anders als in traditionellen Medien gleichberechtigt sind. Die gewählte Social-Media-Definition impliziert somit bereits eine durch Social Media verursachte grundlegende Veränderung der Beziehung zwischen Konsumenten und Unternehmen. Als

61 Vgl. Hennig-Thurau/Hofacker/Bloching (2013), S. 238-240.
62 Vgl. Gensler et al. (2013), S. 251-253.
63 Vgl. Malthouse et al. (2013), S. 278.
64 Vgl. Yadav et al. (2013), S. 314-321.

Kommunikationssysteme stehen diesen unzählige Social-Media-Plattformen zur Auswahl, die auf Web-2.0-Technologien basieren und unterschiedliche Anwendungsmöglichkeiten bieten. Facebook ist unter Konsumenten am weitesten verbreitet und ermöglicht seinen Nutzern u. a. eine Interaktion mit Marken. Entsprechend der weiten Verbreitung unter Konsumenten stellt Facebook für die meisten B2C-Unternehmen ebenfalls die wichtigste Social-Media-Plattform dar. Diese können Facebook und andere Plattformen für unterschiedliche Zwecke nutzen, wobei Social Media in der vorliegenden Arbeit im Kontext des Marketing betrachtet werden. Marketing-Aspekte, die auf einer Nutzung von Social Media basieren, werden hier als Social Media Marketing verstanden.

Die durch Social Media induzierte Veränderung der Beziehung zwischen Konsumenten und Unternehmen wird insbesondere anhand einer Betrachtung der Auswirkungen des Social-Media-Aufkommens auf das Marketing von Unternehmen deutlich. Während das traditionelle Marketing einem linearen und unidirektionalen Bowlingspiel nahekommt, ähnelt das Marketing im Social-Media-Zeitalter einem chaotischen und interaktiven Flipperspiel. Über Social-Media-Plattformen können Konsumenten heute als aktive Marktteilnehmer eigene Marken- und Produkterfahrungen mit beliebig vielen anderen Konsumenten in Echtzeit teilen und hierdurch deren Wahrnehmungen, Präferenzen und Verhaltensweisen beeinflussen. Unternehmen können die Beiträge zu ihren Marken und Produkten somit nicht länger kontrollieren, wodurch sich die Marktmacht zugunsten der Konsumenten verschiebt. Verschiedene Beispiele verdeutlichen, dass sich hieraus für das Marketing sowohl Chancen als auch Risiken ergeben. Mit geschickten Aktivitäten können Unternehmen die Dynamik des Flipperspiels für sich nutzen und so eine hohe Reichweite zu geringen Kosten erzielen. Weniger geschickte Unternehmensaktivitäten können jedoch ebenso zu Protestwellen der Konsumenten führen. Für ein erfolgreiches Social Media Marketing müssen sich Unternehmen daher entsprechend auf die mit Social Media verbundenen Herausforderungen einstellen.

Der Erfolg des Social Media Marketing eines Unternehmens kann aus verschiedenen Perspektiven beurteilt werden. In Abschnitt 2.1.1 wurde anhand der AMA-Definition gezeigt, dass Marketing grundsätzlich einen Nutzen für verschiedene Social-Media-Akteure generieren kann. So können beispielsweise Konsumenten durch Informationen zu Marken und Produkten von Social Media profitieren, während Unternehmen, Social-Media-Dienstleister und Betreiber der Social-Media-Plattformen jeweils ihren Gewinn maximieren wollen. Gemäß der zuvor geschilderten Social-Media-Definition und -Auswirkungen auf das Marketing liegt der Fokus dieser Arbeit auf der Beziehung zwischen Konsumenten und (B2C-)Unternehmen. Erfolgreiches bzw. Good Social Media Marketing wird daher wie folgt verstanden:

Good Social Media Marketing umfasst sämtliche Social-Media-Marketing-Aktivitäten eines Unternehmens, die einen Nutzen für Konsumenten generieren.

Hieraus ergeben sich zwei Eingrenzungen: Zum einen müssen Social-Media-Marketing-Aktivitäten eines Unternehmens vorliegen. Diese können vom Unternehmen selbst oder von externen Dienstleistern entwickelt und umgesetzt werden, solange das Unternehmen als Absender auftritt. Nicht enthalten sind jedoch Aktivitäten, die keinen Social-Media-Marketing-Bezug (z. B. Aktivitäten der Personalbeschaffung) oder keine Unternehmensbeteiligung (z. B. ausschließliche Interaktion zwischen Konsumenten) aufweisen. Zum anderen müssen diese Aktivitäten einen Nutzen für Konsumenten generieren und damit einen zentralen Aspekt des Marketing erfüllen.[65] Jegliche Aktivitäten, bei denen Social-Media-Plattformen lediglich als weiteres unidirektionales Massenmedium verwendet werden, ohne die Bedürfnisse der Konsumenten zu berücksichtigen, stellen folglich kein Good Social Media Marketing dar. Diese Eingrenzung wird vorgenommen, da Social Media primär für Konsumenten geschaffen wurden und Unternehmen die Kommunikation hier nicht länger in einer hierarchischen Beziehung diktieren können. Es wird daher angenommen, dass die Erfüllung von Konsumentenbedürfnissen in diesem Umfeld eine notwendige Grundlage für das Erreichen weiterer Unternehmensziele darstellt.

2.2 Ausgewählte Theorien zur Erklärung des Unternehmenserfolgs

Auf Basis des im vorherigen Abschnitt dargelegten Verständnisses von Good Social Media Marketing werden in der vorliegenden Arbeit Erfolgsdeterminanten für B2C-Unternehmen untersucht. Im Fokus stehen dabei jene Determinanten, die dazu beitragen, dass Unternehmen die Herausforderungen des durch Social Media induzierten Flipper-Marketing-Umfelds erfolgreich bewältigen können. Die Konkretisierung der zu untersuchenden Erfolgs-

[65] Vgl. Barksdale/Darden (1971), S. 29; McNamara (1972), S. 50.

determinanten sowie die Begründung der in Forschungshypothesen zu postulierenden kausalen Wirkungszusammenhänge erfordern zunächst eine theoretische Fundierung.

In diesem Abschnitt werden daher ausgewählte Theorien zur Erklärung des Unternehmenserfolgs präsentiert, die eine geeignete Grundlage für die Untersuchung der Determinanten von Good Social Media Marketing bilden. Mit der Resource-based Theory wird in Abschnitt 2.2.1 als Erstes eine der meistgenutzten Theorien in der Marketing- und Management-Wissenschaft erläutert.[66] Infolge einzelner Kritikpunkte an der ursprünglichen Auslegung dieser Theorie entstand die Dynamic Capabilities Theory, die in Abschnitt 2.2.2 vorgestellt wird.[67] Verschiedene Autoren vertreten jedoch die Auffassung, dass Dynamic Capabilities lediglich eine Erweiterung der Resource-based Theory darstellen und daher als Teil dieser bezeichnet werden können.[68] Entsprechend dieser Auffassung werden die zwei Theorien in Abschnitt 2.2.3 in einem Bezugsrahmen zusammengefasst, der als Grundlage für die Entwicklung des Modells zur Untersuchung der Determinanten von Good Social Media Marketing dient.

2.2.1 Resource-based Theory

Die Resource-based Theory, die auch als Resource-based View[69] bezeichnet wird, nahm in den 1980er Jahren zunehmend Gestalt an, als verschiedene Studien auf die Relevanz unternehmensinterner Faktoren zur Erklärung des Unternehmenserfolgs hinwiesen.[70] Nachdem Penrose (1959) bereits die Bedeutung der Ressourcen eines Unternehmens aufzeigt, spricht Wernerfelt (1984) erstmals vom Resource-based View.[71] In seinem einflussreichen Artikel argumentiert er, dass Ressourcen und Produkte für ein Unternehmen zwei Seiten einer Medaille darstellen. Während der Erfolg eines Unternehmens direkt von seinen Produkten abhängt, wird er letztlich durch die in der Produktion verwendeten Ressourcen verursacht.[72]

66 Vgl. Kozlenkova/Samaha/Palmatier (2014), S. 1; Wernerfelt (2014), S. 22.

67 Vgl. Morgan (2012), S. 103; Newbert (2007), S. 123 f.

68 Vgl. u. a. Barney/Ketchen/Wright (2011), S. 1303; Kozlenkova/Samaha/Palmatier (2014), S. 5; Peteraf/Barney (2003), S. 321 f.

69 Während manche Autoren weiterhin die ursprüngliche Bezeichnung Resource-based View verwenden, wird heute überwiegend von der Resource-based Theory gesprochen, da sich die Sichtweise zur Theorie entwickelt hat. Vgl. Barney/Ketchen/Wright (2011), S. 1303; Kozlenkova/Samaha/Palmatier (2014), S. 3.

70 Für eine Übersicht zentraler Studien in der Entwicklung der Resource-based Theory vgl. Barney/Ketchen/Wright (2011), S. 1300-1302; Newbert (2007), S. 122-124.

71 Vgl. Penrose (1959), S. 85. Vgl. hierzu und im Folgenden Wernerfelt (1984), S. 171.

72 Vgl. Newbert (2007), S. 122.

Analog zu dieser Argumentation hängt der Social-Media-Erfolg eines Unternehmens von dessen Social-Media-Aktivitäten ab und wird somit durch die in die Entwicklung und Umsetzung dieser Aktivitäten einfließenden Ressourcen verursacht. Es wird deutlich, dass sich die Resource-based Theory gut auf den Untersuchungsgegenstand der vorliegenden Arbeit übertragen lässt und daher eine geeignete theoretische Grundlage bildet. Barney (1986) unterstützt die Sichtweise von Wernerfelt (1984) und schildert dabei insbesondere die Vorteile der Analyse derjenigen Ressourcen, die sich bereits im Besitz eines Unternehmens befinden.[73]

Einen entscheidenden Beitrag zur Entwicklung der Resource-based Theory leistet Barney (1991), der mit einer *Definition von Ressourcen* und Kriterien zur Analyse ihres Erfolgspotenzials als Erster die wesentlichen Grundsätze der Theorie präsentiert.[74] Nach seiner Definition werden Ressourcen wie folgt verstanden:[75]

> *„[...] firm resources include all assets, capabilities, organizational processes, firm attributes, information, knowledge, etc. controlled by a firm that enable the firm to conceive of and implement strategies that improve its efficiency and effectiveness (Daft, 1983).“*

Hierauf aufbauend entwickelt er einen heute unter der Abkürzung *VRIN* bekannten *Bezugsrahmen*, der im Folgenden anhand von Abbildung 7 erläutert wird.

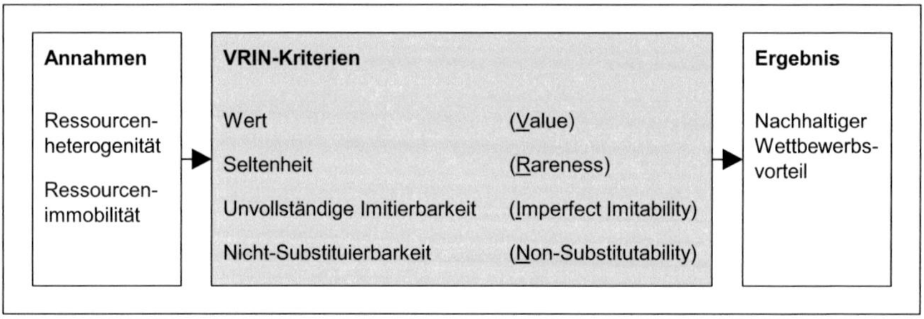

Abbildung 7: VRIN-Bezugsrahmen

Quelle: Eigene Darstellung in Anlehnung an Barney (1991), S. 112.

[73] Vgl. Barney (1986b), S. 1239 f.
[74] Vgl. Barney (1991), S. 99-120.
[75] Barney (1991), S. 101.

Nach Barney (1991) basiert die Resource-based Theory auf zwei grundlegenden Annahmen: Erstens sind Unternehmen hinsichtlich ihrer Ressourcen heterogen und zweitens sind diese Ressourcen nicht vollständig mobil.[76] Folglich können Unternehmen dauerhaft über unterschiedliche Ressourcenausstattungen verfügen, die zu nachhaltigen Wettbewerbsvorteilen und somit zum Unternehmenserfolg führen können. Dabei können einzelne Ressourcen zum Unternehmenserfolg beitragen, wenn sie die folgenden vier Kriterien erfüllen, die dem *VRIN-Bezugsrahmen* seinen Namen verleihen: Wert (Value), Seltenheit (Rareness), unvollständige Imitierbarkeit (Imperfect Imitability) und Nicht-Substituierbarkeit (Non-Substitutability). Entsprechend der zuvor genannten Definition ist eine Ressource wertvoll, falls sie einen Beitrag zur Effizienz- oder Effektivitätssteigerung eines Unternehmens leisten kann. Besitzen Wettbewerber die gleiche Ressource, können sie ihre Effizienz oder Effektivität jedoch in derselben Weise steigern. Für einen Wettbewerbsvorteil muss eine wertvolle Ressource daher zudem selten sein. Damit wertvolle und seltene Ressourcen auch zu nachhaltigen Wettbewerbsvorteilen führen können, dürfen diese nicht vollständig imitierbar sein. Mögliche Gründe einer unvollständigen Imitierbarkeit sind nach Barney (1991) die historische Entwicklung, kausale Ambiguität und soziale Komplexität der Unternehmensressourcen. Zusätzlich dürfen keine äquivalenten Ressourcen existieren, die ihrerseits nicht selten oder imitierbar und dadurch als Substitut geeignet sind.

Aufgrund der zentralen Bedeutung der Resource-based Theory für die vorliegende Arbeit sollen die VRIN-Kriterien nachfolgend anhand eines anschaulichen Beispiels aus dem Fußball verdeutlicht werden. Fußballvereine sind mit heterogenen Ressourcen in Form von Trainern, Spielern, Spielstilen etc. ausgestattet, die nicht ohne Weiteres auf andere Klubs übertragbar sind und ihren sportlichen Erfolg beeinflussen können. Einen scheinbar nachhaltigen Wettbewerbsvorteil hatte der FC Barcelona in den Saisons 2008/09 bis 2011/12, als der Verein unter Trainer Pep Guardiola mit Spielern wie Messi, Iniesta und Xavi ein ballbesitzorientiertes Kurzpassspiel prägte und insgesamt 14 Titel gewann.[77] Dabei wurde Guardiola einer der erfolgreichsten Trainer aller Zeiten, Messi vier Mal Weltfußballer des Jahres und ihr Spielstil als perfekter Fußball gelobt.[78]

---

76 Vgl. hierzu und im Folgenden Barney (1991), S. 105-112.
77 Vgl. Beuth (2013); FC Barcelona (2012).
78 Vgl. FAZ.NET (2013); Spiller (2011); Wright (2014).

Der Trainer, Starspieler und Spielstil trugen unumstritten zur Effektivitätssteigerung gegenüber vorangegangenen Jahren bei und waren für den Verein wertvolle Ressourcen. Alle drei Ressourcen waren zudem selten und führten somit zu einem Wettbewerbsvorteil, da kein anderer Klub einen zweiten Guardiola oder Messi unter Vertrag hatte und ihr Spielstil zu jener Zeit einzigartig war. Ihre Imitierbarkeit schien u. a. aufgrund der besonderen historischen Entwicklung ebenfalls schwierig. Guardiola kannte den Verein aus seiner langjährigen Spielerzeit und Messi, Iniesta, Xavi sowie andere Spieler wurden in der eigenen Jugendakademie ausgebildet, in der sie bereits das ballbesitzorientierte Kurzpassspiel lernten.[79]

Daneben lässt sich nicht genau feststellen, welchen Beitrag die einzelnen Ressourcen zum Erfolg des FC Barcelona jeweils hatten. Um das Erfolgsrezept des Vereins kopieren zu können, hätten andere Klubs erst wissen müssen, ob vor allem Guardiola, einzelne Spieler, der Spielstil, die Jugendakademie oder die Kombination aller Komponenten entscheidend war. Hinzu kommen verschiedene soziale Phänomene, wie die Stimmung im Team oder die Verbindungen einzelner Spieler, die für andere Klubs nur schwer ersichtlich sind und die Komplexität daher zusätzlich erhöhen. Infolge dieser Aspekte ließ sich der FC Barcelona auch durch im Fußball übliche Transfers nicht leicht imitieren. Ein Kauf von Messi wäre für andere Klubs trotz seines Renommees ein Risiko, da unklar ist, ob der seit jeher für den FC Barcelona spielende Star in einem anderen Umfeld gleich gut agieren und den hohen Transferaufwand rechtfertigen könnte. Der Einsatz von Pep Guardiola beim FC Bayern München zeigt, dass die Anwendung des ballbesitzorientierten Kurzpassspiels bei anderen Klubs möglich ist, jedoch an die vorhandenen Spieler angepasst werden muss.[80]

Als Alternative zur Nachahmung des FC Barcelona können andere Klubs ähnliche oder komplett verschiedene Trainer, Spieler und Spielstile nutzen. So gewann z. B. Real Madrid in der Saison 2013/14 die UEFA Champions League mit einem auf Konter angelegten Spielstil und schlug im Halbfinale Guardiola mit seinen ballbesitzorientierten Bayern.[81] Das Beispiel verdeutlicht anhand der Resource-based Theory, dass Fußballvereine über Ressourcen verfügen können, die zu Wettbewerbsvorteilen führen und häufig schwer imitierbar sind. Sie

[79] Vgl. FIFA (2011).
[80] Vgl. Bitz (2014).
[81] Vgl. Gruber/Lehner (2014).

können jedoch durch äquivalente Ressourcen substituiert werden, weshalb diese Wettbewerbsvorteile ungeachtet erfolgreicher Jahre einzelner Vereine nicht dauerhaft sind.

Trotz des Beitrags der VRIN-Kriterien zur Erklärung nachhaltiger Wettbewerbsvorteile wurde das hierauf basierende Verständnis der Resource-based Theory von einzelnen Autoren kritisiert und dabei insbesondere als *tautologisch* und *statisch* bezeichnet.[82] Nach der *Tautologie-Kritik* sind zentrale Elemente der Theorie bereits per Definition erfüllt und folglich nicht empirisch prüfbar.[83] Dies trifft auf einzelne Studien zu, die beispielsweise untersuchte Ressourcen unter Verwendung abhängiger Variablen definieren, gilt aber nicht generell für die Resource-based Theory.[84] Als *statisch* wurde die Theorie primär bezeichnet, da die VRIN-Kriterien nicht explizit erklären, wie Ressourcen im dynamischen Marktumfeld entstehen und zur Generierung von Wettbewerbsvorteilen eingesetzt werden.[85] Infolgedessen befassten sich mehrere Autoren mit Unternehmensprozessen zur Ausnutzung von Ressourcen und bezeichneten diese überwiegend als Kompetenzen oder Fähigkeiten.[86] Auf jener Grundlage entstanden zwei theoretische Erweiterungen der Resource-based Theory, die im Folgenden näher erläutert werden: der *VRIO-Bezugsrahmen* und die *Dynamic Capabilities Theory*.[87]

Der in Abbildung 8 dargestellte *VRIO-Bezugsrahmen* stammt von Barney (1997) und stellt eine aktualisierte Version des *VRIN-Bezugsrahmens* dar.

82 Vgl. Kozlenkova/Samaha/Palmatier (2014), S. 5.
83 Vgl. Priem/Butler (2001a), S. 27 f.; Priem/Butler (2001b), S. 57-66.
84 Vgl. Barney (2001), S. 41-46; Kozlenkova/Samaha/Palmatier (2014), S. 5.
85 Vgl. Priem/Butler (2001a), S. 33 f.; Teece/Pisano/Shuen (1997), S. 510.
86 Vgl. u. a. Amit/Schoemaker (1993), S. 33-46; Day (1994), S. 37-52; Kogut/Zander (1992), S. 383-397; Lado/Boyd/Wright (1992), S. 77-91; Leonard-Barton (1992), S. 111-125.
87 Vgl. Kozlenkova/Samaha/Palmatier (2014), S. 5; Newbert (2007), S. 123 f.

VRIO-Kriterien: Ist eine Ressource oder Fähigkeit…				**Ergebnis**	
wertvoll? (Value)	selten? (Rareness)	teuer zu imitieren? (Imitability)	organisatorisch ausgenutzt? (Organization)	Wettbewerbs-situation	Unternehmens-erfolg
Nein	–	–	Nein	Wettbewerbs-nachteil	Unterdurch-schnittlich
Ja	Nein	–		Wettbewerbs-parität	Durch-schnittlich
Ja	Ja	Nein		Temporärer Wettbewerbs-vorteil	Überdurch-schnittlich
Ja	Ja	Ja	Ja	Nachhaltiger Wettbewerbs-vorteil	Überdurch-schnittlich

Abbildung 8: VRIO-Bezugsrahmen

Quelle: Eigene Darstellung in Anlehnung an Barney (1997), S. 163.

Wenngleich Fähigkeiten bereits in der zuvor genannten Ressourcendefinition enthalten sind und Barney (1997) Ressourcen und Fähigkeiten als synonym erachtet, nennt er im *VRIO-Bezugsrahmen* beide Begriffe und trägt damit der hierzu aufkommenden Literatur Rechnung.[88] Um nach den VRIO-Kriterien zu einem nachhaltigen Wettbewerbsvorteil führen zu können, müssen Ressourcen und Fähigkeiten wertvoll, selten und teuer zu imitieren sein sowie organisatorisch ausgenutzt werden. Die Kriterien Wert (Value) und Seltenheit (Rareness) sind gegenüber dem *VRIN-Bezugsrahmen* unverändert, weshalb sie an dieser Stelle nicht erneut erläutert werden. Für das Kriterium Imitierbarkeit (Imitability) ergeben sich hingeben zwei kleine Anpassungen: Erstens ist hierunter nun auch die Nicht-Substituierbarkeit subsumiert, sodass Ressourcen oder Fähigkeiten imitierbar sind, wenn sie von Wettbewerbern dupliziert oder äquivalent substituiert werden können. Zweitens präzisiert Barney (1997) die Prüfung der Imitierbarkeit durch eine Argumentation mit Kostenvorteilen. Diese können Wettbewerber davon abhalten, wertvolle und seltene Ressourcen oder Fähigkeiten eines Unternehmens zu imitieren, wenn die resultierenden Vorteile durch hohe Kosten aufgezehrt werden.

[88] Vgl. hierzu und im Folgenden Barney (1997), S. 144-164.

Im Fußballbeispiel hat der FC Barcelona einen Kostenvorteil hinsichtlich des Starspielers Messi, da dieser zu geringen Kosten in der eigenen Jugendakademie ausgebildet wurde. Möchten andere Vereine heute Messi oder einen gleichwertigen Spieler verpflichten, müssen sie hohe Ablösesummen bezahlen, die mögliche Vorteile des Transfers übertreffen können. Als zusätzliches Kriterium wird im *VRIO-Bezugsrahmen* geprüft, inwiefern die Organisation (Organization) eines Unternehmens geeignet ist, das volle Potenzial der Ressourcen oder Fähigkeiten auszunutzen. Relevant sind organisatorische Komponenten, die allein nur bedingt zu Wettbewerbsvorteilen führen, aber zur Ausnutzung anderer Ressourcen oder Fähigkeiten beitragen können. Beispiele sind die Anreiz- und Kontrollsysteme sowie die Reporting-Strukturen eines Unternehmens.

Abhängig davon, ob eine Ressource oder Fähigkeit die einzelnen VRIO-Kriterien erfüllt, ergeben sich verschiedene Implikationen für die Wettbewerbssituation und den Erfolg eines Unternehmens. Ist eine Ressource oder Fähigkeit nicht wertvoll, leistet sie keinen Beitrag zur Effizienz- oder Effektivitätssteigerung. Eine hierauf ausgerichtete Organisation ist nicht sinnvoll, da sie die Kosten erhöhen oder den Umsatz senken und damit zu einem Wettbewerbsnachteil und unterdurchschnittlichem Erfolg führen würde. Ist sie wertvoll, aber nicht selten, lassen sich durch ihre organisatorische Ausnutzung keine Vorteile generieren, da Wettbewerber ebenfalls hierüber verfügen. Wird eine solche Ressource oder Fähigkeit vernachlässigt, können jedoch Nachteile entstehen, wenn Wettbewerber von ihrem Potenzial Gebrauch machen. Die Nutzung einer wertvollen und seltenen Ressource oder Fähigkeit, die ohne hohe Kosten imitierbar ist, führt temporär zu einem Wettbewerbsvorteil und überdurchschnittlichem Erfolg. Der zeitliche Vorteil bleibt aufgrund der fehlenden Kostenvorteile allerdings nur so lange bestehen, bis Wettbewerber ihn erkennen und ausgleichen. Ist die Imitierung einer wertvollen und seltenen Ressource oder Fähigkeit für andere Unternehmen zu teuer, lässt sich mit der richtigen Organisation ein nachhaltiger Wettbewerbsvorteil und überdurchschnittlicher Erfolg erzielen. Das Organisationskriterium fungiert somit in allen Fällen als Korrekturfaktor, der die Ausnutzung des Potenzials einer Ressource oder Fähigkeit bestimmt. Selbst im letzten Fall können mangelnde organisatorische Voraussetzungen dazu führen, dass nur ein durchschnittlicher oder sogar unterdurchschnittlicher Erfolg eintritt.

Zur gleichen Zeit wie die Veröffentlichung des *VRIO-Bezugsrahmens* entstand mit der *Dynamic Capabilities Theory* eine zweite theoretische Erweiterung der Resource-based

Theory, welche die Prozesse zur Ausnutzung von Ressourcen genauer bestimmt. Diese wird von manchen Autoren als eigene Theorie angesehen, weshalb sie im folgenden Abschnitt separat betrachtet wird.[89]

2.2.2 Dynamic Capabilities Theory

Die Dynamic Capabilities Theory geht primär auf Teece/Pisano/Shuen (1997) zurück und wurde anschließend in verschiedenen Studien weiterentwickelt.[90] Aufbauend auf den Ideen der Resource-based Theory wird dabei unterstellt, dass Unternehmen über verschiedene *Fähigkeiten* verfügen, mit denen sie ihre *Ressourcen* derart anpassen und einsetzen, dass sie dynamische Marktanforderungen erfüllen können.[91] Anstelle unterschiedlicher *Ressourcen* sind es diese *Fähigkeiten*, die nach der Dynamic Capabilities Theory zur Erklärung des Unternehmenserfolgs beitragen. Als *Ressourcen* werden im Einklang mit der Resource-based Theory sämtliche Vermögensgegenstände von Unternehmen verstanden, die von Wettbewerbern nur mit Kostennachteilen imitiert werden können.[92] *Fähigkeiten* umfassen jene organisationalen Prozesse, mit denen Unternehmen Ressourcen kombinieren und zu Aktivitäten transformieren, die zur Erfüllung ihrer Ziele beitragen sollen. Sie entstehen, wenn Individuen und Gruppen eines Unternehmens im Rahmen der Ressourcenentstehung und -verwendung wiederholt ihr Wissen und Können einsetzen, wodurch dieses zu organisationalen Routinen bzw. Prozessen wird.[93] Im Gegensatz zu anderen Prozessen zeichnen sich Fähigkeiten dadurch aus, dass sie von einem Unternehmen besser beherrscht werden als von dessen Wettbewerbern.[94] Diese können die Ausprägungen der Fähigkeiten zwar von außen beurteilen, die Fähigkeiten selbst jedoch aufgrund der impliziten Natur des Wissens zu den Prozessen eines Unternehmens kaum nachahmen.[95] Als *dynamisch* werden *Fähigkeiten* bezeichnet, wenn sie es Unternehmen ermöglichen, ihre Ressourcen anzupassen

---

89 Vgl. Teece (2007), S. 1344-1346; Teece/Pisano/Shuen (1997), S. 526 f.

90 Vgl. Teece/Pisano/Shuen (1997), S. 509-533. Für weitere einflussreiche Studien vgl. u. a. Eisenhardt/Martin (2000), S. 1105-1121; Makadok (2001), S. 387-401; Winter (2003), S. 991-995.

91 Vgl. hierzu und im Folgenden Eisenhardt/Martin (2000), S. 1106; Teece/Pisano/Shuen (1997), S. 510.

92 Vgl. hierzu und im Folgenden Amit/Schoemaker (1993), S. 35; Teece/Pisano/Shuen (1997), S. 516.

93 Vgl. Grant (1996), S. 376-379; Grewal/Slotegraaf (2007), S. 454.

94 Vgl. Bingham/Eisenhardt/Furr (2007), S. 40 f.; Teece/Pisano/Shuen (1997), S. 516.

95 Vgl. Day (1994), S. 39; Teece/Pisano/Shuen (1997), S. 524-526.

(z. B. neu zu entwickeln, akquirieren oder kombinieren), um auf Marktveränderungen zu reagieren oder diese zu bewirken.[96]

Durch die Erweiterung der Resource-based Theory um dynamische Fähigkeiten bietet die Dynamic Capabilities Theory folglich einen zusätzlichen Beitrag zur Erklärung des Unternehmenserfolgs. So kann ein Unternehmen zu einem Zeitpunkt gegenüber seinen Wettbewerbern mit ähnlichen oder weniger Ressourcen ausgestattet sein, diese jedoch infolge überlegener Fähigkeiten besser nutzen oder anpassen und dadurch erfolgreicher sein.[97] Im Fußballbeispiel könnte die Fähigkeit eines Vereins darin bestehen, seinen Spielerkader derart zusammenzustellen, dass bei wechselnden Bedingungen innerhalb einer Saison jederzeit eine erfolgversprechende Mannschaft auf dem Platz stehen kann. Durch Verletzungen, Sperren und dergleichen stehen für einzelne Spiele verschiedene Spieler zur Verfügung, die auf unterschiedliche Gegner und Spielsituationen eingestellt werden müssen. Hinzu kommen Spielertransfers oder Trainerwechsel, sodass ein Verein sein Personal saisonübergreifend regelmäßig anpassen muss, damit seine Ressourcen in Form von Trainern, Spielern und Spielstilen optimal zusammenpassen. Andere Klubs können entsprechende Fähigkeiten registrieren, sie allerdings nur schwer nachahmen, da für sie nicht ersichtlich ist, wie die genauen Abläufe zwischen der Vereinsführung, der Scouting-Abteilung, den externen Beratern und anderen beteiligten Personen aussehen.

Auch auf das Social Media Marketing lässt sich die Dynamic Capabilities Theory gut übertragen. Wie in Abschnitt 2.1.2 gezeigt wurde, hat die rasante Social-Media-Entwicklung disruptive Auswirkungen auf das Marketing von Unternehmen. Dieses ähnelt heute einem chaotischen und interaktiven Flipperspiel, in dem Unternehmen die Beiträge zu ihren Marken und Produkten nicht länger kontrollieren können. Um in diesem dynamischen Umfeld erfolgreich bestehen zu können, müssen Unternehmen ihre Ressourcen immer wieder an die mit Social Media verbundenen Herausforderungen anpassen. So können beispielsweise unerwartete Protestwellen der Konsumenten, neue Funktionalitäten in Social-Media-Plattformen oder gänzlich neue Plattformen unterschiedliche Ressourcenausstattungen erfordern. Die Dynamic Capabilities Theory bildet daher zusätzlich zur Resource-based Theory eine geeignete theoretische Grundlage für den Untersuchungsgegenstand der vorliegenden Arbeit.

---

[96] Vgl. Eisenhardt/Martin (2000), S. 1107; Teece/Pisano/Shuen (1997), S. 516.

[97] Vgl. Ngo/O'Cass (2012), S. 861 f.

2.2.3 Zusammenfassung der ausgewählten Theorien und Bezugsrahmen zur Untersuchung der Determinanten von Good Social Media Marketing

Mit der Resource-based Theory und der Dynamic Capabilities Theory wurden in den Abschnitten 2.2.1 und 2.2.2 zwei ausgewählte Theorien zur Erklärung des Unternehmenserfolgs präsentiert. Dabei wurde verdeutlicht, dass beide Theorien eine geeignete theoretische Grundlage zur Untersuchung der Determinanten von Good Social Media Marketing darstellen. In diesem Abschnitt werden die Theorien zunächst kurz zusammengefasst und anschließend in einem Bezugsrahmen integriert, der als Basis für die Entwicklung des Untersuchungsmodells im folgenden Kapitel dient.

Nach der Resource-based Theory verfügen Unternehmen über heterogene Ressourcen, die nicht vollständig mobil sind und daher zu Erfolgsunterschieden führen. Ressourcen umfassen sämtliche Vermögensgegenstände, Fähigkeiten und weitere von einem Unternehmen kontrollierte Aspekte. Damit Ressourcen in nachhaltigen Wettbewerbsvorteilen resultieren können, müssen sie wertvoll und selten sein, nur unter hohen Kosten imitiert werden können sowie von der Organisation richtig ausgenutzt werden. Die Prozesse zur Ausnutzung von Ressourcen werden von der Dynamic Capabilities Theory genauer spezifiziert. Diese unterstellt, dass Unternehmen verschiedene Fähigkeiten besitzen, infolge derer sie ihre Ressourcen nutzen und anpassen, um auf sich wandelnde Marktanforderungen eingehen zu können. Als Fähigkeiten werden jene Prozesse zur Ausnutzung bestehender Ressourcen bezeichnet, in denen ein Unternehmen seinen Wettbewerbern überlegen ist und die folglich zur Erklärung des Erfolgs beitragen. Bei Prozessen, die es Unternehmen erlauben, ihre Ressourcenausstattungen an sich wandelnde Marktanforderungen anzupassen, wird von dynamischen Fähigkeiten gesprochen.

Beide Theorien ermöglichen somit eine Erklärung des Unternehmenserfolgs mit internen Determinanten und ergänzen sich durch ihren jeweiligen Fokus auf das Vorhandensein oder die Ausnutzung und Anpassung von Ressourcen. Während manche Autoren die Dynamic Capabilities Theory als separate Theorie erachten, vertreten andere die Auffassung, dass dynamische Fähigkeiten eine Form von Ressourcen und daher lediglich eine Erweiterung der Resource-based Theory darstellen. In jedem Fall lassen sich beide Theorien analog zu Morgan

(2012) in einem Bezugsrahmen zur Untersuchung von Erfolgsdeterminanten integrieren.[98] Verschiedene empirische Studien verwenden einen solchen Bezugsrahmen und belegen die Relevanz der gemeinsamen Betrachtung von Ressourcen und Fähigkeiten.[99] Im Einklang mit diesen Studien werden die Determinanten von Good Social Media Marketing in dieser Arbeit, wie in Abbildung 9 dargestellt, ebenfalls anhand von Ressourcen und Fähigkeiten untersucht.

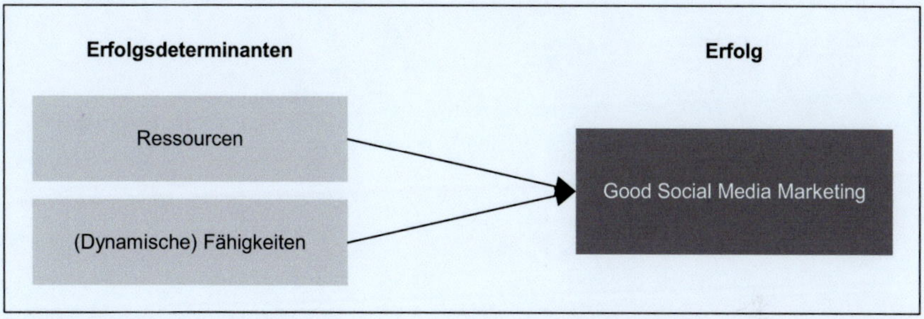

Abbildung 9: Bezugsrahmen zur Untersuchung der Determinanten von Good Social Media Marketing

Quelle: Eigene Darstellung.

Durch die gemeinsame Untersuchung von Ressourcen und Fähigkeiten leistet die Arbeit einen wichtigen Beitrag zur wissenschaftlichen Forschung. Im Gegensatz zu unzähligen empirischen Studien zur Wirkung von Ressourcen auf den Unternehmenserfolg liegen zu Fähigkeiten aufgrund der späteren Veröffentlichung der zugehörigen theoretischen Arbeiten deutlich weniger entsprechende Erkenntnisse vor.[100] Sowohl Ressourcen als auch Fähigkeiten eignen sich gerade in der Marketing-Forschung zur Erklärung des Unternehmenserfolgs. Die untersuchten Ressourcen sind überwiegend immateriell und Fähigkeiten basieren ohnehin auf implizitem Wissen zu organisationalen Prozessen, weshalb beide nur schwer von Wettbewerbern imitiert werden können.[101] Auch in dieser Arbeit werden ausschließlich immaterielle Erfolgsdeterminanten betrachtet.

Die untersuchten Erfolgsdeterminanten werden im folgenden Kapitel auf der Grundlage des dargestellten Bezugsrahmens näher bestimmt. Dabei wird analog zu anderen Studien nicht der

---

98 Vgl. Morgan (2012), S. 104.

99 Vgl. u. a. Morgan/Vorhies/Mason (2009), S. 909-920; Ngo/O'Cass (2012), S. 861-877; Vorhies/Morgan/Autry (2009), S. 1310-1334.

100 Vgl. Morgan (2012), S. 106; Newbert (2007), S. 137.

101 Vgl. Kozlenkova/Samaha/Palmatier (2014), S. 10.

Anspruch erhoben, dass die betrachteten Fähigkeiten zwangsweise dynamisch sein müssen.[102] Wie im vorherigen Abschnitt erläutert wurde, liegt ein Hauptaugenmerk der Dynamic Capabilities Theory auf der Kombination verfügbarer Ressourcen zur Transformation in erfolgreiche Aktivitäten. Selbst wenn Fähigkeiten den Anforderungen dynamischer Fähigkeiten nicht hinreichend gerecht werden, können sie dennoch eine notwendige Bedingung dynamischer Fähigkeiten erfüllen und somit einen empirischen Beitrag zur Dynamic Capabilities Theory leisten.

[102] Vgl. Morgan/Vorhies/Mason (2009), S. 917; Vorhies/Morgan/Autry (2009), S. 1316.

3 Modell zur Untersuchung der Determinanten von Good Social Media Marketing

Im Fokus dieses Kapitels steht die Entwicklung des in der vorliegenden Arbeit verwendeten Modells zur Untersuchung der Determinanten von Good Social Media Marketing. Aufbauend auf dem im vorherigen Abschnitt dargestellten Bezugsrahmen werden die untersuchten Erfolgsdeterminanten in Form von Ressourcen und Fähigkeiten sowie die für Good Social Media Marketing verwendeten Erfolgsgrößen spezifiziert. Hierzu wird in Abschnitt 3.1 zunächst der aktuelle Forschungsstand zu Determinanten von Good Social Media Marketing geprüft, um bereits vorliegende Erkenntnisse anhand von theoretischen Überlegungen oder empirischen Beobachtungen zu erfassen. Auf Basis dieser Erkenntnisse sowie eigener Überlegungen wird in Abschnitt 3.2 das in dieser Arbeit verwendete Modell zur Untersuchung der Determinanten von Good Social Media Marketing vorgestellt. Im Rahmen dessen werden die modellierten Größen bestimmt und zugehörige Forschungshypothesen aufgestellt, welche die Grundlage für die empirische Untersuchung bilden.

3.1 Stand der bisherigen Forschung zu Determinanten von Good Social Media Marketing

Um die bereits vorliegenden Erkenntnisse zu den Determinanten von Good Social Media Marketing möglichst vollständig erfassen zu können, werden relevante Veröffentlichungen aus der Wissenschaft und Praxis geprüft. In Abschnitt 3.1.1 wird zunächst der aktuelle Forschungsstand der wissenschaftlichen Literatur vorgestellt. Hierbei werden primär begutachtete und hochrangig publizierte Forschungsergebnisse berücksichtigt. Als hochrangig publiziert werden Forschungsbeiträge angesehen, welche in Zeitschriften veröffentlicht wurden, die im VHB-Zeitschriftenranking JOURQUAL 2.1 mit A+, A oder B bewertet sind.[103] Ebenfalls berücksichtigt werden ausgewählte Studien, die in schlechter bewerteten Zeitschriften veröffentlicht wurden, allerdings eine besondere Relevanz für die vorliegende Arbeit aufweisen. Infolge der hohen Dynamik des Social-Media-Bereichs

[103] Vgl. Hennig-Thurau/Sattler (2011); Schrader/Hennig-Thurau (2009), S. 180-204.

entstehen in der unternehmerischen Praxis häufig neue Erkenntnisse, die in bestehenden wissenschaftlichen Publikationen nicht vollständig enthalten sind.[104] Zur Berücksichtigung dieser Erkenntnisse werden zusätzlich zu den wissenschaftlichen Forschungsbeiträgen in Abschnitt 3.1.2 praxisbezogene Veröffentlichungen erfasst. Derartige Veröffentlichungen liegen jedoch in großer Anzahl und unterschiedlicher Qualität vor, weshalb an dieser Stelle lediglich ein Überblick der relevanten Einsichten erfolgen kann. Abschließend wird der derzeitige Forschungsstand zu den Determinanten von Good Social Media Marketing in Abschnitt 3.1.3 zusammengefasst, um die Positionierung der vorliegenden Arbeit zu verdeutlichen.

3.1.1 Stand der wissenschaftlichen Literatur

In Verbindung mit der rasanten Entwicklung von Facebook, YouTube und anderen Plattformen erscheinen zunehmend wissenschaftliche Veröffentlichungen, die sich mit dem Thema Social Media befassen.[105] Einen umfassenden Forschungsüberblick geben Khang/Ki/Ye (2012), die für die Jahre 1997 bis 2010 allein in 17 Zeitschriften aus den Bereichen Kommunikation, Marketing, Public Relations und Werbung 436 Artikel mit Social-Media-Bezug identifizieren. Wenngleich diese Anzahl lediglich knapp 6% der dort insgesamt publizierten Artikel ausmacht, ist in den letzten Jahren ein deutlicher Anstieg an Social-Media-Veröffentlichungen zu erkennen. Abbildung 10 zeigt hierzu die Entwicklung des Anteils der Veröffentlichungen mit Social-Media-Bezug an allen Artikeln in den einzelnen Bereichen.

[104] Vgl. Kaplan/Haenlein (2010), S. 64 f.
[105] Vgl. hierzu und im Folgenden Khang/Ki/Ye (2012), S. 279-298.

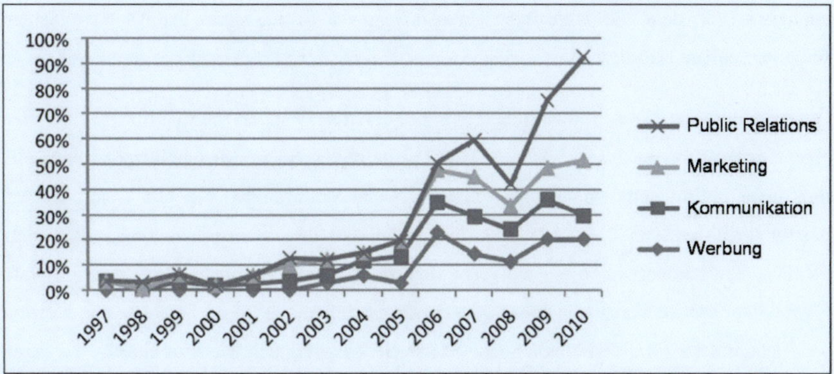

Abbildung 10: Anteil der Veröffentlichungen mit Social-Media-Bezug von 1997 bis 2010

Quelle: Eigene Darstellung in Anlehnung an Khang/Ki/Ye (2012), S. 286.

Es wird deutlich, dass der Anteil an Social-Media-Veröffentlichungen ab 2006 sichtbar gestiegen ist. Rund 70% aller erfassten Artikel mit Social-Media-Bezug wurden in den Jahren 2006 bis 2010 veröffentlicht. Ursächlich für diesen Anstieg war insbesondere die Entstehung der heute populären Plattformen Facebook, YouTube und Twitter zwischen 2004 und 2006. Inhaltlich beschäftigen sich die Artikel vor allem mit dem Verständnis, den Nutzungsformen und Nutzern sowie den Auswirkungen von Social Media. Deutlich seltener sind Studien zu möglichen Verbesserungen im Umgang mit Social Media.

Wirtz/Piehler/Ullrich (2013) erstellen ebenfalls einen hilfreichen Überblick der wissenschaftlichen Social-Media-Literatur und kommen dabei zu einem ähnlichen Ergebnis.[106] Über verschiedene EBSCO-Datenbanken identifizieren sie insgesamt 2.533 Artikel, die in den Jahren 2002 bis 2011 in begutachteten Zeitschriften erschienen sind und den Begriff Social Media im Titel oder Abstract enthalten. Diese Artikel untersuchen sie auf ihren jeweiligen inhaltlichen Fokus und nennen vergleichbar mit Khang/Ki/Ye (2012) Eigenschaften von Social-Media-Plattformen oder -Nutzern sowie das Social-Media-Nutzungsverhalten als häufige Forschungsschwerpunkte. Insgesamt kommen sie zu dem Ergebnis, dass sich die wissenschaftliche Social-Media-Literatur trotz zunehmender Publikationen noch in einem frühen Stadium befindet, was insbesondere auf quantitative Studien zutrifft. Hierbei heben sie

[106] Vgl. hierzu und im Folgenden Wirtz/Piehler/Ullrich (2013), S. 14 f.

explizit hervor, dass eine empirische Untersuchung der Social-Media-Erfolgsdeterminanten für Unternehmen erforderlich ist.

Im Anschluss an ihren Literaturüberblick präsentieren Wirtz/Piehler/Ullrich (2013) eine eigene empirische Analyse.[107] Anhand von 237 befragten Social-Media-Nutzern zeigen sie, dass deren wahrgenommene Attraktivität von Social-Media-Seiten von drei Determinanten positiv beeinflusst wird: 1) ihre Erwartungen an die Interaktionsorientierung von Unternehmen, 2) ihre Motivation zur aktiven Partizipation im Social-Media-Umfeld und 3) ihre Einstellung zur Relevanz von nutzergenerierten Beiträgen. Die von Social-Media-Nutzern wahrgenommene Attraktivität von Social-Media-Seiten wirkt sich wiederum positiv auf deren Absicht aus, diese auch zu nutzen. Einschränkend ist jedoch zu berücksichtigen, dass alle untersuchten Variablen in einer Konsumentenbefragung mit identischen Likert-Skalen erhoben wurden, weshalb Verzerrungen der Ergebnisse möglich sind.[108] Zudem bieten die Ergebnisse zwar Einsichten zu einzelnen Einstellungen von Konsumenten, sie beantworten aber nicht die im Rahmen des Literaturüberblicks aufgebrachte Frage zu den von Unternehmen beeinflussbaren Determinanten des Social-Media-Erfolgs.

Die Aussagen von Khang/Ki/Ye (2012) und Wirtz/Piehler/Ullrich (2013) zum aktuellen Stand der wissenschaftlichen Social-Media-Literatur werden auch von anderen Autoren bestätigt. Yadav et al. (2013) erwähnen ebenfalls, dass die Anzahl der Publikationen mit Social-Media-Bezug zwar deutlich gestiegen ist, sich diese allerdings überwiegend auf das Konsumentenverhalten im Social-Media-Umfeld oder auf Auswirkungen von Social Media fokussieren.[109] Um eine bessere Übersicht der bestehenden Publikationen zu ermöglichen und einzelne Themengebiete mit Forschungsbedarf aufzuzeigen, nehmen Aral/Dellarocas/Godes (2013) eine Klassifizierung der Social-Media-Literatur vor.[110] Danach können Studien anhand der untersuchten Aktivitäten (Aufbau/Eigenschaften, Strategie/Taktik, Management/Organisation, Messung/Auswirkungen) und Gruppen (Konsumenten/Gesellschaft, Plattformen/Regulatoren, Unternehmen/Branchen) in der Social-Media-Entstehung und -Nutzung verschiedenen Kategorien zugeordnet werden. Einen besonderen Forschungsbedarf identifizieren sie für die Schnittstelle zwischen Management/Organisation und Unternehmen/Branchen, an der die

[107] Vgl. hierzu und im Folgenden Wirtz/Piehler/Ullrich (2013), S. 15-27.
[108] Verzerrungen infolge der Erhebungsmethode werden als Common Method Bias bezeichnet. Für eine Erläuterung des Common Method Bias vgl. Abschnitt 4.3.2.
[109] Vgl. Yadav et al. (2013), S. 313 und S. 320.
[110] Vgl. hierzu und im Folgenden Aral/Dellarocas/Godes (2013), S. 3-13.

vorliegende Arbeit einzuordnen ist. Passend hierzu nennen Hennig-Thurau et al. (2010) die Untersuchung von Social-Media-Erfolgsdeterminanten als einen Aspekt in ihrer Forschungsagenda.[111]

Da die Literaturüberblicke von Khang/Ki/Ye (2012) und Wirtz/Piehler/Ullrich (2013) mit den Jahren 2010 bzw. 2011 enden, wurden im Rahmen dieser Arbeit zusätzlich Publikationen geprüft, die zu einem späteren Zeitpunkt erschienen sind. Für den Zeitraum Januar 2012 bis Juni 2014 enthält die in der Wirtschaftswissenschaft führende EBSCO-Datenbank Business Source Complete 1.439 Artikel, die in begutachteten Zeitschriften publiziert wurden und den Begriff Social Media im Titel oder Abstract enthalten. Diese hohe Anzahl ist ein weiterer Beleg für den von anderen Autoren aufgezeigten deutlichen Anstieg der Publikationen mit Social-Media-Bezug. Bei einer Eingrenzung der Suche auf Publikationen, die ebenfalls den Begriff Success im Abstract enthalten, verbleiben 602 Artikel. Die derart ermittelten sowie sämtliche in diesem Zeitraum in hochrangigen Marketing-Zeitschriften publizierten Artikel wurden anhand der im Abstract enthaltenen Informationen auf ihre Relevanz für die vorliegende Arbeit geprüft. Potenziell relevante Artikel wurden anschließend näher auf Erkenntnisse zu den Determinanten von Good Social Media Marketing untersucht.[112] Die wenigen inhaltlich relevanten Artikel lassen sich, wie in Tabelle 2 dargestellt, in drei Kategorien unterteilen: 1) konzeptionelle Studien mit allgemeinen Social-Media-Empfehlungen, 2) konzeptionelle Studien mit Empfehlungen zu einzelnen Social-Media-Bereichen und 3) empirische Studien.

[111] Vgl. Hennig-Thurau et al. (2010), S. 315.

[112] Über eine Stichwortsuche wurden ebenfalls Artikel geprüft, die vor Januar 2012 erschienen sind. Die Ergebnisse bestätigen die dargelegten Aussagen anderer Autoren, weshalb hierauf nicht näher eingegangen wird.

Kategorie	Beispielhafte Artikel	Bewertung
1) Konzeptionell – Allgemeine Social-Media-Empfehlungen	• Andzulis/Panagopoulos/Rapp (2012) • Kaplan/Haenlein (2012) • Mills (2012)	• Keine Empirie • Primär in nicht hochrangigen Zeitschriften publiziert
2) Konzeptionell – Empfehlungen zu einzelnen Social-Media-Bereichen	• Gensler et al. (2013) • Malthouse et al. (2013) • Peters et al. (2013)	• Keine Empirie • Lediglich relevant für einzelne Social-Media-Bereiche
3) Empirisch	• Campbell/Anitsal/Anitsal (2013) • de Vries/Gensler/Leeflang (2012) • Trainor et al. (2014)	• Keine Untersuchung der Erfolgsdeterminanten von Good Social Media Marketing

Tabelle 2: Kategorisierung wissenschaftlicher Literatur zu Social-Media-Erfolgsdeterminanten

Quelle: Eigene Darstellung.

Die Artikel der *ersten Kategorie* geben allgemeine Empfehlungen zum Umgang mit Social Media anhand rein konzeptioneller Überlegungen und werden überwiegend von Zeitschriften publiziert, die im VHB-Ranking mit C oder schlechter bewertet sind. Ein beispielhafter Artikel dieser Kategorie stammt von Andzulis/Panagopoulos/Rapp (2012).[113] Im Rahmen ihrer Übersicht zu Social Media und deren Auswirkungen auf das Marketing und den Vertrieb erwähnen sie mehrere mögliche Erfolgsdeterminanten, wie die Social-Media-Strategie, das Topmanagement-Commitment zu Social Media oder das Social-Media-Monitoring.

Ein weiteres Beispiel bieten Kaplan/Haenlein (2012), die aus dem Social-Media-Auftritt von Britney Spears Erkenntnisse für Produkteinführungen von Unternehmen ableiten.[114] Diese wurden von den allgemeinen Empfehlungen von Kaplan/Haenlein (2010) übernommen und gelten nicht nur für Produkteinführungen, weshalb sie zur ersten Kategorie zu zählen sind.[115] Deren Empfehlungen weisen auf Aspekte einzelner Determinanten hin (z. B. Planung der Social-Media-Aktivitäten und Abstimmung mit anderen Aktivitäten, Social-Media-Guidelines), fokussieren sich jedoch auf die Ausgestaltung von Social-Media-Aktivitäten (z. B. „be active“, „be honest“). Folglich liefern sie kaum Anhaltspunkte für die in dieser Arbeit betrachteten Ressourcen und Fähigkeiten, die im Social-Media-Zeitalter zum Erfolg von Unternehmen beitragen.

[113] Vgl. hierzu und im Folgenden Andzulis/Panagopoulos/Rapp (2012), S. 307-309.
[114] Vgl. Kaplan/Haenlein (2012), S. 30 f.
[115] Vgl. hierzu und im Folgenden Kaplan/Haenlein (2010), S. 65-67.

Mills (2012) leitet aus einzelnen Beispielen erfolgreicher Social-Media-Kampagnen vier Determinanten für eine schnelle Verbreitung von Unternehmensbeiträgen ab.[116] Danach verbreiten sich diese gut, wenn sie aufgrund ihres ansprechenden Inhalts gerne von Konsumenten geteilt, in der richtigen Social-Media-Plattform platziert, mit anderen Medien integriert und durch zugehörige Beiträge unterstützt werden. Auch diese Determinanten beziehen sich vorwiegend auf die Ausgestaltung einzelner Aktivitäten und nicht auf die dahinter liegenden Ressourcen und Fähigkeiten eines Unternehmens.

Im Gegensatz zu diesen und anderen Artikeln der ersten Kategorie beschränken sich die ebenfalls konzeptionellen Studien der *zweiten Kategorie* auf einzelne Social-Media-Bereiche. Verschiedene Beispiele finden sich in der 2013 erschienenen Social-Media-Sonderausgabe des Journal of Interactive Marketing. Gensler et al. (2013) befassen sich mit der Markenführung im Social-Media-Umfeld und empfehlen, Beiträge aktiver Konsumenten in die Erstellung von Markengeschichten einzubeziehen.[117] Sie argumentieren, dass gemeinsam mit Konsumenten erstellte Markengeschichten einen positiven Einfluss auf den Markenerfolg haben können. Hierzu müssen Unternehmen die Entstehung jener Markengeschichten u. a. aufmerksam beobachten und effektiv moderieren. Malthouse et al. (2013) entwickeln ein „Social CRM house“, das zentrale CRM-Elemente im Social-Media-Umfeld aufzeigt.[118] Hiernach benötigen Unternehmen z. B. eine zu Social Media passende Strategie, Unternehmenskultur und Organisation, Mitarbeiter mit ausreichenden Social-Media-Kenntnissen sowie ein geeignetes Social-Media-Monitoring. Welche Metriken für das Social-Media-Monitoring erforderlich sind, thematisieren Peters et al. (2013).[119] Dabei geben sie neun Empfehlungen, die Unternehmen bei der Messung der Ergebnisse ihrer Social-Media-Aktivitäten unterstützen können. Alle genannten Artikel bieten interessante Erkenntnisse zu möglichen Determinanten von Good Social Media Marketing, jedoch lediglich für einzelne Bereiche und ohne empirische Prüfung.

Die *dritte Kategorie* besteht in Abgrenzung zu den zuvor geschilderten Kategorien aus empirischen Studien. Ein beispielhafter Artikel von Campbell/Anitsal/Anitsal (2013) lässt aufgrund des Titels „Social Media’s Key Success Factors“ hilfreiche Einsichten zu möglichen

[116] Vgl. hierzu und im Folgenden Mills (2012), S. 166-168.
[117] Vgl. hierzu und im Folgenden Gensler et al. (2013), S. 242-256.
[118] Vgl. hierzu und im Folgenden Malthouse et al. (2013), S. 270-280.
[119] Vgl. hierzu und im Folgenden Peters et al. (2013), S. 281-298.

Social-Media-Erfolgsdeterminanten vermuten.[120] Zur Ermittlung der Erfolgsdeterminanten führen die Autoren ohne vorherige Sichtung der bestehenden Literatur qualitative Interviews mit 15 Social-Media-Nutzern. Aus Zitaten dieser Interviews leiten sie einzelne Ansichten von Konsumenten zur Social-Media-Nutzung von Unternehmen ab, z. B., dass Unternehmen über Social Media aktuelle Informationen teilen und eine persönlichere Kommunikation als in anderen Medien wählen sollten. Die Ergebnisse beziehen sich ausschließlich auf die Ausgestaltung von Social-Media-Aktivitäten, stellen keinen Bezug zum Erfolg her und bieten daher keine relevanten Erkenntnisse für die vorliegende Arbeit.

Eine weitere empirische Studie stammt von de Vries/Gensler/Leeflang (2012), die Determinanten der Popularität von Social-Media-Beiträgen von Marken untersuchen.[121] Mit Hilfe von Regressionen zeigen sie anhand von 355 Markenbeiträgen, wie sich einzelne Determinanten (z. B. Interaktivität, Informationsgehalt) auf deren Popularität in Form von mehr Likes und Kommentaren auswirken. Wenngleich die Studie einen Bezug der Determinanten zum Erfolg herstellt und klare Empfehlungen für die Charakteristika von Markenbeiträgen enthält, unterscheidet sich ihr Untersuchungsgegenstand von dem der vorliegenden Arbeit. Während die Autoren beispielsweise die Interaktivität von Social-Media-Beiträgen betrachten, liegt der Fokus dieser Arbeit auf eventuellen Unterschieden in der dahinter liegenden Interaktionsorientierung von Unternehmen.

Ähnlich zu der vorliegenden Arbeit untersuchen Trainor et al. (2014) unterschiedliche Social-Media-Erfolgsdeterminanten auf der Grundlage der Resource-based Theory und ihrer Dynamic-Capabilities-Erweiterung.[122] Unter Verwendung der Strukturgleichungs- und hierarchischen Regressionsanalyse zeigen sie für 308 befragte Unternehmen, dass die Nutzung von Social-Media-Technologien und kundenzentrierte Managementsysteme zu Social-CRM-Fähigkeiten beitragen, die wiederum einen positiven Einfluss auf den Erfolg von Kundenbeziehungen haben. Da ihre Stichprobe sowohl B2C- als auch B2B-Unternehmen enthält, führen sie einzelne Analysen erneut für beide Gruppen separat durch. Werden ausschließlich B2C-Unternehmen betrachtet, entfällt der signifikante Zusammenhang zwischen kundenzentrierten Managementsystemen und den Social-CRM-Fähigkeiten. Als

120 Vgl. hierzu und im Folgenden Campbell/Anitsal/Anitsal (2013), S. 43-56.

121 Vgl. hierzu und im Folgenden de Vries/Gensler/Leeflang (2012), S. 83-91.

122 Vgl. hierzu und im Folgenden Trainor et al. (2014), S. 1201-1208. Die Studie basiert zu großen Teilen auf den konzeptionellen Überlegungen von Trainor (2012). Vgl. Trainor (2012), S. 317-331.

relevante Ressource verbleibt demnach die Nutzung von Social-Media-Technologien, die lediglich die Anzahl genutzter Social-Media-Anwendungen misst, wie die Autoren selbst einschränkend anmerken. Zudem ist zu berücksichtigen, dass alle analysierten Variablen einer Befragung entstammen und die Autoren nicht auf möglicherweise resultierende Verzerrungen eingehen. Trotz der ähnlichen theoretischen Grundlage liefert die Studie damit nur bedingt Erkenntnisse für die vorliegende Arbeit.

Insgesamt bleibt festzuhalten, dass unter den deutlich zunehmenden wissenschaftlichen Social-Media-Publikationen kaum Erkenntnisse zu den Determinanten von Good Social Media Marketing existieren. Vor allem entsprechende empirische Studien liegen bislang nicht in ausreichender Form vor. Um in der empirischen Untersuchung dieser Arbeit ebenfalls aktuelle Erkenntnisse der unternehmerischen Praxis zu berücksichtigen, werden im folgenden Abschnitt relevante Einsichten aus der Praxisliteratur erfasst.

3.1.2 Stand der Praxisliteratur

Wenngleich die Wissenschaft in den vergangenen Jahren hinsichtlich der Anzahl an Social-Media-Veröffentlichungen sichtbar aufgeholt hat, dominieren weiterhin Praxis-Empfehlungen von Beratungen, Agenturen und anderen Autoren.[123] Alleine eine Google-Suche nach Social Media in Kombination mit den in der Praxis geläufigen Begriffen Erfolgsfaktoren oder Success Factors ergibt 644.000 Ergebnisse.[124] Infolge dieser hohen Anzahl sowie der unterschiedlichen Qualität der Ergebnisse kann an dieser Stelle keine Übersicht aller Veröffentlichungen erfolgen. Stattdessen werden im Folgenden zunächst drei beispielhafte Publikationen vorgestellt und anschließend relevante Einsichten aus der Praxisliteratur zusammenfassend dargestellt.

Das erste Beispiel stammt von Li/Solis (2013b), die auf Basis von Studien und eigenen Erfahrungen sieben Social-Media-Erfolgsdeterminanten identifizieren.[125] Diese finden sich auf mehreren Internetseiten und wurden in verschiedenen sog. Infografiken anschaulich aufbereitet. Eine beispielhafte Infografik zeigt Abbildung 11.

[123] Vgl. Andzulis/Panagopoulos/Rapp (2012), S. 315; Aral/Dellarocas/Godes (2013), S. 9.
[124] Stand: 21.08.2014.
[125] Vgl. Li/Solis (2013b).

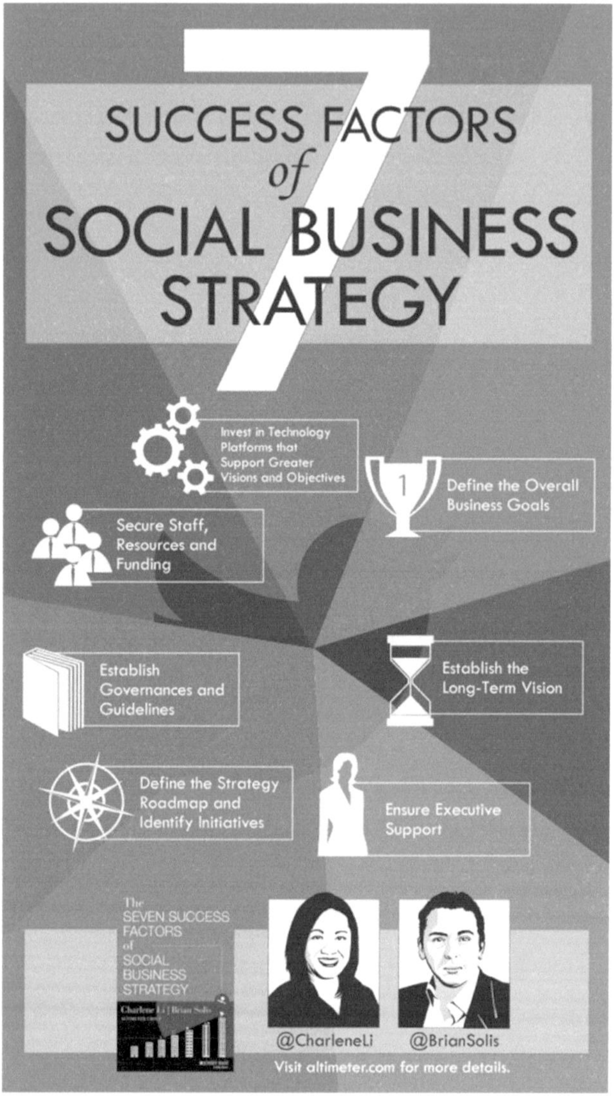

Abbildung 11: Infografik zu sieben Social-Media-Erfolgsdeterminanten von Li/Solis (2013b)

Quelle: Afshar (2013).

Die Erfolgsdeterminanten von Li/Solis (2013b) verdeutlichen symptomatische Stärken und Schwächen vieler Praxispublikationen. Zum einen enthalten sie hilfreiche Einsichten zur Relevanz einzelner Determinanten, z. B. der Social-Media-Strategie und dem Topmanagement-Commitment zu Social Media. Zum anderen sind die Determinanten nicht überschneidungsfrei und beziehen sich auf unterschiedliche inhaltliche Ebenen. Beispielsweise können allgemeine Ziele, eine langfristige Vision und ein strategischer Fahrplan als Elemente einer Strategie bezeichnet werden. Zudem lässt sich argumentieren, dass die Bereitstellung ausreichender Ressourcen eine wichtige Ausprägung des Topmanagement-Commitments darstellt. Bei einer entsprechenden Zusammenfassung würden lediglich vier Erfolgsdeterminanten verbleiben. Während es sich bei einzelnen Determinanten um Ressourcen handelt (z. B. Strategie, Topmanagement-Commitment), beziehen sich andere auf konkrete Aktivitäten, die leichter von konkurrierenden Unternehmen imitiert werden können (z. B. Ausgaben für einzelne Plattformen).

Bei dem zweiten Beispiel handelt es sich um eine Studie der Universität St. Gallen in Kooperation mit der Kommunikationsagentur Conrad Caine zum Thema „Social Media Excellence“.[126] Im Rahmen ihrer Studie nennen sie sieben aus ihrer Sicht relevante Aspekte einer Social-Media-Strategie, die in Abbildung 12 dargestellt sind.

1	**Explizite Strategie**	Die Social-Media-Strategie unseres Unternehmens ist explizit definiert bzw. in geeigneten Formaten dokumentiert und abgebildet.
2	**Explizite Ziele**	Die strategischen Ziele für unser Social-Media-Engagement sind klar beschrieben und für alle Beteiligten nachvollziehbar.
3	**Einbindung der Mitarbeiter**	Die Mitarbeiter(innen) in den relevanten Unternehmensbereichen sind in die (Weiter-)Entwicklung der Social-Media-Strategie intensiv eingebunden.
4	**Topmanagement-Commitment**	Das Topmanagement zeigt ein hohes Commitment für die Entwicklung und Umsetzung der Social-Media-Strategie.
5	**Integration in Geschäftsprozesse**	Unsere Social-Media-Strategie ist tief in unternehmerischen Kernprozessen integriert (z. B. in Service-, CRM- oder Vertriebsprozessen).
6	**Funktionale Differenzierung**	Unsere Social-Media-Strategie ist funktional differenziert, d. h., in verschiedenen Unternehmensfunktionen finden sich eigene Social-Media-Strategien.
7	**Regionale Differenzierung**	Unsere Social-Media-Strategie ist regional differenziert, d. h., in verschiedenen Regionen und Ländern finden sich eigene Social-Media-Strategien.

Abbildung 12: Aspekte einer Social-Media-Strategie nach Universität St. Gallen/Conrad Caine (2012)

Quelle: Eigene Darstellung in Anlehnung an Universität St. Gallen/Conrad Caine (2012), S. 35.

[126] Vgl. hierzu und im Folgenden Universität St. Gallen/Conrad Caine (2012), S. 33-37.

Zusätzlich zur Nennung dieser Aspekte zeigen sie die Zustimmung von 82 befragten Unternehmen zu den rechts dargestellten, vorformulierten Aussagen anhand einer fünfstufigen Likert-Skala. Die Studie ergänzt damit die von Li/Solis (2013b) und anderen Autoren genannten Erkenntnisse zur Relevanz sowie zu möglichen Ausprägungen einer Social-Media-Strategie. Gleichzeitig lässt sich die durchgehende Eignung der Aspekte hinterfragen. Beispielsweise mag eine funktional und regional differenzierte Social-Media-Strategie bei großen, international agierenden Unternehmen sinnvoll sein, für andere jedoch unnötige Komplexität bedeuten. Hinsichtlich des von mehreren Autoren ebenfalls genannten Topmanagement-Commitments ist fraglich, inwiefern es sich hierbei um einen spezifischen Aspekt der Strategie handelt. Vielmehr ist davon auszugehen, dass sich das Topmanagement-Commitment förderlich auf verschiedene Social-Media-Bereiche auswirkt und daher als separate Erfolgsdeterminante in Frage kommt. Ferner geht der empirische Ansatz der Studie nicht über deskriptive Auswertungen hinaus, die keine Aussagen zu möglichen Erfolgswirkungen zulassen.

Als drittes Beispiel dient eine als Leitfaden für Unternehmen gedachte Veröffentlichung vom Bundesverband Digitale Wirtschaft (BVDW) mit dem Titel „Messbarer Erfolg im Social Media Marketing“.[127] Hierin geben die Autoren aus der Fachgruppe Social Media zehn Tipps, die laut eigener Auskunft zu einem erfolgreichen Social Media Marketing beitragen. Abbildung 13 fasst die Tipps des BVDW zusammen.

[127] Vgl. hierzu und im Folgenden Postel/Schnoor/Zahn (2010).

1	Orientieren Sie sich […] an den Grundregeln erfolgreicher Kommunikationsplanung
2	Legen Sie konkrete Zielvorgaben fest
3	Nutzen Sie Targeting
4	Behalten Sie die Bedürfnisse und Wünsche Ihrer Zielgruppe im Blick
5	Beweisen Sie Kreativität
6	Wählen Sie die richtige Art und die richtigen Orte der Ansprache
7	Messen Sie den Kampagnenerfolg und überprüfen Sie mögliche Wechselwirkungen
8	Entscheiden Sie sich für den richtigen Mix in der Erfolgsmessung
9	Achten Sie auf die Erhebung relevanter Daten zur Erfolgsmessung
10	Berücksichtigen Sie die Erfolgsfaktoren von Social-Media-Kampagnen • Zuhören, verstehen und handeln • Mehrwert für Zielgruppe bieten • Authentisch und transparent sein • Verlangen, Neugierde und Experimentierfreude der Zielgruppe wecken • Genügend zeitliche und personelle Ressourcen einplanen • Social-Media-Sprache und -Kommunikationsregeln beachten • Offenheit und Flexibilität besitzen, sich auf Veränderungen einzustellen • Disziplin in der Umsetzung zeigen • Interne Kommunikation fördern

Abbildung 13: Zehn Tipps für das Social Media Marketing vom BVDW

Quelle: Eigene Darstellung in Anlehnung an Postel/Schnoor/Zahn (2010).

Bereits die Art der Formulierung verdeutlicht, dass der Fokus der BVDW-Tipps auf Handlungsempfehlungen für Unternehmen liegt. Nichtsdestotrotz enthalten diese hilfreiche Einsichten zu möglichen Determinanten von Good Social Media Marketing. Verschiedene Tipps deuten z. B. auf die Relevanz einer Kunden- und Lernorientierung, einer Social-Media-Strategie sowie eines Social-Media-Monitorings hin. Unstrittig ist jedoch, dass die zuvor genannten Kritikpunkte hier ebenfalls zutreffen. Beispielsweise beziehen sich die Tipps 7, 8 und 9 durchweg auf die Erfolgsmessung. Noch deutlicher wird dies anhand von Tipp 10, der wiederum neun Punkte beinhaltet, die sich in Teilen mit den vorherigen Tipps überschneiden. Weiterhin ist auch in dieser Publikation kein empirischer Bezug zum Erfolg enthalten.

Die vorgestellten Publikationen vermitteln einen Eindruck von der Art und den Inhalten der bestehenden Praxisliteratur. Obwohl alle drei Publikationen zu den besseren Veröffentlichungen der Praxisliteratur gezählt werden können, beinhalten sie eindeutige konzeptionelle Mängel und nehmen keine empirische Prüfung der Erfolgswirkung der identifizierten

Determinanten vor. Dennoch bieten sie verschiedene hilfreiche Einsichten zu möglichen Determinanten von Good Social Media Marketing aus der Sicht der unternehmerischen Praxis. Abbildung 14 gibt einen Überblick einiger Determinanten, die in der Praxisliteratur häufig genannt werden und eine Relevanz für die vorliegende Arbeit besitzen. Aufgrund der Vielzahl an Publikationen kann hierbei kein Anspruch auf Vollständigkeit erhoben werden. Zudem sind unterschiedliche Formen der Aggregation denkbar. Das Ziel der Abbildung besteht lediglich darin, eine Berücksichtigung relevanter Praxiserkenntnisse bei der Entwicklung des Untersuchungsmodells zu ermöglichen.

Unternehmenskultur

- **Kundenorientierung** (z. B. Verständnis von Kundenbedürfnissen, Mehrwerte für Kunden schaffen)
- **Innovationsorientierung** (z. B. Offenheit gegenüber Veränderungen, Kreativität)
- **Lernorientierung** (z. B. Kritikfähigkeit, Lernfähigkeit)
- **Interaktionsorientierung** (z. B. Kommunikation mit einzelnen Konsumenten, Einbindung der Anregungen von Konsumenten)

Spezifische Anpassungen für Social Media

- **Strategie** (z. B. Festlegung von Zielen und Aktivitäten, Abstimmung mit anderen Unternehmensbereichen)
- **Topmanagement-Commitment** (z. B. Realisierung der Relevanz von Social Media, Bereitstellung adäquater Ressourcen)
- **Organisation** (z. B. klare Verantwortlichkeiten, Social-Media-Guidelines)
- **Erfolgsmessung** (z. B. Erhebung relevanter Daten, Bewertung des Social-Media-Erfolgs)
- **Mitarbeiter** (z. B. Mitarbeiter-Einbindung in die Social-Media-Aktivitäten, qualifiziertes Personal)
- **Interne Nutzung** (z. B. Social-Media-Integration in die Geschäftsprozesse, bereichsübergreifende Kommunikation)

Abbildung 14: Überblick in der Praxisliteratur häufig genannter Social-Media-Erfolgsdeterminanten

Quelle: Eigene Darstellung.

Wie in Abbildung 14 dargestellt, beziehen sich die in der Praxisliteratur identifizierten Erfolgsdeterminanten auf zwei verschiedene Kategorien: die allgemeine Unternehmenskultur sowie spezifische Anpassungen eines Unternehmens für Social Media. Häufig genannte Determinanten der Unternehmenskultur umfassen die Kunden-, Innovations-, Lern- und Interaktionsorientierung. Hierin enthaltene Aspekte, wie das Verständnis von Kundenbedürfnissen oder die Offenheit gegenüber Veränderungen, können sich positiv auf den Social-Media-Erfolg auswirken, fokussieren sich jedoch nicht auf Social Media und betreffen daher gleichermaßen andere Unternehmensaktivitäten. In Abgrenzung hierzu werden in der Praxisliteratur zusätzlich Erfolgsdeterminanten genannt, die einen expliziten Bezug zu Social Media aufweisen. Beispiele sind u. a. eine Social-Media-Strategie, das Commitment des Topmanagements zu Social Media und eine Anpassung organisatorischer Aspekte für Social Media. Diese Determinanten können ebenfalls Auswirkungen auf andere Unternehmens-aktivitäten haben, allerdings liegt ihr Fokus auf einem erfolgreichen Umgang mit Social Media.

3.1.3 Fazit der Bestandsaufnahme

Das rasante Wachstum mehrerer Social-Media-Plattformen hat in der Praxis wie in der Wissenschaft zu einem großen Interesse an hiermit verbundenen Phänomenen geführt. In der Wissenschaft war insbesondere in den vergangenen Jahren ein deutlicher Anstieg an Publikationen mit Social-Media-Bezug zu verzeichnen. Diese enthalten bis heute allerdings kaum Erkenntnisse zu möglichen Social-Media-Erfolgsdeterminanten. Die wenigen thematisch relevanten Artikel geben überwiegend Empfehlungen zu Social Media allgemein oder zu einzelnen Social-Media-Bereichen auf Basis konzeptioneller Überlegungen. Entsprechende empirische Studien liegen derzeit nicht in ausreichender Form vor. Trotz einer weitaus größeren Vielzahl an Social-Media-Publikationen bietet auch die Praxisliteratur keine adäquate Antwort auf die Frage, welche Ressourcen und Fähigkeiten zu einem erfolgreichen Social Media Marketing beitragen. Empfehlungen von Beratungen, Agenturen und anderen Autoren beinhalten hilfreiche Praxiseinsichten, weisen jedoch gleichzeitig konzeptionelle Mängel auf und nehmen keine empirische Prüfung der Erfolgswirkung der identifizierten Determinanten vor. Zur Verdeutlichung der Positionierung der vorliegenden Arbeit in Abgrenzung zu den in den Abschnitten 3.1.1. und 3.1.2 vorgestellten Publikationen sind in Tabelle 3 die jeweiligen inhaltlichen Schwerpunkte zusammengefasst.

Publikation	Social-Media-Marketing-Relevanz		Erfolgsdeterminanten		Empirische Untersuchung		
	Allgemein	Fokus auf einen Bereich	Ressourcen/ Fähigkeiten	Social-Media-Aktivitäten	Ja, mit Erfolg	Ja, ohne Erfolg	Nein
Wissenschaftliche Literatur							
Andzulis/ Panagopoulos/ Rapp (2012)	x		x				x
Campbell/ Anitsal/ Anitsal (2013)	x			x		x	
de Vries/ Gensler/ Leeflang (2012)	x			x	x		
Gensler et al. (2013)		x		x			x
Kaplan/ Haenlein (2012)	x		x	x			x
Malthouse et al. (2013)		x	x				x
Mills (2012)	x			x			x
Peters et al. (2013)		x		x			x
Trainor et al. (2014)		x	x		x		
Praxisliteratur							
Li/Solis (2013b)	x		x	x			x
Postel/Schnoor/ Zahn (2010)	x		x	x			x
Universität St. Gallen/Conrad Caine (2012)		x	x			x	
Vorliegende Arbeit	*x*		*x*		*x*		

Tabelle 3: Übersicht ausgewählter Publikationen und Positionierung der vorliegenden Arbeit

Quelle: Eigene Darstellung.

Es wird deutlich, dass die vorliegende Arbeit die erste umfassende Untersuchung der Determinanten von Good Social Media Marketing in Form von Ressourcen und Fähigkeiten mit einer empirischen Prüfung der Erfolgswirkung darstellt. Die Arbeit leistet damit sowohl für die wissenschaftliche Forschung als auch für die unternehmerische Praxis einen wichtigen Beitrag.

3.2 Darstellung des Modells und zugehöriger Forschungshypothesen zur Untersuchung der Determinanten von Good Social Media Marketing

Im Folgenden wird das Modell zur Untersuchung der Determinanten von Good Social Media Marketing dargestellt. Dabei werden die im Modell enthaltenen Determinanten definiert und zugehörige Forschungshypothesen zu deren Erfolgswirkungen aufgestellt. Als Basis dienen hierbei die in Kapitel 2 geschilderten theoretischen Grundlagen und die in Abschnitt 3.1 gezeigten Erkenntnisse der bisherigen Forschung zu den Determinanten von Good Social Media Marketing. Ergänzend wird auf relevante Studien aus anderen Bereichen der Marketing- und Management-Forschung sowie auf eigene theoretische Überlegungen zurückgegriffen.

Abbildung 15 gibt zunächst einen grafischen Überblick über das in der vorliegenden Arbeit verwendete Modell zur empirischen Untersuchung der Determinanten von Good Social Media Marketing.

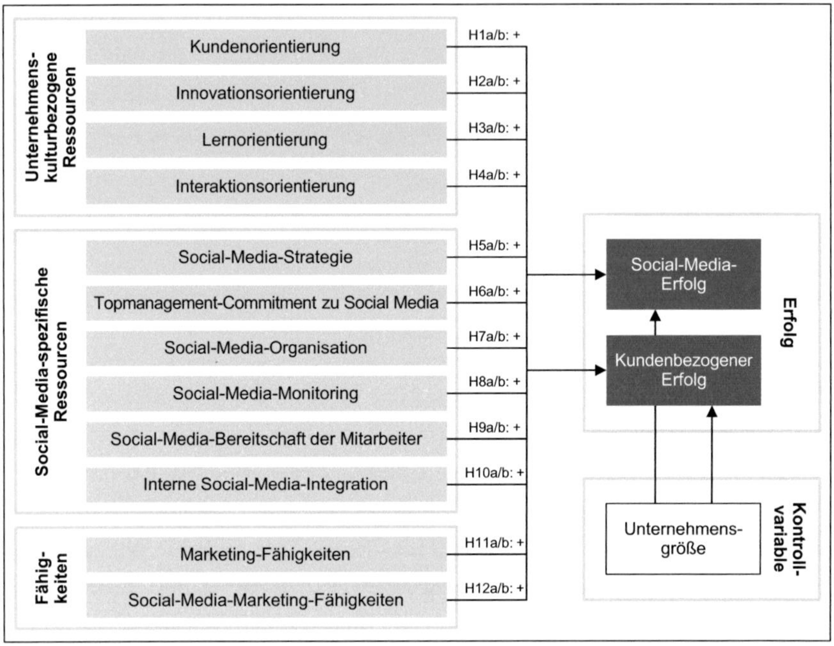

Abbildung 15: Modell zur Untersuchung der Determinanten von Good Social Media Marketing

Quelle: Eigene Darstellung.

Das Modell umfasst insgesamt zwölf Erfolgsdeterminanten, zwei Erfolgsvariablen und eine Kontrollvariable. Entsprechend dem in Abschnitt 2.2.3 vorgestellten Bezugsrahmen werden die Determinanten von Good Social Media Marketing in dieser Arbeit anhand unterschiedlicher *Ressourcen* und *Fähigkeiten* untersucht. Erstere lassen sich wiederum analog zu den in Abschnitt 3.1.2 gezeigten Erkenntnissen der Praxisliteratur in *unternehmenskulturbezogene* und *Social-Media-spezifische Ressourcen* unterteilen. Folglich ergeben sich die drei dargestellten Kategorien von Erfolgsdeterminanten, die in den folgenden Abschnitten näher erläutert werden: Abschnitt 3.2.1 beinhaltet die *unternehmenskulturbezogenen Ressourcen*, Abschnitt 3.2.2 die *Social-Media-spezifischen Ressourcen* und Abschnitt 3.2.3 die *Fähigkeiten*.

Der Erfolg wird anhand von zwei verschiedenen Variablen erfasst: des *Social-Media-Erfolgs* und des *kundenbezogenen Erfolgs*. Der *Social-Media-Erfolg* bezieht sich auf die Beziehungen zwischen einem Unternehmen und den Konsumenten über Social-Media-Plattformen. Diese werden in der vorliegenden Arbeit als umso erfolgreicher angesehen, je höher der durch die Social-Media-Marketing-Aktivitäten des Unternehmens generierte Nutzen für Konsumenten ist. Der von Konsumenten empfundene Nutzen wird u. a. an deren Reaktionen auf Unternehmensaktivitäten über Social-Media-Plattformen sichtbar (z. B. in Form von Likes oder Kommentaren). Damit spiegelt der *Social-Media-Erfolg* das in Abschnitt 2.1.3 dargelegte Verständnis von Good Social Media Marketing wider. Der *kundenbezogene Erfolg* bezieht sich hingegen auf die allgemeinen Beziehungen zwischen einem Unternehmen und den Konsumenten, unabhängig von den betroffenen Kommunikationskanälen. Ein Unternehmen wird hier als umso erfolgreicher erachtet, je besser es Konsumenten als neue Kunden für sich gewinnen oder als bestehende Kunden weiterhin von sich überzeugen kann. In beiden Fällen ist ebenfalls ein von Konsumenten wahrgenommener Nutzen erforderlich, der sich durch das Entstehen oder Beibehalten der Beziehung zum Unternehmen zeigt.

Die betrachteten Erfolgsvariablen weisen somit inhaltliche Parallelen auf, unterscheiden sich allerdings durch die jeweils berücksichtigten Kommunikationskanäle. Der *kundenbezogene Erfolg* wird zusätzlich zum *Social-Media-Erfolg* im Modell aufgenommen, um zu prüfen, wie sich die Erfolgsdeterminanten über Social Media hinaus auswirken. Dies erscheint sinnvoll, da sich einzelne Erfolgsdeterminanten theoretisch z. B. positiv auf den *Social-Media-Erfolg* und gleichzeitig negativ auf den *kundenbezogenen Erfolg* auswirken können, sodass ihre Eignung von Unternehmen zunächst individuell abgewogen werden sollte. Ausschlaggebend ist dabei, dass der *kundenbezogene Erfolg* neben den Social-Media-Aktivitäten von verschiedenen anderen Faktoren beeinflusst wird. Sofern eine Erfolgsdeterminante Auswirkungen auf andere Unternehmensaktivitäten hat, die einen stärkeren Einfluss auf den *kundenbezogenen Erfolg* ausüben als die Social-Media-Aktivitäten, kann sie sich unterschiedlich auf die beiden Erfolgsvariablen auswirken. Zur Berücksichtigung derartiger Wirkungszusammenhänge werden in dieser Arbeit die totalen Effekte der Erfolgsdeterminanten auf den *kundenbezogenen Erfolg* modelliert anstelle der indirekten Effekte über den *Social-Media-Erfolg*.

Beide Erfolgsvariablen können neben den betrachteten Erfolgsdeterminanten von der *Unternehmensgröße* beeinflusst werden. Beispielsweise verfügen größere Unternehmen, wie in Abbildung 16 dargestellt, im Durchschnitt über ein höheres Social-Media-Budget, was sich positiv auf deren *Social-Media-Erfolg* auswirken kann. Über Social-Media- oder andere Unternehmensaktivitäten kann auch der *kundenbezogene Erfolg* von der *Unternehmensgröße* beeinflusst werden. Um größenbedingte Effekte in der vorliegenden Arbeit zu minimieren, wird die *Unternehmensgröße* als Kontrollvariable modelliert.

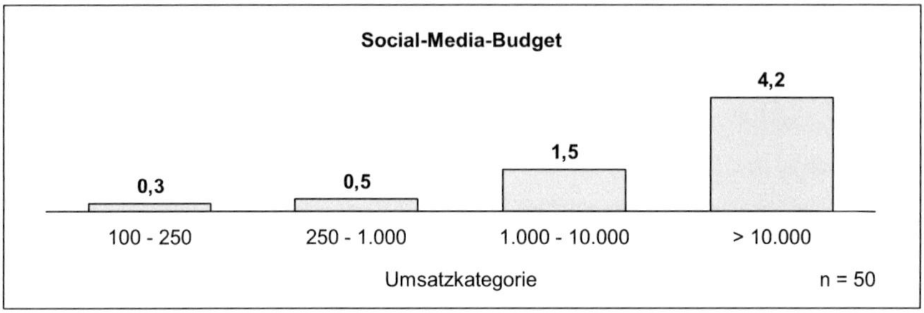

Abbildung 16: Social-Media-Budget je Umsatzkategorie im Jahr 2012 (in Millionen US-Dollar)

Quelle: Eigene Darstellung in Anlehnung an Li/Solis (2013a), S. 5.

3.2.1 Unternehmenskulturbezogene Ressourcen

Unter unternehmenskulturbezogenen Ressourcen werden in dieser Arbeit jene Erfolgsdeterminanten zusammengefasst, die Ressourcen gemäß der Resource-based Theory darstellen (vgl. Abschnitt 2.2.1) und einen Bezug zur Unternehmenskultur aufweisen. Dabei wird die Unternehmenskultur nach der im Marketing weit verbreiteten Definition von Deshpandé/Webster (1989) wie folgt verstanden:[128]

> *„[...] we define organizational culture as the pattern of shared values and beliefs that help individuals understand organizational functioning and thus provide them norms for behavior in the organization."*

Hiernach umfasst die Unternehmenskultur Werte, Normen und Verhaltensweisen eines Unternehmens.[129] Diese können für Unternehmen als wertvolle, seltene und schwer zu imitierende Ressourcen mögliche Erfolgsdeterminanten ausmachen.[130] Die Kultur eines

[128] Deshpandé/Webster (1989), S. 4.
[129] Vgl. Homburg/Pflesser (2000), S. 450.
[130] Vgl. Barney (1986a), S. 663; de Brentani/Kleinschmidt (2004), S. 312.

Unternehmens ist für Wettbewerber insbesondere schwer imitierbar, da sie gewöhnlich nicht akquiriert werden kann und die Änderung der eigenen Unternehmenskultur infolge der hohen Komplexität aufwendig und langwierig ist.[131]

Innerhalb der in Abschnitt 3.1.2 thematisierten bestehenden Praxisliteratur wurden mit der *Kunden-*, *Innovations-*, *Lern-* und *Interaktionsorientierung* vier mögliche Determinanten von Good Social Media Marketing identifiziert, bei denen es sich um unterschiedliche unternehmenskulturbezogene Ressourcen handelt.[132] Diese beziehen sich im Gegensatz zu den Social-Media-spezifischen Ressourcen nicht explizit auf Social Media und betreffen daher gleichermaßen andere Unternehmensaktivitäten. Im Folgenden wird verdeutlicht, dass es sich bei diesen vier unternehmenskulturbezogenen Ressourcen um wissenschaftlich etablierte Konstrukte handelt, deren Relevanz für die Untersuchung der Determinanten von Good Social Media Marketing theoretisch fundiert ist. Daher werden alle vier Determinanten zur empirischen Prüfung ihrer Wirkung auf den Social-Media-Erfolg und den kundenbezogenen Erfolg in das Untersuchungsmodell der vorliegenden Arbeit aufgenommen. Das gewählte Verständnis der einzelnen Determinanten sowie die in zugehörigen Forschungshypothesen postulierten Wirkungszusammenhänge werden in den folgenden Abschnitten 3.2.1.1 bis 3.2.1.4 erläutert.

3.2.1.1 Kundenorientierung

Die Kundenorientierung impliziert im Kern die Erfüllung von Kundenbedürfnissen und stellt einen wesentlichen Bestandteil der Marktorientierung eines Unternehmens dar.[133] Zur Konzeptualisierung der Marktorientierung wurden in der Wissenschaft verschiedene Ansätze entwickelt, wobei insbesondere die viel zitierten Studien von Kohli/Jaworski (1990) und Narver/Slater (1990) hervorzuheben sind.[134] Deren Ansätze zur Konzeptualisierung der Marktorientierung unterscheiden sich durch ihre jeweils gewählte verhaltensbezogene bzw. kulturelle Perspektive, was im Folgenden anhand von Abbildung 17 verdeutlicht wird.

---

131 Vgl. Barney (1991), S. 110; Teece/Pisano/Shuen (1997), S. 528.
132 Vgl. Hong/Song/Yoo (2013), S. 44 und S. 46; Noble/Sinha/Kumar (2002), S. 27.
133 Vgl. Baker/Sinkula (2007), S. 320 f.; Day (1994), S. 45.
134 Vgl. hierzu und im Folgenden Kohli/Jaworski (1990), S. 1-18; Narver/Slater (1990), S. 20-35.

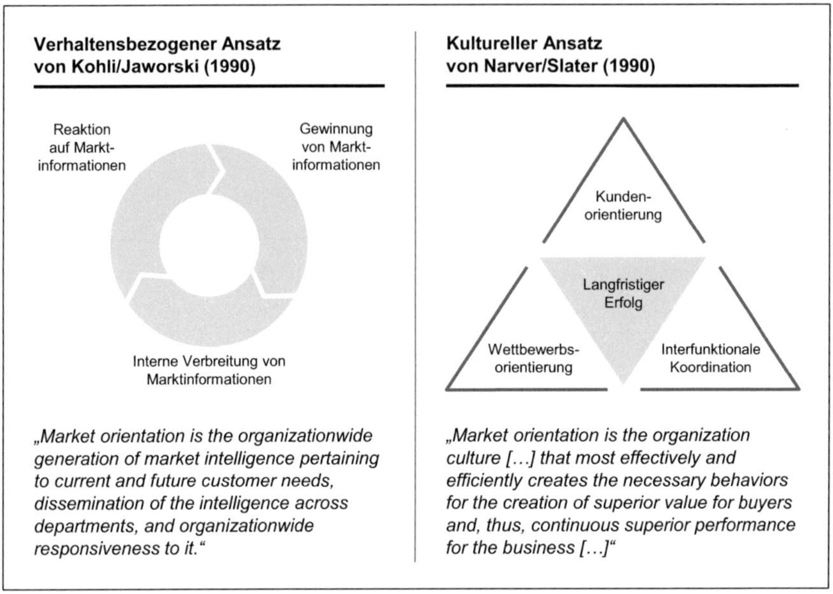

Abbildung 17: Zentrale Konzeptualisierungen von Marktorientierung

Quelle: Eigene Darstellung in Anlehnung an Kohli/Jaworski (1990), S. 4-6; Narver/Slater (1990), S. 21-23.

Kohli/Jaworski (1990) betrachten die Marktorientierung als die Gewinnung und interne Verbreitung von Informationen zu Kundenbedürfnissen sowie die Reaktion hierauf. Die Marktorientierung eines Unternehmens wird demnach durch dessen Verhaltensweisen bestimmt. Narver/Slater (1990) bezeichnen die Marktorientierung hingegen explizit als eine Form der Unternehmenskultur, welche die Verhaltensweisen zur Generierung von Mehrwerten für Kunden und damit des langfristigen Unternehmenserfolgs erzeugt. Als Dimensionen der Marktorientierung nennen sie die Kundenorientierung, Wettbewerbsorientierung und die interfunktionale Koordination eines Unternehmens.

Trotz der unterschiedlichen Perspektiven nimmt die Kundenorientierung somit in beiden Ansätzen eine zentrale Rolle ein. Deshpandé/Farley/Webster (1993) argumentieren zudem, dass die im Ansatz von Narver/Slater (1990) enthaltene Wettbewerbsorientierung separiert werden sollte, wodurch die Begriffe Kunden- und Marktorientierung als synonym erachtet werden können.[135] Diese Ansicht wird von Deshpandé/Farley (1998) unterstützt, die in einer empirischen Untersuchung der jeweils zur Messung der Marktorientierung verwendeten Skalen zeigen, dass beide Ansätze zu ähnlichen Ergebnissen führen.[136] Als möglichen Grund führen Homburg/Pflesser (2000) an, dass die Messung der Marktorientierung beim kulturellen Ansatz ebenfalls über Verhaltensweisen erfolgt.[137] Diese stellen nach ihrer Argumentation eine Ebene einer marktorientierten Unternehmenskultur dar und lassen sich besser beobachten als Werte, Normen oder Artefakte. Entsprechend wird die Kundenorientierung in dieser Arbeit nach der Definition von Deshpandé/Farley (1998) aus einer verhaltensbezogenen Perspektive verstanden:[138]

„The set of cross functional processes and activities directed at creating and satisfying customers through continuous needs-assessment."

Seit Anfang der 1990er Jahre wurden in wissenschaftlichen Zeitschriften mehr als 100 Artikel zur empirischen Untersuchung der Determinanten und Auswirkungen der Kunden- bzw. Marktorientierung von Unternehmen publiziert.[139] Diese finden überwiegend einen positiven Einfluss auf den Unternehmenserfolg. Ngo/O'Cass (2012) zeigen mit Hilfe von Strukturgleichungsanalysen auf Basis von 163 befragten Unternehmen u. a. einen positiven Effekt der Marktorientierung auf den kundenbezogenen Erfolg.[140] Aufgrund dieser empirischen Erkenntnisse und des Verständnisses der Kundenorientierung als Verhaltensweisen zur Gewinnung und Beibehaltung von Kundenbeziehungen durch die Erfüllung von Kundenbedürfnissen wird auch in dieser Arbeit eine positive Wirkung auf den kundenbezogenen Erfolg vermutet.

Die Erfüllung von Kundenbedürfnissen über Social-Media-Plattformen sollte aufbauend auf dem Verständnis von Good Social Media Marketing ebenfalls zur Steigerung des Social-Media-Erfolgs eines Unternehmens beitragen. Wie in Abschnitt 2.1.3 erläutert, bedingt Good Social Media Marketing bereits gemäß der hier gewählten Definition die Generierung eines Nutzens für Konsumenten. Entsprechend wird der Social-Media-Erfolg in dieser Arbeit, wie

[135] Vgl. Deshpandé/Farley/Webster (1993), S. 27.
[136] Vgl. Deshpandé/Farley (1998), S. 222.
[137] Vgl. hierzu und im Folgenden Homburg/Pflesser (2000), S. 449-451.
[138] Deshpandé/Farley (1998), S. 226.
[139] Vgl. hierzu und im Folgenden Ellis (2006), S. 1089-1107; Kirca/Jayachandran/Bearden (2005), S. 24-41; Rodriguez Cano/Carrillat/Jaramillo (2004), S. 179-200.
[140] Vgl. Ngo/O'Cass (2012), S. 866-870.

zu Beginn von Abschnitt 3.2 geschildert, als umso größer angesehen, je höher der durch die Social-Media-Aktivitäten eines Unternehmens generierte Nutzen für Konsumenten ist. Die Generierung eines Nutzens für Konsumenten wird dabei als zentral erachtet, da die wichtigsten Social-Media-Plattformen vorwiegend als Kommunikationssysteme für Konsumenten geschaffen wurden, wodurch diese im Social-Media-Umfeld Verhaltensstandards etablieren und eine stärkere Rolle als Unternehmen einnehmen.[141] Es wird daher vermutet, dass sich Marketing-Aktivitäten von Unternehmen für einen Erfolg in diesem von Konsumenten geprägten Umfeld an deren Präferenzen orientieren müssen. Beispielsweise erwarten Konsumenten auf Social-Media-Plattformen eine persönlichere Art der Kommunikation von Unternehmen, als diese es von traditionellen Medien gewohnt sind.[142] Zudem sind in der Kommunikation spezifische Anforderungen bezüglich der gängigen Sprachstile in den einzelnen Social-Media-Plattformen zu berücksichtigen.[143] Unternehmensaktivitäten zur Erfüllung der Bedürfnisse von Konsumenten im Social-Media-Umfeld sollten folglich dazu beitragen, einen Nutzen für diese zu generieren und hierdurch den Social-Media-Erfolg zu steigern.

Demnach werden in der vorliegenden Arbeit folgende Hypothesen zum Einfluss der Kundenorientierung auf den Social-Media- und kundenbezogenen Erfolg aufgestellt:

H1a: *Je höher die Kundenorientierung eines Unternehmens ist, desto höher ist dessen Social-Media-Erfolg.*

H1b: *Je höher die Kundenorientierung eines Unternehmens ist, desto höher ist dessen kundenbezogener Erfolg.*

3.2.1.2 Innovationsorientierung

Die Innovationsorientierung eines Unternehmens impliziert dessen proaktive Verfolgung neuer Möglichkeiten und bildet damit eine Grundlage für innovative Unternehmens-

---

141 Vgl. hierzu und im Folgenden Kumar/Sundaram (2012), S. 6; Trainor et al. (2014), S. 1203; Weinberg et al. (2013), S. 301 und S. 303.

142 Vgl. van Noort/Willemsen (2012), S. 134; Weinberg et al. (2013), S. 303.

143 Vgl. Seraj (2012), S. 217.

aktivitäten.[144] In der wissenschaftlichen Literatur wird der Begriff Innovationsorientierung aus verschiedenen Sichtweisen definiert, z. B. aus einer kulturellen, technologischen oder ergebnisbezogenen Perspektive.[145] Infolge der hier vorgenommenen Einordnung als unternehmenskulturbezogene Erfolgsdeterminante wird die Innovationsorientierung in dieser Arbeit nach Hurley/Hult (1998) aus einer kulturellen Perspektive definiert:[146]

„Innovativeness is the notion of openness to new ideas as an aspect of a firm's culture. Innovativeness of the culture is a measure of the organization's orientation toward innovation."

Die Definition verdeutlicht, dass zwischen den in englischsprachigen Publikationen verwendeten Begriffen Innovativeness und Innovation Orientation keine inhaltlichen Unterschiede bestehen. Stattdessen bezeichnen Hurley/Hult (1998) Innovativeness als Maß der Innovation Orientation, weshalb in der vorliegenden Arbeit einheitlich von der Innovationsorientierung gesprochen wird. Diese gibt die Offenheit eines Unternehmens gegenüber neuen Ideen wieder.

In der bestehenden wissenschaftlichen Literatur finden sich zahlreiche Studien, die eine empirische Untersuchung der Wirkung der Innovationsorientierung von Unternehmen auf deren Erfolg vornehmen.[147] Dabei wird überwiegend ein positiver Zusammenhang zwischen der Innovationsorientierung und dem Unternehmenserfolg aufgezeigt.[148] Eine Ausnahme bilden Menguc/Auh (2006), die in ihrer Studie keine direkte Erfolgswirkung der Innovationsorientierung finden.[149] Gleichzeitig weisen sie allerdings nach, dass die Innovationsorientierung die positive Beziehung zwischen der Marktorientierung und dem Unternehmenserfolg verstärkt.

Wenngleich diese Studien nicht explizit die Wirkung der Innovationsorientierung auf den kundenbezogenen Erfolg untersuchen, kann auch hier ein positiver Zusammenhang vermutet werden. Hurley/Hult (1998) zeigen, dass eine höhere Innovationsorientierung mit einer

---

144 Vgl. Menguc/Auh (2006), S. 65.
145 Für eine Übersicht unterschiedlicher Perspektiven und Definitionen der Innovationsorientierung vgl. Derenthal (2009), S. 19 f.
146 Hurley/Hult (1998), S. 44.
147 Für eine Übersicht empirischer Studien zu Erfolgswirkungen der Innovationsorientierung vgl. Derenthal (2009), S. 77-83.
148 Vgl. u. a. Deshpandé/Farley (2004), S. 13; Hult/Hurley/Knight (2004), S. 435; Hult/Ketchen (2001), S. 905.
149 Vgl. hierzu und im Folgenden Menguc/Auh (2006), S. 69-71.

höheren Anzahl erfolgreich implementierter Innovationen einhergeht.[150] Diese sollten sich wiederum positiv auf die Entstehung neuer und Beibehaltung bestehender Kundenbeziehungen auswirken. Beispielsweise gelang Apple mit dem ersten iPhone eine grundlegende Innovation, durch die das Unternehmen weltweit zahlreiche neue Kunden gewann. Die zu der Zeit einzigartige Möglichkeit, mit einem Gerät Musik und Videos abzuspielen, im Internet zu surfen und weitere Funktionalitäten zu nutzen, trug zur hohen Zufriedenheit und Loyalität der Kunden bei.[151] Hierbei ist anzumerken, dass sich die Gewinnung und Loyalität der Apple-Kunden nicht allein auf den innovativen Charakter des iPhones zurückführen lässt. Nichtsdestotrotz weist das Beispiel auf die Relevanz von Innovationen und somit auch der zugehörigen Orientierung eines Unternehmens für dessen kundenbezogenen Erfolg hin. Einen weiteren Beleg bietet die Studie von Ngo/O'Cass (2012), nach der bereits die Fähigkeit zur Innovationsentwicklung zu einem höheren kundenbezogenen Erfolg führt.[152] Demnach sollten Innovationen selbst ebenfalls zum kundenbezogenen Erfolg beitragen. In Kombination mit der Erkenntnis von Hurley/Hult (1998) wird daher ein positiver Einfluss der Innovationsorientierung auf den kundenbezogenen Erfolg vermutet.

Social Media bilden für Unternehmen gegenüber traditionellen Medien ein vergleichsweise junges Umfeld, aus dem neue Möglichkeiten und Herausforderungen resultieren. Wie in Abschnitt 2.1.2 dargelegt wurde, ergeben sich u. a. grundlegende Auswirkungen auf das Marketing. Konsumenten beeinflussen über Social-Media-Beiträge zu eigenen Marken- und Produkterfahrungen Wahrnehmungen, Präferenzen und Verhaltensweisen anderer Konsumenten und verändern hierdurch zentrale Marketing-Bereiche, wie die Markenführung oder das CRM. Sofern sich Unternehmen richtig auf dieses neue Umfeld einstellen, können sie z. B. Social-Media-Kampagnen mit hoher Reichweite zu geringen Kosten realisieren. Auch für die Innovationsprozesse von Unternehmen bieten Social Media infolge des umfassenden Konsumenten-Feedbacks sowie der Möglichkeit zur gemeinsamen Entwicklung von Innovationen mit Konsumenten neue Chancen.[153] Die erfolgreiche Nutzung der mit Social Media verbundenen neuen Möglichkeiten erfordert jedoch zunächst eine diesbezügliche Offenheit. Entsprechend wird in der vorliegenden Arbeit vermutet, dass sich die

---

[150] Vgl. Hurley/Hult (1998), S. 47-50.
[151] Zur Loyalität der iPhone-Kunden vgl. Brown (2012).
[152] Vgl. Ngo/O'Cass (2012), S. 870.
[153] Vgl. Kumar et al. (2010), S. 301 f.; Sawhney/Verona/Prandelli (2005) (2005), S. 4-17.

Innovationsorientierung eines Unternehmens positiv auf dessen Social-Media-Erfolg auswirkt.

Es können daher folgende Hypothesen zum Einfluss der Innovationsorientierung auf den Social-Media- und kundenbezogenen Erfolg formuliert werden:

H2a: *Je höher die Innovationsorientierung eines Unternehmens ist, desto höher ist dessen Social-Media-Erfolg.*

H2b: *Je höher die Innovationsorientierung eines Unternehmens ist, desto höher ist dessen kundenbezogener Erfolg.*

3.2.1.3 Lernorientierung

Die Lernorientierung eines Unternehmens wird in dieser Arbeit nach dem Verständnis von Sinkula/Baker/Noordewier (1997) definiert, das als Basis für die meisten Studien zur empirischen Untersuchung der Lernorientierung dient:[154]

„One can conceptualize learning orientation as giving rise to that set of organizational values that influence the propensity of the firm to create and use knowledge.“

Hiernach beinhaltet die Lernorientierung eines Unternehmens im Wesentlichen dessen Neigung zur Generierung und Nutzung von Wissen. Sie beeinflusst damit, inwiefern ein Unternehmen Informationen aufnimmt, verarbeitet und darauf basierend handelt.[155] Je höher die Lernorientierung eines Unternehmens ist, desto eher werden Mitarbeiter dazu animiert, etablierte Annahmen und Verhaltensweisen kritisch zu hinterfragen und neue, kreative Denkansätze zu entwickeln.[156] In Abgrenzung zur Kundenorientierung, die eine Gewinnung und Verarbeitung von Informationen zu Kundenbedürfnissen impliziert, betrifft die Lernorientierung das generelle Hinterfragen von bestehendem und Entstehen von neuem

---

154 Sinkula/Baker/Noordewier (1997), S. 309. Für empirische Untersuchungen auf Basis dieses Verständnisses vgl. u. a. Baker/Sinkula (1999), S. 411-427; Hult/Hurley/Knight (2004), S. 429-438; Melton/Hartline (2013), S. 67-81.

155 Vgl. Calantone/Cavusgil/Zhao (2002), S. 516; Sinkula/Baker/Noordewier (1997), S. 309.

156 Vgl. Baker/Sinkula (1999), S. 413; Grinstein (2008), S. 118.

Wissen.[157] Dadurch bildet die Lernorientierung eines Unternehmens eine Grundlage für dessen Fähigkeit, sich an dynamische Marktanforderungen anzupassen.[158]

Die Relevanz der Lernorientierung für den Unternehmenserfolg wird durch verschiedene empirische Studien verdeutlicht.[159] Baker/Sinkula (1999) zeigen neben der Beziehung mit dem gesamten Unternehmenserfolg eine positive Wirkung der Lernorientierung auf die Veränderung des relativen Marktanteils eines Unternehmens.[160] Da eine Steigerung des Marktanteils im Vergleich zum größten Wettbewerber mit einer Gewinnung neuer und Beibehaltung bestehender Kundenbeziehungen einhergeht, wird in dieser Arbeit eine positive Wirkung der Lernorientierung auf den kundenbezogenen Erfolg vermutet. Diese Vermutung wird von Melton/Hartline (2013) unterstützt, die in ihrer empirischen Untersuchung einen positiven Einfluss der Lernorientierung auf die Marktfähigkeit neu eingeführter Dienstleistungen finden.[161] Letztere umfasst die Zufriedenstellung von Kunden durch die Erfüllung ihrer Bedürfnisse und weist damit eine Nähe zum kundenbezogenen Erfolg auf.

Im Social-Media-Zeitalter kommt der Bereitschaft eines Unternehmens zur Anpassung an ein verändertes Marktumfeld eine große Bedeutung zu. Social Media beeinflussen etablierte Geschäftsprozesse und verändern das Marketing grundlegend (vgl. Abschnitt 2.1.2). Während Unternehmen vor der Entstehung von Social Media primär möglichst viele Konsumenten durch selbst kontrollierte Beiträge über traditionelle Medien zum Kauf bewegen konnten, haben Konsumenten heute durch Beiträge zu eigenen Marken- und Produkterfahrungen an Einfluss gewonnen. Infolge der aus dem interaktiven Social-Media-Umfeld resultierenden Auswirkungen auf zentrale Marketing-Bereiche müssen Unternehmen die Eignung ihres bestehenden Marketing-Wissens hinterfragen. Jegliches bestehende Wissen, das sich im Social-Media-Zeitalter als nicht mehr geeignet erweist, sollte durch neu erlerntes Wissen ersetzt werden, um die mit Social Media verbundenen Herausforderungen erfolgreich bewältigen zu können. Auch bereits erlerntes Wissen zum Umgang mit Social Media ist aufgrund von Veränderungen in Zusammenhang mit neuen Social-Media-Funktionalitäten oder -Plattformen sowie veränderten Verhaltensweisen von Konsumenten fortlaufend zu

157 Vgl. Baker/Sinkula (1999), S. 413; Calantone/Cavusgil/Zhao (2002), S. 516.
158 Vgl. Slater/Narver (1995), S. 63 f.
159 Vgl. u. a. Baker/Sinkula (1999), S. 419; Calantone/Cavusgil/Zhao (2002), S. 520; Melton/Hartline (2013), S. 76.
160 Vgl. Baker/Sinkula (1999), S. 419.
161 Vgl. hierzu und im Folgenden Melton/Hartline (2013), S. 72-76.

hinterfragen. Es wird daher in dieser Arbeit vermutet, dass die Lernorientierung eines Unternehmens einen positiven Einfluss auf dessen Social-Media-Erfolg ausübt.

Folglich resultieren für die empirische Untersuchung die zwei folgenden Hypothesen zum Einfluss der Lernorientierung auf den Social-Media- und kundenbezogenen Erfolg:

H3a: *Je höher die Lernorientierung eines Unternehmens ist, desto höher ist dessen Social-Media-Erfolg.*

H3b: *Je höher die Lernorientierung eines Unternehmens ist, desto höher ist dessen kundenbezogener Erfolg.*

3.2.1.4 Interaktionsorientierung

Das Konstrukt Interaktionsorientierung wurde erstmals umfassend von Ramani/Kumar (2008) konzeptualisiert, nach deren Verständnis die Interaktionsorientierung eines Unternehmens in dieser Arbeit wie folgt definiert wird:[162]

„We believe that an interaction orientation reflects a firm's ability to interact with its individual customers and to take advantage of information obtained from them through successive interactions [...]"

Das von Ramani/Kumar (2008) gewählte Satzende *„to achieve profitable customer relationships"* wird in dieser Arbeit bewusst ausgeklammert, da Auswirkungen der Interaktionsorientierung auf den Unternehmensgewinn hier nicht untersucht werden. Den wesentlichen Bestandteil der Interaktionsorientierung bildet die Überzeugung eines Unternehmens, dass sämtliche Marketing-Aktivitäten und Reaktionen hierauf auf der Ebene einzelner Konsumenten betrachtet werden sollten.[163] Daneben impliziert die Interaktionsorientierung eine bewusste Ermächtigung der Konsumenten. Jene zeigt sich durch das Ausmaß, mit dem es ein Unternehmen den Konsumenten ermöglicht, mit sich zu interagieren und dabei den Austausch aktiv zu gestalten sowie mit anderen Konsumenten zu interagieren (z. B. zum Teilen von Informationen oder Bewertungen zu Produkten bzw.

[162] Ramani/Kumar (2008), S. 27.

[163] Vgl. hierzu und im Folgenden Ramani/Kumar (2008), S. 27 f. und S. 41.

Dienstleistungen). In Abgrenzung zur Kundenorientierung liegt der Fokus bei der Interaktionsorientierung somit auf der Betrachtung einzelner anstelle aller Konsumenten, Marketing-Aktivitäten entstehen nicht nur für, sondern auch mit den Konsumenten und Verbindungen zwischen Konsumenten werden gefördert.

Mit Hilfe einer Strukturgleichungsanalyse auf Basis von 107 befragten Unternehmen verdeutlichen Ramani/Kumar (2008), dass sich die Interaktionsorientierung eines Unternehmens positiv auf dessen kundenbezogenen Erfolg auswirkt.[164] Anschließend weisen sie auf die Relevanz der gemeinsamen Untersuchung der Interaktionsorientierung mit anderen Erfolgsdeterminanten hin. Diesen Hinweis greifen Chen/Li/Evans (2012) auf, die den Einfluss der Interaktionsorientierung und „Entrepreneurial Orientation" über Fähigkeiten auf verschiedene Erfolgsvariablen anhand von 159 befragten Unternehmen mit einer Strukturgleichungsanalyse testen.[165] Ihre Ergebnisse bestätigen die Erkenntnis von Ramani/Kumar (2008), dass die Interaktionsorientierung eines Unternehmens einen positiven Einfluss auf dessen kundenbezogenen Erfolg hat. Entsprechend den Ergebnissen dieser zwei Studien wird in der vorliegenden Arbeit ebenfalls eine positive Wirkung der Interaktionsorientierung auf den kundenbezogenen Erfolg vermutet.

Social Media ermöglichen Unternehmen sowohl eine Interaktion mit einzelnen Kunden als auch deren bewusste Ermächtigung und spiegeln damit wesentliche Bestandteile der Interaktionsorientierung wider.[166] Über Facebook-Fanseiten oder andere Social-Media-Unternehmensseiten können sich Konsumenten mit Unternehmen verbinden und mit diesen kommunizieren. Derartige Aktivitäten sind für andere Konsumenten sichtbar und können von diesen wiederum z. B. „geliked", kommentiert oder geteilt werden. Social-Media-Plattformen bieten Unternehmen folglich technologische Möglichkeiten, um mit einzelnen Konsumenten zu interagieren und diese bewusst zu ermächtigen. Gleichzeitig gehen mit diesen Möglichkeiten höhere Erwartungen der Konsumenten im Hinblick auf eine individuellere Interaktion einher.[167] Wie Wirtz/Piehler/Ullrich (2013) zeigen, sind es insbesondere Konsumenten mit höheren Erwartungen an die Interaktionsorientierung von Unternehmen, die Social Media

[164] Vgl. hierzu und im Folgenden Ramani/Kumar (2008), S. 38 und S. 41 f.
[165] Vgl. hierzu und im Folgenden Chen/Li/Evans (2012), S. 1019-1034.
[166] Vgl. Hennig-Thurau/Hofacker/Bloching (2013), S. 239. Vgl. hierzu und im Folgenden Ramani/Kumar/Chang (2012), S. 377.
[167] Vgl. Ramani/Kumar (2008), S. 28.

attraktiver finden und eine höhere Nutzungsabsicht aufweisen.[168] Um im Social-Media-Umfeld erfolgreich zu sein, sollten Unternehmen daher gewillt und in der Lage sein, mit einzelnen Konsumenten zu interagieren.[169]

Zusammenfassend werden in dieser Arbeit die folgenden Hypothesen zum Einfluss der Interaktionsorientierung auf den Social-Media- und kundenbezogenen Erfolg postuliert:

H4a: *Je höher die Interaktionsorientierung eines Unternehmens ist, desto höher ist dessen Social-Media-Erfolg.*

H4b: *Je höher die Interaktionsorientierung eines Unternehmens ist, desto höher ist dessen kundenbezogener Erfolg.*

3.2.2 Social-Media-spezifische Ressourcen

Social-Media-spezifische Ressourcen umfassen in der vorliegenden Arbeit jene Erfolgsdeterminanten, die Ressourcen gemäß der Resource-based Theory sind (vgl. Abschnitt 2.2.1) und einen expliziten Social-Media-Bezug aufweisen. Sie können analog zu den unternehmenskulturbezogenen Ressourcen Auswirkungen auf unterschiedliche Unternehmensaktivitäten haben, allerdings liegt ihr Fokus auf einem erfolgreichen Umgang mit Social Media.

Im Rahmen der in Abschnitt 3.1.2 dargestellten Praxisliteratur wurden sechs mögliche Determinanten von Good Social Media Marketing identifiziert, bei denen es sich um Social-Media-spezifische Ressourcen handelt und die hier wie folgt bezeichnet werden: *Social-Media-Strategie*, *Topmanagement-Commitment zu Social Media*, *Social-Media-Organisation*, *Social-Media-Monitoring*, *Social-Media-Bereitschaft der Mitarbeiter* und *interne Social-Media-Integration*. Wie im Folgenden gezeigt wird, sind diese Social-Media-spezifischen Ressourcen auch aus wissenschaftlicher Sicht relevant für die Untersuchung der Determinanten von Good Social Media Marketing, Daher werden alle sechs Determinanten zur empirischen Prüfung ihrer Wirkung auf den Social-Media-Erfolg und den kundenbezogenen Erfolg in das Untersuchungsmodell der vorliegenden Arbeit aufgenommen. Das jeweils

[168] Vgl. Wirtz/Piehler/Ullrich (2013), S. 25.
[169] Vgl. Peters et al. (2013), S. 290.

gewählte Verständnis der einzelnen Determinanten sowie die in zugehörigen Forschungshypothesen postulierten Wirkungszusammenhänge werden in den folgenden Abschnitten 3.2.2.1 bis 3.2.2.6 dargelegt.

3.2.2.1 Social-Media-Strategie

Das Konstrukt Social-Media-Strategie beschreibt im Kern das Ausmaß, mit dem ein Unternehmen seine Social-Media-Aktivitäten im Rahmen einer strategischen Planung durchführt. Entsprechend wird in dieser Arbeit folgendes Verständnis gewählt:

In Abgrenzung zu einzelnen, häufig unkoordinierten Social-Media-Aktivitäten entspricht eine Social-Media-Strategie einer übergreifenden Planung, die als grundsätzlicher Orientierungsrahmen für zentrale Social-Media-Entscheidungen und somit der Förderung des langfristigen Erfolgs dient.

Die Social-Media-Aktivitäten von Unternehmen können sich dadurch unterscheiden, ob sie unkoordiniert oder innerhalb einer übergreifenden Planung stattfinden.[170] Letztere bildet einen Rahmen für die angestrebten Social-Media-Aktivitäten, z. B. durch klar formulierte Social-Media-Ziele, die wiederum auf die allgemeinen Unternehmensziele ausgerichtet sind.[171] Innerhalb einer übergreifenden Planung können die für ein Unternehmen relevanten Social-Media-Plattformen ausgewählt sowie einzelne Social-Media-Aktivitäten aufeinander und mit Aktivitäten in anderen Medien abgestimmt werden.[172] Zudem impliziert eine übergreifende Planung einen längerfristigen Betrachtungszeitraum, der über einzelne, kurzfristige Social-Media-Aktivitäten hinausgeht.

Nach Malthouse et al. (2013) ist die Social-Media-Strategie ein zentrales Element für den Social-Media-Erfolg eines Unternehmens.[173] Klassische Unternehmensziele wie eine reine Gewinnmaximierung scheinen im Zeitalter ermächtigter Konsumenten nicht länger auszureichen. Vielmehr gewinnen Empfehlungen und Beeinflussungen durch Konsumenten

[170] Vgl. Andzulis/Panagopoulos/Rapp (2012), S. 309.
[171] Vgl. Andzulis/Panagopoulos/Rapp (2012), S. 309; Li/Solis (2013a), S. 3.
[172] Vgl. Kaplan/Haenlein (2010), S. 65; Kaplan/Haenlein (2012), S. 31; Kietzmann et al. (2011), S. 249.
[173] Vgl. hierzu und im Folgenden Malthouse et al. (2013), S. 272 und S. 274.

im heutigen Social-Media-Umfeld zunehmend an Bedeutung.[174] Darüber hinaus kann eine Social-Media-Strategie durch die Auswahl geeigneter Plattformen und die Abstimmung einzelner Aktivitäten zur Effizienz- und Effektivitätssteigerung eines Unternehmens beitragen und somit eine wertvolle Ressource darstellen. Diese ist zudem selten, da die für ein Unternehmen relevanten Social-Media-Ziele, -Plattformen und -Aktivitäten sowie die zu berücksichtigenden übergreifenden Ziele und Aktivitäten für nur wenige andere Unternehmen in der gleichen Kombination zutreffen. Die genannten und weitere unternehmensspezifische Aspekte erschweren es Wettbewerbern ebenfalls, die Social-Media-Strategie eines Unternehmens zu imitieren. So können Wettbewerber beispielsweise versuchen, über abgeworbene Mitarbeiter Informationen über die Social-Media-Strategie des Unternehmens zu erhalten. Diese bieten den Wettbewerbern jedoch nur dann einen Mehrwert, wenn aufgrund der eigenen Ressourcen und Fähigkeiten eine identische Social-Media-Strategie sinnvoll ist. Es wird daher in dieser Arbeit vermutet, dass die Social-Media-Strategie eines Unternehmens, sofern organisatorisch ausgenutzt, einen Beitrag zu dessen Social-Media-Erfolg leistet.

Auch auf den kundenbezogenen Erfolg sollte sich die Social-Media-Strategie positiv auswirken. Ein höherer Social-Media-Erfolg führt infolge der inhaltlichen Parallelen der beiden Erfolgsvariablen ceteris paribus zu einem höheren kundenbezogenen Erfolg. Hinzu kommt, dass eine durch die Social-Media-Strategie geförderte Ausrichtung der Social-Media-Aktivitäten auf die allgemeinen Unternehmensziele und die Abstimmung mit Aktivitäten in anderen Medien eine kanalübergreifend effektivere Kommunikation gegenüber den Konsumenten ermöglicht.

Daher werden für die empirische Untersuchung folgende Hypothesen zum Einfluss der Social-Media-Strategie auf den Social-Media- und kundenbezogenen Erfolg aufgestellt:

H5a: *Je ausgeprägter die Social-Media-Strategie eines Unternehmens ist, desto höher ist dessen Social-Media-Erfolg.*

H5b: *Je ausgeprägter die Social-Media-Strategie eines Unternehmens ist, desto höher ist dessen kundenbezogener Erfolg.*

---

174 Vgl. Kumar et al. (2010), S. 298-302; Kumar et al. (2013), S. 195.

3.2.2.2 Topmanagement-Commitment zu Social Media

Das Konstrukt Topmanagement-Commitment zu Social Media betrifft das Ausmaß der Unterstützung der Social-Media-Aktivitäten eines Unternehmens durch dessen oberste Führungsebene, weshalb in dieser Arbeit folgende Definition verwendet wird:

Topmanagement-Commitment zu Social Media liegt vor, wenn die oberste Führungsebene Social Media als wichtiges Thema für das Unternehmen betrachtet und die Entwicklung und Umsetzung der Social-Media-Aktivitäten in vollem Umfang unterstützt.

Eine Voraussetzung für die Unterstützung der obersten Führungsebene ist demnach, dass diese Social Media als ein wichtiges Thema für das Unternehmen erachtet. Je höher die Social-Media-Relevanz aus Sicht der obersten Führungsebene ist, desto umfangreicher ist die zu erwartende Unterstützung der Entwicklung und Umsetzung der eigenen Social-Media-Aktivitäten. Die Unterstützung der Aktivitäten eines Unternehmens durch dessen oberste Führungsebene kann sich grundsätzlich anhand verschiedener Ausprägungen zeigen, beispielsweise durch die Bereitstellung adäquater Ressourcen, die Akzeptanz gelegentlicher Fehler sowie die persönliche Einbindung des Topmanagements in die Entwicklung und Umsetzung der Aktivitäten.[175] Daneben ist es von Vorteil, wenn es in der obersten Führungsebene eines Unternehmens mindestens einen aktiven Verfechter für die Aktivitäten gibt, der sowohl die anderen Topmanagement-Mitglieder als auch die Mitarbeiter von der Relevanz der Aktivitäten überzeugt.[176] Ein für die Mitarbeiter deutliches Topmanagement-Commitment erhöht die Wahrscheinlichkeit, dass sich diese für die Aktivitäten des Unternehmens interessieren und sie ebenfalls unterstützen.[177] Jene Ausprägungen des Topmanagement-Commitments lassen sich durchweg auf die Social-Media-Aktivitäten eines Unternehmens übertragen.

Bestehende Studien verdeutlichen die Relevanz des Topmanagement-Commitments für den Erfolg unterschiedlicher Unternehmensaktivitäten, wie z. B. die Einführung neuer Produkte oder das Qualitätsmanagement.[178] Auch für die Social-Media-Aktivitäten eines Unternehmens ist die Unterstützung der obersten Führungsebene von Bedeutung. Wie in Abschnitt 2.1.2

---

175 Vgl. de Brentani/Kleinschmidt (2004), S. 313 f.; Menon/Jaworski/Kohli (1997), S. 190; Rodríguez/Pérez/Gutiérrez (2008), S. 120; Swink (2000), S. 211; Zirger/Maidique (1990), S. 872.

176 Vgl. de Brentani/Kleinschmidt (2004), S. 313 f.; Hoffman/Hegarty (1993), S. 550 f.

177 Vgl. Ahire/O'Shaughnessy (1998), S. 16; Swink (2000), S. 211.

178 Vgl. u. a. Ahire/O'Shaughnessy (1998), S. 23; Cooper/Kleinschmidt (1995), S. 388; de Brentani/Kleinschmidt (2004), S. 323; Powell (1995), S. 27; Swink (2000), S. 215.

erläutert, verändern Social Media u. a. das Marketing grundlegend und stellen Unternehmen vor neue Herausforderungen. Eventuell erforderliche Anpassungen der Kultur, Strategie, Strukturen und Prozesse oder anderer Aspekte eines Unternehmens zur erfolgreichen Bewältigung der mit Social Media verbundenen Herausforderungen bedürfen i. d. R. wenigstens der Zustimmung des Topmanagements.[179] Hinzu kommt, dass bereits die Entwicklung und Umsetzung effektiver Social-Media-Aktivitäten trotz der im Vergleich zu traditionellen Medien geringeren Kosten ausreichende Ressourcen beanspruchen (z. B. für qualifizierte Mitarbeiter und die Erstellung der Inhalte).[180] Das Topmanagement-Commitment zu Social Media kann somit eine wertvolle Ressource für Unternehmen darstellen.

Da der für ein Unternehmen richtige Umfang der Unterstützung des Topmanagements von verschiedenen Faktoren abhängt, handelt es sich zudem um eine seltene Ressource. Nach einer Befragung von Li/Solis (2013a) beschäftigt sich das Topmanagement lediglich in jedem zweiten Unternehmen mit Social Media.[181] Jene Unternehmen, in denen sich das Topmanagement grundsätzlich mit Social Media befasst, unterscheiden sich hinsichtlich der jeweils benötigten Unterstützung. So kann der für ein Unternehmen geeignete Umfang an bereitgestellten Ressourcen für andere z. B. infolge höherer Social-Media-Ziele nicht ausreichen. Neben den Social-Media-Zielen hängt der für ein Unternehmen geeignete Umfang des Topmanagement-Commitments u. a. von den zur Bewältigung der Social-Media-Herausforderungen angestrebten Anpassungen ab. Anpassungen der Strukturen und Prozesse im Hinblick auf den Social-Media-Erfolg erfordern beispielsweise ein umfangreicheres Commitment des Topmanagements als die reine Ausgestaltung einzelner Social-Media-Aktivitäten. Aufgrund dieser Unterschiede können Führungskräfte zwar den Entschluss fassen, die Social-Media-Aktivitäten ihres Unternehmens stärker zu unterstützen, jedoch lässt sich die genaue Unterstützung eines anderen Topmanagements nur schwer auf das eigene Unternehmen übertragen. Es wird daher in dieser Arbeit davon ausgegangen, dass sich das Topmanagement-Commitment zu Social Media positiv auf den Social-Media-Erfolg eines Unternehmens auswirkt.

Über einen höheren Social-Media-Erfolg sollte das Topmanagement-Commitment zu Social Media ceteris paribus ebenfalls einen positiven Effekt auf den kundenbezogenen Erfolg

---

179 Vgl. Andzulis/Panagopoulos/Rapp (2012), S. 307 f.; Malthouse et al. (2013), S. 277.

180 Vgl. Andzulis/Panagopoulos/Rapp (2012), S. 307 f.; Kaplan/Haenlein (2010), S. 67.

181 Vgl. Li/Solis (2013a), S. 3.

ausüben. Darüber hinaus kann die Thematisierung der Social-Media-Aktivitäten eines Unternehmens auf der Ebene des Topmanagements förderlich für die Koordination mit den allgemeinen Unternehmenszielen und Aktivitäten in anderen Medien sein. Eine hieraus resultierende kanalübergreifend effektivere Kommunikation gegenüber den Konsumenten sollte den positiven Effekt der Social-Media-Aktivitäten auf den kundenbezogenen Erfolg weiter verstärken.

Somit werden für das Topmanagement-Commitment zu Social Media folgende Hypothesen zum Einfluss auf den Social-Media- und kundenbezogenen Erfolg aufgestellt:

H6a: *Je höher das Topmanagement-Commitment zu Social Media in einem Unternehmen ist, desto höher ist dessen Social-Media-Erfolg.*

H6b: *Je höher das Topmanagement-Commitment zu Social Media in einem Unternehmen ist, desto höher ist dessen kundenbezogener Erfolg.*

3.2.2.3 Social-Media-Organisation

Das Konstrukt Social-Media-Organisation erfasst im Hinblick auf Social Media neu geschaffene oder angepasste Strukturen und Prozesse und wird hier entsprechend wie folgt definiert:

Social-Media-Organisation umfasst die Schaffung neuer bzw. die Veränderung bestehender Strukturen und Prozesse eines Unternehmens im Hinblick auf deren Eignung für Social Media.

Infolge der durch Social Media begünstigten höheren Marktmacht der Konsumenten (vgl. Abschnitt 2.1.2) ist es für Unternehmen wichtiger denn je, deren Bedürfnisse zu verstehen und zu erfüllen.[182] Social Media selbst bieten Unternehmen verschiedene Möglichkeiten zum Verstehen und Erfüllen jener Bedürfnisse. Zur Generierung neuen Wissens zu den Bedürfnissen der Konsumenten können Unternehmen sowohl deren Social-Media-Aktivitäten beobachten als auch mit einzelnen von ihnen interagieren.[183] Um auf Basis des derart oder anderweitig generierten Wissens Konsumentenbedürfnisse über Social Media erfüllen zu

[182] Vgl. Weinberg et al. (2013), S. 301.
[183] Vgl. Malthouse et al. (2013), S. 275-277.

können, müssen oftmals unterschiedliche Unternehmensbereiche einbezogen werden. Beispielsweise können die Kunden eines Unternehmens auf dessen Social-Media-Seiten Fragen oder Beanstandungen zu einzelnen Produkten posten. Angemessene Reaktionen des Unternehmens können neben der Social-Media-Abteilung u. a. eine Einbeziehung des technischen Kundendienstes und der CRM-Abteilung erfordern.

Damit die von den Kunden erwartete informative und zeitnahe Rückmeldung erfüllt werden kann, müssen sämtliche betroffenen Abteilungen möglichst reibungslos zusammenarbeiten.[184] Anstelle einer Organisation in getrennt operierenden Abteilungssilos benötigen Unternehmen im heutigen Social-Media-Umfeld Strukturen und Prozesse, die eine Zusammenarbeit über klassische Abteilungsgrenzen hinweg fördern und dadurch eine flexible Erfüllung von Konsumentenbedürfnissen ermöglichen.[185] Insbesondere große und mittelgroße Unternehmen sind jedoch weiterhin überwiegend in klassischen, voneinander abgegrenzten Organisationseinheiten strukturiert (z. B. nach Regionen und Funktionen).[186] Derartige hierarchische Strukturen in Verbindung mit Top-down-Entscheidungsprozessen erschweren häufig eine abteilungsübergreifende Zusammenarbeit innerhalb von Unternehmen.[187] Eine mögliche Lösung dieses Problems besteht in der Schaffung neuer bzw. der Veränderung bestehender Strukturen und Prozesse im Hinblick auf deren Eignung im Social-Media-Umfeld.[188]

Nach Malthouse et al. (2013) ist eine für Social Media geeignete Organisation eine wichtige Säule für den Social-Media-Erfolg eines Unternehmens.[189] Weinberg et al. (2013) verdeutlichen dies an dem im Social-Media-Bereich erfolgreichen Technologieanbieter Dell und geben dabei einige Beispiele, wie Unternehmen ihre Strukturen und Prozesse im Hinblick auf Social Media anpassen können.[190] Anhand beider Artikel wird ersichtlich, dass eine für Social Media geeignete Organisation zur Effizienz- und Effektivitätssteigerung der Social-Media-Aktivitäten eines Unternehmens beitragen kann und somit eine wertvolle Ressource darstellt. Wie genau eine geeignete Organisation für die Social-Media-Aktivitäten eines Unternehmens

[184] Vgl. CMO Council/Lithium (2011), S. 26 f.; Muntinga/Moorman/Smit (2011), S. 27 f.; Weinberg et al. (2013), S. 301.

[185] Vgl. Sheth/Sisodia/Sharma (2000), S. 63; Weinberg et al. (2013), S. 301.

[186] Vgl. Weinberg et al. (2013), S. 301.

[187] Vgl. Tsai (2002), S. 180 f. und S. 185.

[188] Eine weitere Möglichkeit ist die unternehmensinterne Nutzung von Social-Media-Technologien zur Förderung des bereichsübergreifenden Austauschs und der Zusammenarbeit der Mitarbeiter, ohne die bestehende Organisation zu verändern. Vgl. Abschnitt 3.2.2.6.

[189] Vgl. Malthouse et al. (2013), S. 272 und S. 277.

[190] Vgl. Weinberg et al. (2013), S. 305 f.

aussieht und inwieweit hierfür Strukturen und Prozesse angepasst werden müssen, hängt von verschiedenen Faktoren ab, wie z. B. den Social-Media-Zielen und der bestehenden Organisation des Unternehmens. Die für ein Unternehmen geeignete Social-Media-Organisation ist daher selten und kann von Wettbewerbern nicht ohne Weiteres imitiert werden.

Neben einem positiven Einfluss der Social-Media-Organisation auf den Social-Media-Erfolg eines Unternehmens wird in dieser Arbeit aus zwei Gründen eine gleichgerichtete Wirkung auf den kundenbezogenen Erfolg angenommen: Erstens sollte die Social-Media-Organisation über einen höheren Social-Media-Erfolg ceteris paribus ebenfalls einen positiven Effekt auf den kundenbezogenen Erfolg ausüben. Zweitens impliziert die Anpassung von Strukturen und Prozessen im Hinblick auf deren Social-Media-Eignung wie oben erläutert eine bessere abteilungsübergreifende Zusammenarbeit zur Erfüllung von Konsumentenbedürfnissen. Diese sollte sich über Social Media und andere einzelne Medien hinaus positiv auf den kundenbezogenen Erfolg auswirken.

Für die empirische Untersuchung werden folgende Hypothesen zum Einfluss der Social-Media-Organisation auf den Social-Media- und kundenbezogenen Erfolg aufgestellt:

H7a: *Je ausgeprägter die Social-Media-Organisation eines Unternehmens ist, desto höher ist dessen Social-Media-Erfolg.*

H7b: *Je ausgeprägter die Social-Media-Organisation eines Unternehmens ist, desto höher ist dessen kundenbezogener Erfolg.*

3.2.2.4 Social-Media-Monitoring

Social-Media-Monitoring wird in der vorliegenden Arbeit wie folgt definiert:

Social-Media-Monitoring ist die systematische Erfassung und Analyse von unternehmensrelevanten Informationen, die über Social-Media-Plattformen verfügbar sind.

Die Erfassung von unternehmensrelevanten Social-Media-Informationen kann dabei sowohl quantitative (z. B. die Anzahl an Fans, Likes und Followern) als auch qualitative Inhalte (z. B. Service-Anregungen, Stimmungen und Trends) umfassen. Auf Basis der erfassten Informationen können Unternehmen verschiedene Datenanalysen durchführen und den Erfolg der eigenen Social-Media-Aktivitäten anhand zuvor definierter Kriterien bewerten. Die verwendeten Erfolgskriterien können sich je nach Unternehmen unterscheiden. Während sich die meisten Unternehmen auf reine Metriken zur Reichweite und Interaktion ihrer Social-Media-Aktivitäten fokussieren, setzen andere diese zusätzlich mit übergeordneten Kennzahlen in Verbindung (z. B. Weiterempfehlungen und Verkaufszahlen).[191]

Mit Hilfe der Erfassung und Analyse relevanter Social-Media-Informationen sowie der darauf aufbauenden Bewertung der eigenen Social-Media-Aktivitäten können Unternehmen nützliche Rückschlüsse für zukünftige Verbesserungen gewinnen.[192] Hierüber kann das Social-Media-Monitoring einen wichtigen Beitrag zur Steigerung des Social-Media-Erfolgs eines Unternehmens leisten. Malthouse et al. (2013) stellen das Social-Media-Monitoring entsprechend als eine zentrale Säule des Social-Media-Erfolgs dar.[193] Es kann daher als eine wertvolle Ressource bezeichnet werden. Da die zu erfassenden und analysierenden Informationen je nach Unternehmen variieren, ist das Social-Media-Monitoring eines Unternehmens zudem selten und kann von dessen Wettbewerbern nur schwer imitiert werden. Folglich wird in dieser Arbeit angenommen, dass das Social-Media-Monitoring eines Unternehmens einen positiven Effekt auf dessen Social-Media-Erfolg ausübt.

Über einen höheren Social-Media-Erfolg sollte das Social-Media-Monitoring ceteris paribus ebenfalls zu einem größeren kundenbezogenen Erfolg führen. Darüber hinaus wird durch eine Verbindung der Social-Media-Aktivitäten eines Unternehmens mit übergeordneten Kennzahlen das Erreichen kundenbezogener Erfolgsziele geprüft und somit auch gefördert. Beispielsweise sollte die systematische Erfassung und Analyse der Auswirkungen der Social-Media-Aktivitäten auf die Gewinnung neuer Kunden oder die Zufriedenheit bestehender Kunden eine positive Wirkung auf den kundenbezogenen Erfolg eines Unternehmens haben.

Zusammenfassend werden für die empirische Untersuchung folgende Hypothesen zum Einfluss des Social-Media-Monitorings auf den Social-Media- und kundenbezogenen Erfolg aufgestellt:

---

191 Vgl. Peters et al. (2013), S. 283; Universität St. Gallen/Conrad Caine (2012), S. 39-41.
192 Vgl. Peters et al. (2013), S. 283.
193 Vgl. Malthouse et al. (2013), S. 272 und S. 277.

H8a: *Je ausgeprägter das Social-Media-Monitoring eines Unternehmens ist, desto höher ist dessen Social-Media-Erfolg.*

H8b: *Je ausgeprägter das Social-Media-Monitoring eines Unternehmens ist, desto höher ist dessen kundenbezogener Erfolg.*

3.2.2.5 Social-Media-Bereitschaft der Mitarbeiter

Die Social-Media-Bereitschaft der Mitarbeiter wird in dieser Arbeit nach der folgenden Definition verstanden, die über die Bereitschaft im engeren Sinne der Bereitwilligkeit hinausgeht:[194]

Aus Unternehmenssicht sind Mitarbeiter bereit für Social Media, wenn sie in der Lage, gewillt und befugt sind, die Social-Media-Aktivitäten ihres Unternehmens zu unterstützen.

Demnach sollten Mitarbeiter im Hinblick auf ihre Social-Media-Bereitschaft als Erstes über gute Social-Media-Kenntnisse verfügen, um die Social-Media-Aktivitäten ihres Unternehmens unterstützen zu können.[195] Damit sich die Mitarbeiter mit Hilfe dieser Kenntnisse auch tatsächlich aktiv für die Social-Media-Aktivitäten ihres Unternehmens engagieren, sollten sie zudem eine entsprechende Motivation aufweisen.[196] Zusätzlich sollten die Mitarbeiter mit einem ausreichenden Handlungsspielraum ausgestattet sein, um ihre Kenntnisse und Motivation in vollem Umfang zur Unterstützung der Social-Media-Aktivitäten ihres Unternehmens einbringen zu können.[197] Im Falle einer höheren Autonomie können Mitarbeiter stellvertretend für ihr Unternehmen eigenständig Social-Media-Beiträge veröffentlichen und auf Posts von Konsumenten reagieren.[198]

Die Unterstützung der Mitarbeiter kann sich sowohl auf die Entwicklung als auch auf die Umsetzung der Social-Media-Aktivitäten ihres Unternehmens beziehen. Je mehr die

[194] Der Begriff Bereitschaft kann sich ebenso wie die englische Übersetzung Readiness sowohl auf die Bereitschaft im engeren Sinne der Bereitwilligkeit als auch auf die Bereitschaft im weiteren Sinne der Einsatzbereitschaft beziehen. Vgl. Duden (2015); Oxford English Dictionary (2015). Letztere umfasst mehr als den Willen etwas zu tun und findet gemäß der Definition der Social-Media-Bereitschaft hier Anwendung.

[195] Vgl. Malthouse et al. (2013), S. 277.

[196] Vgl. Hennig-Thurau (2004), S. 463.

[197] Vgl. Malthouse et al. (2013), S. 277; Powell (1995), S. 19.

[198] Vgl. Smith/Fischer/Yongjian (2012), S. 106; Weinberg et al. (2013), S. 305.

Mitarbeiter dazu in der Lage, gewillt und befugt sind, desto eher können sie zum Social-Media-Erfolg ihres Unternehmens beitragen. Beispielsweise können qualifizierte und motivierte Mitarbeiter die Reichweite der Social-Media-Beiträge ihres Unternehmens erhöhen, indem sie diese an ihre eigenen Kontakte weiterleiten (z. B. durch Likes oder Kommentare). Sofern sie zudem mit einem ausreichend großen Handlungsspielraum ausgestattet sind, können sie Kundenanfragen auf Social-Media-Plattformen schneller beantworten und somit die Interaktion zwischen ihrem Unternehmen und dessen Kunden verbessern.[199] Malthouse et al. (2013) stellen die Mitarbeiter dementsprechend als ein zentrales Element für den Social-Media-Erfolg eines Unternehmens dar.[200] Die Social-Media-Bereitschaft der Mitarbeiter kann somit als eine wertvolle Ressource bezeichnet werden.

Aus mehreren Gründen ist diese ebenfalls selten und von Wettbewerbern nur schwer imitierbar. Erstens benötigen Mitarbeiter zur effektiven Unterstützung der Social-Media-Aktivitäten ihres Unternehmens adäquate Kenntnisse zum Umgang mit den relevanten Social-Media-Plattformen sowie zu ihrem Unternehmen. Die bestehenden Mitarbeiter eines Unternehmens verfügen häufig über keine ausreichenden Kenntnisse im Umgang mit Social Media, weshalb sie zunächst durch geeignete Schulungen gefördert werden müssen.[201] Neue Mitarbeiter mit hohen derartigen Kenntnissen werden hingegen eine gewisse Zeit benötigen, bis sie die Werte und Ziele ihres Unternehmens verinnerlicht haben und im Interesse des Unternehmens handeln können.[202] Zweitens kann der Wille der Mitarbeiter zur Unterstützung der Social-Media-Aktivitäten ihres Unternehmens von diversen Determinanten abhängen, die wiederum von Wettbewerbern nur schwer imitiert werden können. Beispiele sind u. a. die Kultur und die Anreizsysteme des Unternehmens.[203] Drittens birgt ein höherer Handlungsspielraum der Mitarbeiter Risiken in sich, wenn die Mitarbeiter z. B. nicht ausreichend qualifiziert oder unzufrieden sind.[204] Unternehmen werden daher teilweise zögern, ihre gewohnte Kontrolle zugunsten eines höheren Handlungsspielraums ihrer Mitarbeiter zu lockern.[205] Infolge der angeführten Argumente wird in dieser Arbeit angenommen, dass die

---

199 Vgl. Miles/Mangold (2014), S. 402; Weinberg et al. (2013), S. 305.
200 Vgl. Malthouse et al. (2013), S. 272 und S. 277.
201 Vgl. Malthouse et al. (2013), S. 277.
202 Vgl. Miles/Mangold (2014), S. 405.
203 Vgl. Knight/Durham/Locke (2001), S. 327 f. und S. 333; Locke/Latham (2004), S. 390; Malthouse et al. (2013), S. 277; Teece/Pisano/Shuen (1997), S. 528.
204 Vgl. Miles/Mangold (2014), S. 402.
205 Vgl. Weinberg et al. (2013), S. 307.

Social-Media-Bereitschaft der Mitarbeiter einen positiven Effekt auf den Social-Media-Erfolg ihres Unternehmens hat.

Verschiedene Studien verdeutlichen die Relevanz der Kenntnisse, der Motivation und des Handlungsspielraums der Mitarbeiter für den Unternehmenserfolg.[206] Über einen höheren Social-Media-Erfolg sollte die Social-Media-Bereitschaft der Mitarbeiter ceteris paribus ebenfalls zur Steigerung des kundenbezogenen Erfolgs beitragen. Wie zuvor erläutert, können ausreichend qualifizierte, motivierte und befugte Mitarbeiter sowohl die Reichweite der Social-Media-Beiträge ihres Unternehmens vergrößern als auch die Interaktion zwischen ihrem Unternehmen und dessen Kunden verbessern. Hierdurch können sie zur Gewinnung neuer und zur weiteren Überzeugung bestehender Kunden beitragen, womit sie einen Einfluss auf den kundenbezogenen Erfolg ausüben.

Abschließend werden für die empirische Untersuchung folglich folgende Hypothesen zum Einfluss der Social-Media-Bereitschaft der Mitarbeiter auf den Social-Media- und kundenbezogenen Erfolg aufgestellt:

H9a: *Je ausgeprägter die Social-Media-Bereitschaft der Mitarbeiter eines Unternehmens ist, desto höher ist dessen Social-Media-Erfolg.*

H9b: *Je ausgeprägter die Social-Media-Bereitschaft der Mitarbeiter eines Unternehmens ist, desto höher ist dessen kundenbezogener Erfolg.*

3.2.2.6 Interne Social-Media-Integration

Social Media können von Unternehmen sowohl für externe als auch für interne Zwecke genutzt werden.[207] Externe Zwecke umfassen insbesondere die Kommunikation eines Unternehmens mit dessen Kunden über Social-Media-Plattformen, die im Fokus dieser Arbeit steht. Daneben werden Social Media von Unternehmen zunehmend zur internen Kommunikation zwischen den eigenen Mitarbeitern eingesetzt. Hierbei werden anstelle von öffentlich zugänglichen Social-Media-Plattformen überwiegend interne Plattformen genutzt, die verschiedene

---

[206] Vgl. u. a. Huselid (1995), S. 636-638, S. 660 und S. 667; Powell (1995), S. 27; Schmidt/Hunter/Outerbridge (1986), S. 437 f.

[207] Vgl. hierzu und im Folgenden Leonardi/Huysman/Steinfield (2013), S. 1-3.

Technologien von Facebook, YouTube und anderen populären Social-Media-Plattformen imitieren und integrieren. Dementsprechend wird die interne Social-Media-Integration in der vorliegenden Arbeit wie folgt definiert:

Die interne Social-Media-Integration betrifft die unternehmensinterne Nutzung von Social-Media-Technologien, um den bereichsübergreifenden Austausch und die Zusammenarbeit der Mitarbeiter zu fördern.

Über die Förderung des bereichsübergreifenden Austauschs und der Zusammenarbeit der Mitarbeiter kann die interne Social-Media-Integration einen wichtigen Beitrag zur Steigerung der Produktivität eines Unternehmens leisten.[208] Infolge der Arbeitsteilung und Spezialisierung kommt es in Unternehmen häufig zu den bereits im Rahmen der Social-Media-Organisation (vgl. Abschnitt 3.2.2.3) erwähnten Abteilungssilos, durch die Mitarbeiter unterschiedlicher Unternehmensbereiche nicht ausreichend miteinander kommunizieren oder sogar konkurrieren.[209] Das vollständige Potenzial mit dem in den verschiedenen Unternehmensbereichen vorhandenen Wissen bleibt daher oft ungenutzt.

Social-Media-Technologien bieten Unternehmen diverse Möglichkeiten, dieses Wissen bereichsübergreifend auszutauschen. Beispielsweise können Mitarbeiter über interne Social-Media-Plattformen eigenständig Dokumente bereitstellen, auf die ihre Kollegen aus anderen Unternehmensbereichen dauerhaft mit einer einfachen Schlagwort-Suche zugreifen können. Neben der Bereitstellung von Dokumenten können sich Mitarbeiter über Messaging-Funktionen auch direkt austauschen. Je nach Ausgestaltung der internen Social-Media-Plattform werden die Bereitstellung von Dokumenten und der direkte Austausch zwischen Mitarbeitern für weitere Kollegen sichtbar, wodurch das hiermit verbundene Wissen zusätzlich verbreitet wird. Mit Hilfe derartiger Möglichkeiten fördern interne Social-Media-Plattformen die bereichsübergreifende Zusammenarbeit der Mitarbeiter, unabhängig von deren physischen Standorten oder Hierarchieebenen. Im Gegensatz zur Social-Media-Organisation erfolgt der Abbau von Abteilungssilos im Falle der internen Social-Media-Integration demnach technologiebasiert und nicht durch die Schaffung neuer bzw. die Veränderung bestehender Strukturen und Prozesse.

208 Vgl. Chui et al. (2012), S. 3; Li/Solis (2013a), S. 1.

209 Vgl. hierzu und im Folgenden Leonardi/Huysman/Steinfield (2013), S. 3; Weinberg et al. (2013), S. 299-303.

Der bereichsübergreifende Austausch und die Zusammenarbeit der Mitarbeiter sollten sich ebenfalls positiv auf die externe Kommunikation eines Unternehmens mit dessen Kunden über Social-Media-Plattformen auswirken. Social-Media-Aktivitäten werden in Unternehmen von verschiedenen Unternehmensbereichen betreut, die unterschiedliche Ziele verfolgen und um die gleichen Kunden konkurrieren können.[210] Hinzu kommt, dass die Beantwortung von Kundenanfragen auf Social-Media-Plattformen teilweise Wissen aus mehreren Unternehmensbereichen erfordert.[211] Diese sollten daher zeitnah auf das benötigte Wissen anderer Bereiche zugreifen können und im Hinblick auf die Abstimmung ihrer Social-Media-Aktivitäten zusammenarbeiten. Wie zuvor erläutert, wird genau dieser bereichsübergreifende Wissensaustausch und die Zusammenarbeit der Mitarbeiter durch die interne Social-Media-Integration gefördert. Ein Nebeneffekt der internen Social-Media-Integration ist zudem die höhere Vertrautheit der Mitarbeiter im Umgang mit Social-Media-Technologien, die sich wiederum positiv auf die externe Kommunikation über Social-Media-Plattformen auswirken sollte.[212] Die interne Social-Media-Integration kann folglich zweifelsohne als eine wertvolle Ressource bezeichnet werden.

Diese ist ebenfalls selten und von Wettbewerbern kaum imitierbar. Wie eine Studie der Universität St. Gallen in Kooperation mit Conrad Caine zeigt, nutzen lediglich 17% der befragten Unternehmen Social Media für die interne Kommunikation und Zusammenarbeit, während es bei der Markenkommunikation bereits 82% sind.[213] Bei den wenigen Unternehmen, die bereits auf eine interne Social-Media-Integration setzen, konzentriert sich die Nutzung interner Social-Media-Plattformen bislang oft auf einen kleinen Teil der Mitarbeiter, da diese für sie u. a. nicht zwingend ist. Eine Nachahmung erfolgreicher Wettbewerbslösungen wird dadurch erschwert, dass die internen Social-Media-Plattformen extern i. d. R. nicht ersichtlich sind und selbst bei geeigneten Informationen nicht ohne Weiteres übertragen werden können. Je nach Unternehmen sind z. B. unterschiedliche Anforderungen hinsichtlich des Corporate Designs, der einzubindenden Inhalte und der erforderlichen Funktionen zu berücksichtigen. In der vorliegenden Arbeit wird daher von einem positiven Einfluss der internen Social-Media-Integration auf den Social-Media-Erfolg eines Unternehmens ausgegangen.

[210] Vgl. Li/Solis (2013a), S. 4.
[211] Vgl. hierzu und im Folgenden Andzulis/Panagopoulos/Rapp (2012), S. 309; Weinberg et al. (2013), S. 301.
[212] Vgl. Universität St. Gallen/Conrad Caine (2012), S. 22.
[213] Vgl. hierzu und im Folgenden Universität St. Gallen/Conrad Caine (2012), S. 20-22.

Neben diesem Einfluss sollte die interne Social-Media-Integration auch einen positiven Effekt auf den kundenbezogenen Erfolg ausüben. Erstens trägt die bessere Beantwortung von Kundenanfragen über Social-Media-Plattformen und die Abstimmung sonstiger Social-Media-Aktivitäten ceteris paribus zur Gewinnung neuer sowie zur weiteren Überzeugung bestehender Kunden bei. Zweitens bietet eine verbesserte bereichsübergreifende Kommunikation und Zusammenarbeit ebenfalls Vorteile für die allgemeinen Beziehungen zwischen einem Unternehmen und dessen Kunden, unabhängig von den betroffenen Kanälen. Durch die Nutzung des gesamten Wissens und die Kooperation der Mitarbeiter eines Unternehmens können Mehrwerte für bestehende und neue Kunden geschaffen werden, z. B. in Form von aus Kundensicht attraktiveren Produkten, Dienstleistungen und Kommunikationskampagnen.[214]

Für die empirische Untersuchung werden somit folgende Hypothesen zum Einfluss der internen Social-Media-Integration auf den Social-Media- und kundenbezogenen Erfolg aufgestellt:

H10a: *Je ausgeprägter die interne Social-Media-Integration in einem Unternehmen ist, desto höher ist dessen Social-Media-Erfolg.*

H10b: *Je ausgeprägter die interne Social-Media-Integration in einem Unternehmen ist, desto höher ist dessen kundenbezogener Erfolg.*

3.2.3 Fähigkeiten

Gemäß dem in Abschnitt 2.2.3 vorgestellten Bezugsrahmen werden in der vorliegenden Arbeit zur Untersuchung der Determinanten von Good Social Media Marketing neben unterschiedlichen Ressourcen ebenfalls Fähigkeiten betrachtet. Hierbei handelt es sich um jene Erfolgsdeterminanten, die entsprechend der in Abschnitt 2.2.2 erläuterten Dynamic Capabilities Theory Fähigkeiten darstellen. Mit *Marketing-Fähigkeiten* und *Social-Media-Marketing-Fähigkeiten* werden zwei derartige Erfolgsdeterminanten in das Untersuchungsmodell dieser Arbeit aufgenommen. Das jeweilige Verständnis der einzelnen Erfolgsdeterminanten sowie die in den zugehörigen Forschungshypothesen postulierten

[214] Vgl. Leonardi/Huysman/Steinfield (2013), S. 3; Weinberg et al. (2013), S. 301.

Wirkungszusammenhänge werden in den folgenden Abschnitten 3.2.3.1 und 3.2.3.2 dargelegt.

3.2.3.1 Marketing-Fähigkeiten

In der bestehenden Literatur werden unterschiedliche Arten von Marketing-Fähigkeiten aufgeführt.[215] Zwei zusammenhängende und für den Untersuchungsgegenstand dieser Arbeit relevante Arten sind die sog. spezialisierten und architektonischen Marketing-Fähigkeiten.[216] Spezialisierte Marketing-Fähigkeiten sind Fähigkeiten, die primär im Marketing-Bereich eines Unternehmens vorzufinden sind.[217] Sie umfassen Prozesse zur Umsetzung der Marketing-Strategie und werden in der Literatur entsprechend entlang der Aktivitäten des Marketing-Mix in die Bereiche Produkt, Preis, Kommunikation und Distribution unterteilt. Bei architektonischen Marketing-Fähigkeiten handelt es sich hingegen um bereichsübergreifende Fähigkeiten eines Unternehmens. Hierzu zählen jene Prozesse, die zur Planung und Umsetzung der Marketing-Aktivitäten dienen und dafür spezialisierte Fähigkeiten verschiedener Unternehmensbereiche koordinieren können. Nach Vorhies/Morgan/Autry (2009) ergänzen sich spezialisierte und architektonische Marketing-Fähigkeiten und sollten daher integriert betrachtet werden.[218] Im Einklang mit deren Argumentation werden Marketing-Fähigkeiten in dieser Arbeit gemäß der Definition von Ngo/O‘Cass (2012) verstanden, die spezialisierte und architektonische Marketing-Fähigkeiten vereint:[219]

> *„[...] as a firm's interrelated organizational routines for performing marketing activities such as product, pricing, channel management, marketing communications, marketing planning, and marketing implementation (Morgan et al., 2009; Song et al., 2005).“*

Mit Hilfe einer empirischen Analyse zeigen Vorhies/Morgan/Autry (2009) die Relevanz der integrierten Betrachtung spezialisierter und architektonischer Marketing-Fähigkeiten anhand eines positiven Effekts von deren Interaktion auf das Unternehmenswachstum.[220] Dieses Er-

---

215 Vgl. u. a. Day (1994), S. 40-42; Morgan (2012), S. 106-109.
216 Vgl. Morgan/Vorhies/Mason (2009), S. 910 f.
217 Vgl. hierzu und im Folgenden Morgan (2012), S. 106; Vorhies/Morgan/Autry (2009), S. 1313.
218 Vgl. Vorhies/Morgan/Autry (2009), S. 1315 f.
219 Ngo/O'Cass (2012), S. 865.
220 Vgl. Vorhies/Morgan/Autry (2009), S. 1325-1327.

gebnis bestätigen Vorhies/Morgan (2005), die eine positive Wirkung des Interaktionseffekts auf den Unternehmenserfolg finden und daher empfehlen, die in der oben aufgeführten Definition genannten Elemente gebündelt zu betrachten.[221] Eine derartige gebündelte Betrachtung der Marketing-Fähigkeiten nehmen Morgan/Vorhies/Mason (2009) vor und zeigen dabei einen positiven Einfluss der Marketing-Fähigkeiten auf den Unternehmenserfolg.[222] Die empirischen Ergebnisse der aufgeführten Studien belegen damit die theoretische Argumentation diverser Autoren, nach der Marketing-Fähigkeiten wertvoll, selten und schwer imitierbar sind und daher zum Erfolg eines Unternehmens beitragen können.[223] Aufbauend auf diesen Ergebnissen untersuchen Ngo/O'Cass (2012) die Wirkung der Marketing-Fähigkeiten auf den kundenbezogenen Erfolg und finden ebenfalls einen positiven Effekt.[224] Entsprechend wird dieser Wirkungszusammenhang auch in der vorliegenden Arbeit angenommen.

Der Social-Media-Erfolg eines Unternehmens steigt nach dem zu Beginn von Abschnitt 3.2 erläuterten Verständnis mit dem durch dessen Social-Media-Marketing-Aktivitäten generierten Nutzen für Konsumenten. Social-Media-Marketing-Aktivitäten sind dabei analog zu der in Abschnitt 2.1.1 gewählten Definition vereinfacht formuliert Marketing-Aktivitäten über Social-Media-Plattformen. Letztere können von Unternehmen grundsätzlich für sämtliche Elemente des Marketing-Mix genutzt werden.[225] Die Fähigkeiten zur Planung, Entwicklung und Umsetzung von Marketing-Aktivitäten sollten sich somit positiv auf den Social-Media-Erfolg eines Unternehmens auswirken.

Zusammenfassend werden für die empirische Untersuchung folgende Hypothesen zum Einfluss der Marketing-Fähigkeiten auf den Social-Media- und kundenbezogenen Erfolg aufgestellt:

H11a: *Je höher die Marketing-Fähigkeiten eines Unternehmens sind, desto höher ist dessen Social-Media-Erfolg.*

H11b: *Je höher die Marketing-Fähigkeiten eines Unternehmens sind, desto höher ist dessen kundenbezogener Erfolg.*

---

221 Vgl. Vorhies/Morgan (2005), S. 83.
222 Vgl. Morgan/Vorhies/Mason (2009), S. 914 f.
223 Vgl. Krasnikov/Jayachandran (2008), S. 3; Morgan/Vorhies/Mason (2009), S. 911.
224 Vgl. Ngo/O'Cass (2012), S. 870.
225 Vgl. Kaplan/Haenlein (2012), S. 133 f.; Mangold/Faulds (2009), S. 358-360; Sawhney/Verona/Prandelli (2005), S. 6-9; Yadav et al. (2013), S. 321.

3.2.3.2 Social-Media-Marketing-Fähigkeiten

Neben den allgemeinen Marketing-Fähigkeiten eines Unternehmens können für dessen Social-Media-Erfolg spezifische Social-Media-Marketing-Fähigkeiten erforderlich sein. Wie in Abschnitt 3.2.2.6 erwähnt, werden Social-Media-Aktivitäten in Unternehmen von verschiedenen Unternehmensbereichen betreut, sodass sich über den Marketing-Bereich hinausgehende Fähigkeiten entsprechend positiv auswirken sollten. Diese sog. Bereichsübergreifenden Marketing-Fähigkeiten kombinieren spezialisierte Marketing-Fähigkeiten mit spezialisierten Fähigkeiten anderer Unternehmensbereiche.[226] Für die Social-Media-Marketing-Fähigkeiten eines Unternehmens können neben spezialisierten Marketing-Fähigkeiten beispielsweise spezialisierte IT- oder Analytik-Fähigkeiten von Bedeutung sein.[227] Social-Media-Marketing-Fähigkeiten werden daher in dieser Arbeit mit einem eindeutigen Bezug zu Social-Media-Marketing-Aktivitäten, jedoch ohne eine Eingrenzung auf einzelne Unternehmensbereiche wie folgt definiert:

Social-Media-Marketing-Fähigkeiten entsprechen den zusammenhängenden organisationalen Routinen eines Unternehmens zur Planung, Entwicklung und Umsetzung von Social-Media-Marketing-Aktivitäten.

Im Einklang mit den allgemeinen Marketing-Fähigkeiten wird davon ausgegangen, dass Social-Media-Marketing-Fähigkeiten wertvoll, selten und schwer zu imitieren sind. Die Fähigkeiten eines Unternehmens zur Planung, Entwicklung und Umsetzung der eigenen Social-Media-Marketing-Aktivitäten sollten sich offensichtlich positiv auf deren Effektivität auswirken und damit wertvoll sein. Durch die Kombination der für die Social-Media-Marketing-Aktivitäten erforderlichen Fähigkeiten verschiedener Unternehmensbereiche leisten Social-Media-Marketing-Fähigkeiten dabei einen Mehrwert gegenüber den allgemeinen Marketing-Fähigkeiten. Wie in Abschnitt 2.1.2 verdeutlicht wurde, ähnelt das Marketing im Social-Media-Zeitalter einem chaotischen und interaktiven Flipperspiel, in dem Unternehmen die Beiträge zu ihren Marken und Produkten infolge ermächtigter Konsumenten nicht länger kontrollieren können. Es ist daher zu vermuten, dass ein Erfolg in diesem dynamischen Umfeld spezifische Social-Media-Marketing-Fähigkeiten erfordert, die über den

---

[226] Vgl. Morgan (2012), S. 107.

[227] Vgl. Malthouse et al. (2013), S. 277.

Marketing-Bereich hinausgehen und sich für die Bewältigung der besonderen, mit Social Media verbundenen Herausforderungen eignen.

Da die allgemeinen Marketing-Fähigkeiten, wie im vorherigen Abschnitt dargestellt, in der bestehenden Literatur als selten angesehen werden, sollten Social-Media-Marketing-Fähigkeiten aufgrund ihrer vergleichsweise jüngeren Entstehung ebenfalls selten sein. Die Schwierigkeit zur Imitation ergibt sich aus dem erforderlichen impliziten Wissen, das sich auf verschiedene Mitarbeiter verteilt.[228] Hierauf aufbauend wird in der vorliegenden Arbeit von einem positiven Effekt der Social-Media-Marketing-Fähigkeiten auf den Social-Media-Erfolg ausgegangen.

Als wertvolle, seltene und schwer imitierbare Fähigkeiten sollten die Social-Media-Marketing-Fähigkeiten eines Unternehmens über verschiedene Wege auch den kundenbezogenen Erfolg steigern. Zum einen tragen Social-Media-Marketing-Fähigkeiten über den beschriebenen positiven Effekt auf den Social-Media-Erfolg unter sonst gleichen Umständen zur Steigerung des kundenbezogenen Erfolgs bei. Zum anderen kann sich die positive Wirkung der Social-Media-Marketing-Fähigkeiten auch bei Unternehmensaktivitäten in anderen Kommunikationskanälen zeigen. Steigert ein Unternehmen mit Hilfe der eigenen Social-Media-Marketing-Fähigkeiten seinen Social-Media-Erfolg, so impliziert dies die Generierung eines Nutzens für Konsumenten über eine Kombination spezialisierter Fähigkeiten verschiedener Unternehmensbereiche. Jegliche Aktivitäten eines Unternehmens, die eine vergleichbare Kombination spezialisierter Fähigkeiten erfordern wie die eigenen Social-Media-Marketing-Aktivitäten, könnten ebenfalls von den Social-Media-Marketing-Fähigkeiten profitieren. Beispielsweise ist zu vermuten, dass die Beantwortung von Kundenanfragen über Social-Media-Plattformen und andere Kommunikationskanäle (z. B. Callcenter) eine ähnliche Kombination spezialisierter Fähigkeiten erfordert. Eine zeitnahe und hilfreiche Beantwortung von Kundenanfragen sollte wiederum unabhängig vom Kommunikationskanal einen von Konsumenten wahrgenommenen Nutzen erzeugen und dadurch den kundenbezogenen Erfolg steigern.

Folglich werden folgende Hypothesen zum Einfluss der Social-Media-Marketing-Fähigkeiten auf den Social-Media- und kundenbezogenen Erfolg aufgestellt:

---

[228] Vgl. Krasnikov/Jayachandran (2008), S. 3; Teece/Pisano/Shuen (1997), S. 524-526.

H12a: Je höher die Social-Media-Marketing-Fähigkeiten eines Unternehmens sind, desto höher ist dessen Social-Media-Erfolg.

H12b: Je höher die Social-Media-Marketing-Fähigkeiten eines Unternehmens sind, desto höher ist dessen kundenbezogener Erfolg.

4 Konzeption und Methodik der empirischen Untersuchung

Zur Überprüfung der im vorherigen Kapitel aufgestellten Forschungshypothesen zu den Determinanten von Good Social Media Marketing wird eine empirische Untersuchung durchgeführt, deren Konzeption und Methodik im Fokus dieses Kapitels steht. In Abschnitt 4.1 werden zunächst methodische Grundlagen der Untersuchung erläutert, ehe hierauf aufbauend in Abschnitt 4.2 eine Operationalisierung der relevanten Konstrukte erfolgt. Abschließend wird in Abschnitt 4.3 die Konzeption der empirischen Untersuchung vorgestellt.

4.1 Methodische Grundlagen

Die Erläuterung der methodischen Grundlagen ist in zwei Abschnitte untergliedert. Als Erstes wird in Abschnitt 4.1.1 die Vorgehensweise bei der Operationalisierung der Konstrukte und Gütebeurteilung der verwendeten Messmodelle geschildert. Im Anschluss folgt in Abschnitt 4.1.2 eine Darstellung der Grundlagen zur Strukturgleichungsanalyse.

4.1.1 Grundlagen zur Operationalisierung von Konstrukten

Im Rahmen der empirischen Untersuchung werden Wirkungszusammenhänge zwischen Variablen untersucht, die reale Phänomene beschreiben, jedoch empirisch nicht direkt beobachtbar sind, weshalb sie als latente Variablen bzw. Konstrukte bezeichnet werden.[229] Die Operationalisierung legt fest, mit welchen beobachtbaren (d. h. manifesten) Indikatoren die latenten Konstrukte gemessen werden sollen. Dabei besteht die Wahl zwischen der Messung eines Konstrukts mit einem Indikator (*Single-Item-Messung*) oder mehreren Indikatoren (*Multi-Item-Messung*). Wird ein Konstrukt mit einem Indikator gemessen, sollte dieser die Gesamtheit des Konstrukts möglichst gut widerspiegeln, da die Ausprägung der latenten Variable der des manifesten Indikators entspricht. Sofern sich ein Konstrukt auf ein konkretes Untersuchungsobjekt (z. B. eine Werbung oder Marke) und -attribut (z. B. Einstellungen oder Wahrnehmungen) bezieht, führen *Single-* und *Multi-Item-Messungen* zu

[229] Vgl. hierzu und im Folgenden Edwards/Bagozzi (2000), S. 156 f.; Weiber/Mühlhaus (2014), S. 24 und S. 104-115.

vergleichbaren Ergebnissen, sodass eine Messung anhand eines Indikators erfolgen kann.[230] Ist dies nicht der Fall, sollten mehrere Indikatoren zur Messung des Konstrukts verwendet werden. In der Marketing-Wissenschaft gilt die *Multi-Item-Messung* als bevorzugt, nicht zuletzt aufgrund des einflussreichen Artikels von Churchill (1979), der den Ansatz als überlegen herausstellt.[231] Als Vorteile von Messmodellen mit mehreren Indikatoren werden von verschiedenen Autoren u. a. eine bessere Reliabilität und Validität sowie ein höherer Informationsgehalt genannt.[232]

Infolge ihrer besonderen Relevanz für die vorliegende Untersuchung wird die *Multi-Item-Messung* im Folgenden näher erläutert. Hierbei lassen sich wiederum zwei Arten der Operationalisierung latenter Konstrukte unterscheiden: das *reflektive* und *das formative Messmodell*.[233] Zur Verdeutlichung der Unterschiede beider Messmodelle ist der jeweilige Zusammenhang zwischen der latenten Variable und den zugeordneten Indikatoren in Abbildung 18 dargestellt.

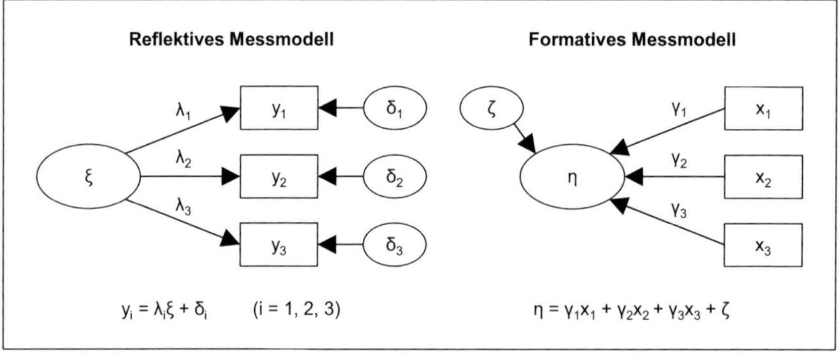

Abbildung 18: Vergleich reflektiver und formativer Messmodelle

Quelle: Eigene Darstellung in Anlehnung an Bollen/Lennox (1991), S. 305 f.

Bei *reflektiven Messmodellen* verläuft die Kausalitätsrichtung von der latenten Variable zu den Indikatoren, d. h., Veränderungen des Konstrukts verursachen Anpassungen in den

230 Vgl. hierzu und im Folgenden Bergkvist/Rossiter (2007), S. 183; Gardner et al. (1998), S. 909 f.

231 Vgl. Bergkvist/Rossiter (2007), S. 175; Churchill (1979), S. 66.

232 Vgl. Bergkvist/Rossiter (2007), S. 176; MacKenzie/Podsakoff/Jarvis (2005), S. 711. Die Begriffe Reliabilität und Validität werden im weiteren Verlauf dieses Abschnitts erläutert.

233 Vgl. Bollen/Lennox (1991), S. 305 f.; MacKenzie/Podsakoff/Jarvis (2005), S. 711.

Ausprägungen der Indikatoren.[234] Entsprechend zeigen die Pfeile zwischen der latenten Variable ξ und den Indikatoren y_1, y_2 und y_3 in Richtung der Indikatoren. Jeder manifeste Indikator y_i ist dabei eine fehlerbehaftete Messung des Konstrukts und wird als abhängige Variable durch die mit dem Ladungskoeffizienten λ_i gewichtete latente Variable ξ zuzüglich einer Messfehlervariable δ_i erklärt.[235] Die Indikatoren eines reflektiven Messmodells sollten daher korrelieren und intern konsistent sein.[236] Sie werden zudem als gleichermaßen valide Messungen des Konstrukts angenommen, weshalb einzelne Indikatoren eliminiert werden können. Eine Verringerung der Anzahl an Indikatoren kann zwar niedrigere Werte der Reliabilitätsmaße[237] für das Messmodell bewirken, die Validität bleibt jedoch unverändert, da sämtliche Facetten eines eindimensionalen Konstrukts durch die verbleibenden Indikatoren adäquat abgedeckt sein sollten.

Im Gegensatz hierzu besteht bei *formativen Messmodellen* ein umgekehrter kausaler Zusammenhang.[238] Es wird angenommen, dass Veränderungen der Indikatoren die Ausprägungen des Konstrukts beeinflussen, anstatt sie zu reflektieren. Die Pfeile zeigen von den Indikatoren x_1, x_2 und x_3 in Richtung der latenten Variable η, die eine mit γ_i gewichtete Linearkombination der Indikatoren zuzüglich eines Messfehlers ζ auf Konstruktebene darstellt. Dabei bilden die einzelnen Indikatoren unterschiedliche Facetten des Konstrukts ab, weshalb sie nicht korrelieren müssen. Demnach sollten bei *formativen Messmodellen* (anders als bei *reflektiven Messmodellen*) keine Indikatoren eliminiert werden, da dies die Bedeutung des Konstrukts verändern kann.

Die meisten latenten Konstrukte können sowohl mit *reflektiven* als auch mit *formativen Messmodellen* operationalisiert werden.[239] Um eine durchgehend korrekte Formulierung reflektiver und formativer Indikatoren zu gewährleisten, kann der in Tabelle 4 dargestellte Kriterienkatalog von Jarvis/MacKenzie/Podsakoff (2003) zur *Identifikation reflektiver und formativer Messmodelle* herangezogen werden.

---

[234] Vgl. Jarvis/MacKenzie/Podsakoff (2003), S. 200 f.

[235] Vgl. Bollen/Lennox (1991), S. 305; Edwards/Bagozzi (2000), S. 155.

[236] Vgl. hierzu und im Folgenden Bollen/Lennox (1991), S. 307 f.; Jarvis/MacKenzie/Podsakoff (2003), S. 200 f.

[237] Die wichtigsten Reliabilitätsmaße werden im weiteren Verlauf dieses Abschnitts erläutert.

[238] Vgl. hierzu und im Folgenden Bollen/Lennox (1991), S. 306 und S. 308; Jarvis/MacKenzie/Podsakoff (2003), S. 201 f.

[239] Vgl. MacKenzie/Podsakoff/Podsakoff (2011), S. 302.

Kriterium	Reflektives Messmodell	Formatives Messmodell
a) Kausalitätsrichtung	Vom Konstrukt zu den Indikatoren	Von den Indikatoren zum Konstrukt
• Sind die Indikatoren definierende Merkmale oder Erscheinungsformen des Konstrukts?	Indikatoren sind Erscheinungsformen des Konstrukts	Indikatoren sind definierende Merkmale des Konstrukts
• Führen Indikatorveränderungen zu Konstruktveränderungen oder umgekehrt?	Konstruktveränderungen sollten zu Indikatorveränderungen führen	Indikatorveränderungen sollten zu Konstruktveränderungen führen
b) Austauschbarkeit der Indikatoren	Indikatoren sollten austauschbar sein	Indikatoren müssen nicht austauschbar sein
• Haben die Indikatoren ähnliche Inhalte und ein gemeinsames Thema?	Indikatoren sollten ähnliche Inhalte und ein gemeinsames Thema haben	Indikatoren müssen keine ähnlichen Inhalte oder ein gemeinsames Thema haben
• Verändert der Ausschluss eines Indikators den konzeptionellen Rahmen des Konstrukts?	Sollte den konzeptionellen Rahmen des Konstrukts nicht verändern	Könnte den konzeptionellen Rahmen des Konstrukts verändern
c) Kovariation zwischen den Indikatoren	Indikatoren sollten kovariieren	Indikatoren müssen nicht kovariieren
• Sollte eine Indikatorveränderung mit Veränderungen der anderen Indikatoren verbunden sein?	Ja	Nicht zwangsläufig
d) Nomologisches Netz der Indikatoren	Nomologisches Netz der Indikatoren sollte sich nicht unterscheiden	Nomologisches Netz der Indikatoren kann sich unterscheiden
• Sollten die Indikatoren dieselben Ursachen und Konsequenzen haben?	Indikatoren müssen dieselben Ursachen und Konsequenzen haben	Indikatoren müssen nicht dieselben Ursachen und Konsequenzen haben

Tabelle 4: Kriterien zur Identifikation reflektiver und formativer Messmodelle

Quelle: Eigene Darstellung in Anlehnung an Jarvis/MacKenzie/Podsakoff (2003), S. 203.

Nach diesen Kriterien sollte ein Konstrukt reflektiv gemessen werden, wenn die Indikatoren a) Erscheinungsformen des Konstrukts sind und von dessen Veränderungen abhängen, b) ein gemeinsames Thema haben und ausgeschlossen werden können, ohne den konzeptionellen Rahmen des Konstrukts zu verändern, c) mit Veränderungen anderer Indikatoren verbunden sind sowie d) dieselben Ursachen und Konsequenzen haben. Sind stattdessen die in der letzten Spalte aufgeführten Kriterien erfüllt, sollten formative Indikatoren zur Operationalisierung des Konstrukts verwendet werden.

Reflektive Messmodelle sind im Marketing sowie in der Psychologie und anderen Sozialwissenschaften deutlich gebräuchlicher als formative Indikatoren.[240] Trotz der zunehmenden Verbreitung *formativer Messmodelle* weisen verschiedene Autoren auf deren Defizite hin und plädieren daher für die Nutzung *reflektiver Messmodelle.*[241] Zwei der zentralen Nachteile *formativer Messmodelle* betreffen demnach die hiermit verbundenen Interpretationsprobleme und die sog. externe Konsistenz, die bei formativen Indikatoren aus theoretischer Sicht nicht vorliegen muss.[242] Von Interpretationsproblemen wird dabei gesprochen, wenn die anhand der Indikatoren empirisch gemessene Bedeutung eines Konstrukts nicht der vorab aufgestellten Definition entspricht.[243] Hierzu kommt es vor allem bei *formativen Messmodellen*, da die Ladungskoeffizienten formativer Indikatoren im Gegensatz zu reflektiven Indikatoren nicht ohne Beziehungen zu anderen endogenen Variablen geschätzt werden können.[244] Je nach den verwendeten endogenen Variablen kann sich die empirisch gemessene Bedeutung eines einheitlich definierten Konstrukts somit von Studie zu Studie unterscheiden, was die Vergleichbarkeit der hierbei erzielten Erkenntnisse nahezu unmöglich macht.

Die externe Konsistenz bezieht sich auf die Ähnlichkeit der Indikatoren zur Messung eines Konstrukts im Hinblick auf ihre Korrelationen mit anderen Variablen.[245] Sie liegt vor, wenn die Indikatoren empirisch vergleichbare Beziehungen zu den Ursachen und Konsequenzen ihres zugehörigen Konstrukts aufweisen. Da formative Indikatoren, wie in Tabelle 4 aufgezeigt, kein gemeinsames Thema und entsprechend nicht dieselben Ursachen und Konsequenzen haben müssen, ist ihre externe Konsistenz oftmals nicht gegeben. Werden formative Messmodelle ohne externe Konsistenz dennoch in ein Strukturgleichungsmodell aufgenommen, so hat dies negative Auswirkungen auf den zur Interpretation der empirischen Ergebnisse erforderlichen Modellfit. In der vorliegenden Untersuchung werden folglich gemäß der zuvor genannten Empfehlung verschiedener Autoren ausschließlich *reflektive Messmodelle* verwendet, weshalb sich die folgenden Ausführungen hierauf beziehen.

240 Vgl. Bollen (2002), S. 616; Jarvis/MacKenzie/Podsakoff (2003), S. 200.
241 Vgl. u. a. Bagozzi (2007), S. 229; Howell/Breivik/Wilcox (2007a), S. 238; Howell/Breivik/Wilcox (2007b), S. 205; Kim/Shin/Grover (2010), S. 363; Wilcox/Howell/Breivik (2008), S. 1227.
242 Vgl. Kim/Shin/Grover (2010), S. 347 f.
243 Vgl. Burt (1976), S. 4.
244 Vgl. hierzu und im Folgenden Wilcox/Howell/Breivik (2008), S. 1223 f.
245 Vgl. hierzu und im Folgenden Howell/Breivik/Wilcox (2007b), S. 209-212; Kim/Shin/Grover (2010), S. 347 f.; Wilcox/Howell/Breivik (2008), S. 1225 f.

Die Güte der Operationalisierung von Konstrukten mit *reflektiven Messmodellen* lässt sich anhand ihrer *Reliabilität* und *Validität* beurteilen. Unter der *Reliabilität* wird der Grad verstanden, zu dem verschiedene Messungen eines Konstrukts frei von zufälligen Messfehlern sind und zu konsistenten Ergebnissen führen.[246] Es handelt sich somit um ein Maß für die Zuverlässigkeit einer Messung. Die *Validität* bezeichnet das Ausmaß, zu dem Messungen sowohl frei von zufälligen als auch systematischen Messfehlern sind und hierdurch tatsächliche Ausprägungen des zu messenden Konstrukts erfassen. Sie spiegelt folglich die Gültigkeit eines Messmodells wider. Infolge der jeweils berücksichtigten Messfehler sind valide Messinstrumente stets auch reliabel, während reliable Messungen nicht zwingend valide sein müssen.

Zur Beurteilung der *Reliabilität* und *Validität* kann auf unterschiedliche Gütekriterien zurückgegriffen werden. Die in der vorliegenden Untersuchung verwendeten Kriterien sowie die empfohlenen Schwellenwerte sind in Tabelle 5 zusammengefasst und werden im Folgenden näher erläutert.

[246] Vgl. hierzu und im Folgenden Churchill (1979), S. 65; Peter (1979), S. 6 f.

Kategorie	Kriterium	Maß	Schwellenwert	Quelle
Kriterien der 1. Generation (Basis: primär EFA)	Reliabilität (Eindimensionalität)	Faktorladung	≥ 0,4	Hulland (1999), S. 198
		MSA	≥ 0,5	Kaiser/Rice (1974), S. 113
		KMO	≥ 0,5	Kaiser/Rice (1974), S. 112
		Signifikanz nach Bartlett	≤ 0,05	Backhaus et al. (2011), S. 341
		Anzahl extrahierter Faktoren	1	Homburg/Giering (1996), S. 12
		Erklärter Varianzanteil	≥ 50%	Homburg/Giering (1996), S. 12
	Reliabilität (interne Konsistenz)	Cronbachs Alpha	≥ 0,7	Nunnally (1978), S. 245
Kriterien der 2. Generation (Basis: primär KFA)	Reliabilität	Indikatorreliabilität	≥ 0,4	Bagozzi/Baumgartner (1994), S. 402
		Faktorreliabilität	≥ 0,6	Bagozzi/Yi (1988), S. 82
		DEV	≥ 0,5	Fornell/Larcker (1981), S. 46
	Diskriminanzvalidität	Fornell-Larcker-Kriterium	DEV > r^2	Fornell/Larcker (1981), S. 46
	Modellfit	χ^2-Test-Signifikanz (p-Wert)	> 0,05	Bagozzi/Yi (1988), S. 82
		χ^2/df	≤ 2,5	Homburg/Baumgartner (1995), S. 172
			≤ 3	Homburg/Giering (1996), S. 13
		RMSEA	≤ 0,06	Hu/Bentler (1999), S. 27
			≤ 0,08	Browne/Cudeck (1993), S. 144
		SRMR	≤ 0,08	Hu/Bentler (1999), S. 27
			≤ 0,1	Homburg/Klarmann/Pflesser (2008), S. 288
		TLI	≥ 0,9	Homburg/Baumgartner (1995), S. 174
			≥ 0,95	Hu/Bentler (1999), S. 27
		CFI	≥ 0,9	Homburg/Baumgartner (1995), S. 172
			≥ 0,95	Hu/Bentler (1999), S. 27

Tabelle 5: Ausgewählte Kriterien zur Gütebeurteilung reflektiver Messmodelle

Quelle: Eigene Darstellung.

Nach Fornell (1982) lassen sich die Gütekriterien in Kriterien der ersten und zweiten Generation unterteilen.[247] Die *Gütekriterien der ersten Generation* basieren primär auf Korrelationsbetrachtungen zur Überprüfung der *Reliabilität.*[248] Mit Hilfe der explorativen Faktorenanalyse (EFA) wird zunächst die *Eindimensionalität* der Messmodelle geprüft, ehe deren *interne Konsistenz* beurteilt wird. Zentrale Nachteile dieser Kriterien sind die fehlende Schätzung von Messfehlern sowie die nicht mögliche inferenzstatistische Validitäts-

[247] Vgl. Fornell (1982), S. 1-21.

[248] Vgl. hierzu und im Folgenden Weiber/Mühlhaus (2014), S. 129 f.

prüfung.[249] Als Folge wurden die *Gütekriterien der zweiten Generation* entwickelt, die auf der konfirmatorischen Faktorenanalyse (KFA) basieren und neben der Reliabilitäts- auch eine Validitätsprüfung erlauben. Hinsichtlich der *Validität* ist insbesondere die *Diskriminanzvalidität* von Bedeutung. Sie gibt das Ausmaß wieder, zu dem sich Messungen verschiedener Konstrukte signifikant voneinander unterscheiden, und wird somit im Gegensatz zur Reliabilität nicht per se durch hohe Korrelationen aller Indikatoren verbessert.[250] Darüber hinaus kann mit dem *Modellfit* die Übereinstimmung der geschätzten und empirischen Varianz-Kovarianz-Matrix, d. h. die Güte der Modellanpassung an die Daten beurteilt werden.[251]

Die Prüfung der *Eindimensionalität* bildet eine wichtige Voraussetzung der Reliabilitätsbeurteilung.[252] Messmodelle (Skalen)[253] gelten als eindimensional, wenn ihre jeweiligen Indikatoren Ausprägungen eines zugrunde liegenden Konstrukts messen.[254] Wird in einer separaten EFA je Skala lediglich ein Faktor extrahiert, kann ihre *Eindimensionalität* als bestätigt angesehen werden.[255] Durch diesen Faktor sollten mindestens 50% der Varianz der Indikatoren erklärt werden. Im Rahmen der EFA sind zudem weitere Maße von Bedeutung. Das *Measure of Sampling Adequacy (MSA)*, das *Kaiser-Meyer-Olkin-Kriterium (KMO)* und der *Barlett-Test* prüfen anhand der Korrelationen der Indikatoren, ob diese für die EFA geeignet sind.[256] Das *MSA* gibt an, inwiefern ein Indikator mit den übrigen Indikatoren eines Konstrukts zusammengehört und für die EFA geeignet ist. Wird die Eignung aller Indikatoren eines Konstrukts aggregiert betrachtet, wird vom *KMO* gesprochen. Beide Maße können Werte zwischen 0 und 1 annehmen und sollten nicht kleiner als 0,5 sein.[257] Der *Bartlett-Test* prüft die Nullhypothese, dass die Indikatoren aus einer unkorrelierten Grundgesamtheit

[249] Vgl. Bagozzi/Phillips (1982), S. 459 f.; Bagozzi/Yi/Phillips (1991), S. 428 f.; Weiber/Mühlhaus (2014), S. 129 und S. 143.

[250] Vgl. Peter/Churchill (1986), S. 4; Weiber/Mühlhaus (2014), S. 164.

[251] Vgl. Weiber/Mühlhaus (2014), S. 203.

[252] Vgl. Gerbing/Anderson (1988), S. 186; Hattie (1985), S. 139.

[253] Messmodelle werden häufig als Skalen bezeichnet. Vgl. Gerbing/Anderson (1988), S. 186. Die Begriffe Messmodell und Skala werden daher im Folgenden synonym verwendet.

[254] Vgl. Hattie (1985), S. 139; McDonald (1981), S. 113.

[255] Vgl. hierzu und im Folgenden Homburg/Giering (1996), S. 12. In der vorliegenden Untersuchung wird die Faktorextraktion mit der Hauptachsenanalyse und dem Kaiser-Kriterium durchgeführt. Bei zwei oder mehr extrahierten Faktoren, werden diese mit der Promax-Methode rotiert. Vgl. hierzu u. a. Conway/Huffcut (2003), S. 164; Weiber/Mühlhaus (2014), S. 133.

[256] Vgl. hierzu und im Folgenden Weiber/Mühlhaus (2014), S. 132 f.

[257] Vgl. Kaiser/Rice (1974), S. 112 f.

kommen, die zum 5%-Niveau abgelehnt werden sollte.[258] Darüber hinaus wird im Zuge der EFA die *Faktorladung* betrachtet, wobei i. d. R. Indikatoren mit Werten kleiner 0,4 ausgeschlossen werden.[259]

Hierauf aufbauend kann die *interne Konsistenz*, d. h. die Übereinstimmung der Indikatoren der Messmodelle anhand von *Cronbachs Alpha (α)* beurteilt werden.[260] Dabei gilt:[261]

$$\alpha = \frac{N}{N-1}\left(1 - \frac{\sum_{i=1}^{N} \sigma_i^2}{\sigma_g^2}\right)$$

mit:

N = Anzahl der Indikatoren der Skala

σ_i^2 = Varianz des Indikators δ_i

σ_g^2 = Gesamtvarianz der Skala

Mit zunehmender Korrelation der Indikatoren nähert sich *Cronbachs Alpha* seinem Maximalwert 1 an.[262] Als untere Grenze für eine akzeptable *interne Konsistenz* wird ein Schwellenwert von 0,7 empfohlen.[263]

Bei den *Gütekriterien der zweiten Generation* erfolgt die Beurteilung der *Reliabilität* anhand der *Indikatorreliabilität*, *Faktorreliabilität* und *durchschnittlich extrahierten Varianz (DEV)*. Die *Indikatorreliabilität* gibt den Varianzanteil eines Indikators an, der durch das zugehörige Konstrukt erklärt wird, und entspricht rechnerisch der quadrierten standardisierten Faktorladung.[264] Der Wertebereich erstreckt sich demnach von 0 bis 1, wobei zumeist ein Schwellenwert von 0,4 verwendet wird.[265] Zur Reliabilitätsbeurteilung auf Konstruktebene kann u. a. die *Faktorreliabilität (FR)* herangezogen werden, die sich nach folgender Formel berechnet:[266]

$$FR(\xi_j) = \frac{\left(\sum_{i=1}^{N} \lambda_{ij}\right)^2 \phi_{jj}}{\left(\sum_{i=1}^{N} \lambda_{ij}\right)^2 \phi_{jj} + \sum_{i=1}^{N} \theta_{ii}}$$

258 Vgl. Backhaus et al. (2011), S. 341; Dziuban/Shirkey (1974), S. 358.
259 Vgl. Hulland (1999), S. 198.
260 Zur Unterscheidung der Eindimensionalität und internen Konsistenz vgl. Cortina (1993), S. 100.
261 Vgl. Cronbach (1951), S. 321; Peter (1979), S. 8.
262 Vgl. Churchill (1979), S. 68; Homburg/Giering (1996), S. 8.
263 Vgl. Nunnally (1978), S. 245.
264 Vgl. Bagozzi/Yi (1988), S. 80.
265 Vgl. Bagozzi/Baumgartner (1994), S. 402.
266 Vgl. hierzu und im Folgenden Bagozzi/Yi (1988), S. 80 und S. 82.

mit:

λ_{ij} = geschätzte Faktorladung des Indikators δ_i

ϕ_{jj} = geschätzte Varianz der latenten Variable ξ_j

θ_{ii} = geschätzte Varianz des Messfehlers des Indikators δ_i

Die Werte können wiederum zwischen 0 und 1 liegen und sollten den Schwellenwert von 0,6 möglichst nicht unterschreiten. Daneben kann die *Reliabilität* einer latenten Variable anhand ihrer *DEV* beurteilt werden, die sich auf Basis der soeben definierten Größen wie folgt berechnet:[267]

$$DEV(\xi_j) = \frac{\sum_{i=1}^{N} \lambda_{ij}^2 \phi_{jj}}{\sum_{i=1}^{N} \lambda_{ij}^2 \phi_{jj} + \sum_{i=1}^{N} \theta_{ii}}$$

Gemäß dieser Formel entspricht die *DEV* einer latenten Variable dem durch ihre Indikatoren durchschnittlich erklärten Varianzanteil und sollte daher bei mindestens 0,5 liegen.

Aufbauend auf der *DEV* kann zudem die *Diskriminanzvalidität* der Messmodelle anhand des *Fornell-Larcker-Kriteriums* geprüft werden. Hierbei wird die *DEV* einer latenten Variable mit ihren quadrierten Korrelationen mit den übrigen Skalen (r_{ij}^2) verglichen. Nach dem *Fornell-Larcker-Kriterium* liegt *Diskriminanzvalidität* vor, wenn folgender formaler Zusammenhang erfüllt ist:

$$DEV(\xi_j) > r_{ij}^2 \; (für\ alle\ i \neq j)$$

Zur Bewertung des *Modellfits* werden mit dem *Chi-Quadrat-Test (χ^2-Test), Root Mean Square Error of Approximation (RMSEA), Standardized Root Mean Square Residual (SRMR), Tucker-Lewis-Index (TLI)* und *Comparative-Fit-Index (CFI)* die derzeit empfohlenen Gütemaße verwendet.[268]

Der *χ^2-Test* gilt dabei als das fundamentalste Gütemaß und prüft die Nullhypothese, dass die geschätzte und empirische Varianz-Kovarianz-Matrix übereinstimmen. Entsprechend liegt ein guter Modellfit vor, wenn der *χ^2-Test* nicht signifikant ist (p-Wert > 0,05) und die Nullhypothese somit nicht abgelehnt werden kann. Der *χ^2-Test* reagiert jedoch u. a. sehr sensitiv

[267] Vgl. hierzu und im Folgenden Fornell/Larcker (1981), S. 45 f.

[268] Vgl. hierzu und im Folgenden Bagozzi/Yi (1988), S. 78 und S. 82; Bagozzi/Yi (2012), S. 28 f. Für eine Übersicht weiterer Gütemaße zur Beurteilung des Modellfits vgl. Weiber/Mühlhaus (2014), S. 201.

auf eine Vergrößerung der Stichprobe, weshalb er in zahlreichen Studien signifikant ist. Jöreskog/Sörbom (1982) empfehlen daher, den χ^2-Wert ins Verhältnis zu den Freiheitsgraden (df) zu setzen, wobei ein niedrigerer Quotient für einen besseren Modellfit spricht.[269] Nach Homburg/Baumgartner (1995) sollte dieser kleiner oder gleich 2,5 sein, während Homburg/Giering (1996) einen Schwellenwert von 3 angeben.[270]

Eine Alternative zum *χ^2-Test* bietet der von Steiger/Lind (1980) entwickelte *RMSEA*.[271] Der *RMSEA* basiert auf dem χ^2-Wert, bereinigt diesen jedoch wie folgt um die Freiheitsgrade und die Stichprobengröße (n):

$$RMSEA = \sqrt{max\left[\frac{\chi^2 - df}{df(n-1)}; 0\right]}$$

Im Gegensatz zum *χ^2-Test* ermöglicht er damit eine Bewertung der Güte des Modells anstelle der reinen Annahme oder Ablehnung einer Hypothese. Als Schwellenwerte für einen akzeptablen Modellfit empfehlen Hu/Bentler (1999) und Browne/Cudeck (1993) Werte kleiner oder gleich 0,06 bzw. 0,08.[272]

Der auf Bentler (1995) zurückgehende *SRMR* setzt die Abweichung der empirischen und geschätzten Varianz-Kovarianz-Matrix in Relation zur Anzahl der Indikatoren.[273] Dabei werden die Differenzen zwischen den empirischen und geschätzten Kovarianzen der Indikatoren zunächst mit dem Produkt ihrer empirischen Varianzen bereinigt, wodurch sich folgende Formel ergibt:

$$SRMR = \sqrt{\frac{2\sum_{i=1}^{N}\sum_{j=1}^{i}\left(\frac{s_{ij}-\sigma_{ij}}{s_{ii}s_j}\right)^2}{N(N-1)}}$$

[269] Vgl. Jöreskog/Sörbom (1982), S. 408.
[270] Vgl. Homburg/Baumgartner (1995), S. 172; Homburg/Giering (1996), S. 13.
[271] Vgl. Steiger/Lind (1980).
[272] Vgl. Browne/Cudeck (1993), S. 144; Hu/Bentler (1999), S. 27.
[273] Vgl. hierzu und im Folgenden Bentler (1995), S. 271; Hu/Bentler (1999), S. 3.

mit:

s_{ij} = empirische Kovarianz der Indikatoren i und j

σ_{ij} = geschätzte Kovarianz der Indikatoren i und j

N = Anzahl der Indikatoren

Ein akzeptabler Modellfit ist nach Hu/Bentler (1999) und Homburg/Klarmann/Pflesser (2008) gegeben, wenn der *SRMR* nicht größer als 0,08 bzw. 0,1 ist.[274]

Bei den verbleibenden Gütemaßen *TLI* und *CFI* wird das formulierte Modell (Default Model) mit dem sog. Basismodell (Independence Model) verglichen.[275] In Letzterem sind alle Indikatoren statistisch unabhängig, sodass sie lediglich ihre eigene Varianz erklären und die schlechtestmögliche Anpassung an die Daten erzielen. Der auf Tucker/Lewis (1973) und Bentler/Bonett (1980) zurückgehende *TLI*, der auch als Non-Normed-Fit-Index (NNFI) bezeichnet wird, vergleicht hierzu die um ihre Freiheitsgrade bereinigten χ^2-Werte des formulierten Modells und Basismodells mit folgender Formel:[276]

$$TLI = \frac{\frac{\chi_B^2}{df_B} - \frac{\chi^2}{df}}{\frac{\chi_B^2}{df_B} - 1}$$

mit:

χ_B^2 = Chi-Quadrat-Wert des Basismodells

df_B = Freiheitsgrade des Basismodells

Während der *TLI* Werte außerhalb des Bereichs von 0 bis 1 annehmen kann, ist der *CFI* von Bentler (1990) auf diesen Wertebereich genormt und berechnet sich wie folgt:[277]

$$CFI = 1 - \frac{max(\chi^2 - df; 0)}{max(\chi^2 - df; \chi_B^2 - df_B; 0)}$$

Je höher die Werte beider Gütemaße sind, desto größer ist die Verbesserung des formulierten Modells gegenüber dem Basismodell und damit der Modellfit. Homburg/Baumgartner (1995)

[274] Vgl. Homburg/Klarmann/Pflesser (2008), S. 288; Hu/Bentler (1999), S. 27.

[275] Vgl. hierzu und im Folgenden Weiber/Mühlhaus (2014), S. 212-215.

[276] Vgl. Bentler/Bonett (1980), S. 599; Tucker/Lewis (1973), S. 5.

[277] Vgl. Bentler (1990), S. 240 f.; Hu/Bentler (1999), S. 3.

und Hu/Bentler (1999) empfehlen sowohl für den *TLI* als auch für den *CFI* einen Schwellenwert von 0,9 bzw. 0,95 für einen akzeptablen Modellfit.[278]

4.1.2 Grundlagen zur Strukturgleichungsanalyse

Die Überprüfung der in Abschnitt 3.2 aufgestellten Forschungshypothesen erfolgt mit Hilfe der Strukturgleichungsanalyse, die eine Untersuchung kausaler Wirkungszusammenhänge mit latenten und manifesten Variablen erlaubt.[279] Abbildung 19 zeigt ein exemplarisches Strukturgleichungsmodell mit drei latenten Variablen.

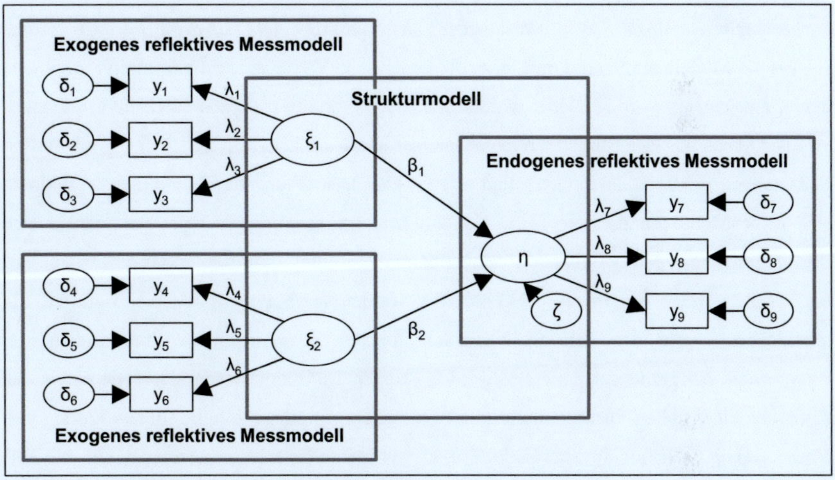

Abbildung 19: Exemplarisches Strukturgleichungsmodell

Quelle: Eigene Darstellung in Anlehnung an Bagozzi/Yi (2012), S. 9-11.

Ein Strukturgleichungsmodell besteht grundsätzlich aus mehreren *Messmodellen* und einem *Strukturmodell*.[280] Die *Messmodelle* beschreiben die Beziehungen zwischen den Konstrukten und den jeweils zugeordneten Indikatoren.[281] Wie im vorherigen Abschnitt erläutert, können diese reflektiv oder formativ sein, wobei in der vorliegenden Untersuchung ausschließlich

278 Vgl. Homburg/Baumgartner (1995), S. 172 und S. 174; Hu/Bentler (1999), S. 27.
279 Vgl. Bagozzi/Yi (2012), S. 8 f.
280 Vgl. Weiber/Mühlhaus (2014), S. 45 f.
281 Vgl. hierzu und im Folgenden Anderson/Gerbing (1982), S. 453.

reflektive Skalen verwendet werden. Das *Strukturmodell* bildet die kausalen Beziehungen zwischen den Konstrukten ab. Dabei wird zwischen exogenen (unabhängigen) und endogenen (abhängigen) Variablen unterschieden.[282] Die Pfade von exogenen zu endogenen Variablen zeigen die in den Forschungshypothesen postulierten Wirkungszusammenhänge. Sofern ein Pfadkoeffizient signifikant ist und das vermutete Vorzeichen aufweist, wird die zugehörige Hypothese bestätigt. Aufbauend auf der Reliabilität und Diskriminanzvalidität der *Messmodelle* kann anhand des *Strukturmodells* somit deren nomologische Validität geprüft werden.[283] Diese umfasst die theoretisch begründeten Beziehungen zwischen verschiedenen Konstrukten sowie die empirischen Zusammenhänge ihrer Messmodelle.[284]

Zur Schätzung eines Strukturgleichungsmodells existieren mit dem *kovarianz-* und dem *varianzbasierten Ansatz* zwei verschiedene Verfahren.[285] Der *kovarianzbasierte Ansatz* schätzt die Modellparameter derart, dass die empirische Varianz-Kovarianz-Matrix möglichst genau reproduziert wird.[286] Dabei werden Messfehlervarianzen separat modelliert und somit von der Schätzung der Modellparameter isoliert. Der Ansatz erzielt daher die effizientesten Schätzungen der Modellparameter und erlaubt eine Beurteilung des Modellfits, weshalb er sich insbesondere für die Theorieentwicklung und -prüfung eignet. Beim *varianzbasierten Ansatz* wird mit den geschätzten Modellparametern hingegen die erklärte Varianz der empirischen Daten maximiert.[287] Messfehler werden hierbei nicht isoliert, wodurch die geschätzten Werte der latenten Variablen linearen Kombinationen ihrer Indikatoren entsprechen. Aufgrund der daraus folgenden exakten Definition der Skalenwerte sowie der Erklärung eines hohen Varianzanteils bietet der Ansatz vor allem Vorteile für das Treffen von Vorhersagen.[288] Nachteilig sind jedoch u. a. weniger effiziente Schätzungen der Modellparameter und fehlende Modellfit-Tests. Der Fokus der vorliegenden Untersuchung liegt auf der Theorieentwicklung und -prüfung, weshalb alle Strukturgleichungsmodelle mit dem *kovarianzbasierten Ansatz* geschätzt werden.

---

[282] Vgl. hierzu und im Folgenden Bagozzi/Yi (2012), S. 10.
[283] Vgl. Anderson/Gerbing (1988), S. 411.
[284] Vgl. Campbell (1960), S. 547; Peter (1981), S. 135.
[285] Vgl. Fornell/Bookstein (1982), S. 440.
[286] Vgl. hierzu und im Folgenden Anderson/Gerbing (1988), S. 412.
[287] Vgl. hierzu und im Folgenden Fornell/Bookstein (1982), S. 441-443.
[288] Vgl. hierzu und im Folgenden Anderson/Gerbing (1988), S. 412.

Die Schätzung wird mit AMOS 22 durchgeführt, wobei verschiedene Schätzalgorithmen zur Reproduktion der empirischen Varianz-Kovarianz-Matrix zur Auswahl stehen.[289] In der vorliegenden Arbeit wird die Schätzung mit der Maximum-Likelihood-Methode durchgeführt. Bei dieser Methode handelt es sich um den am häufigsten verwendeten Schätzalgorithmus, der die besten Schätzungen der Modellparameter erzielt sowie eine Beurteilung der Signifikanz der einzelnen Parameter und der Güte des Gesamtmodells ermöglicht.[290] Letztere wird anhand der im vorherigen Abschnitt erläuterten Maße zum Modellfit bewertet, weshalb hierauf an dieser Stelle nicht erneut eingegangen wird.

4.2 Operationalisierung der Konstrukte

Im Folgenden werden die für die Untersuchung relevanten Konstrukte operationalisiert. Dabei orientiert sich die Gliederung des Abschnitts an den Bestandteilen des in Abschnitt 3.2 dargestellten Modells zur Untersuchung der Determinanten von Good Social Media Marketing. Zunächst werden die Messmodelle der Erfolgsdeterminanten aus den Bereichen unternehmenskulturbezogene Ressourcen (Abschnitt 4.2.1), Social-Media-spezifische Ressourcen (Abschnitt 4.2.2) und Fähigkeiten (Abschnitt 4.2.3) vorgestellt. Im Anschluss erfolgt die Operationalisierung der Erfolgs- (Abschnitt 4.2.4) und Kontrollvariablen (Abschnitt 4.2.5).

4.2.1 Operationalisierung der unternehmenskulturbezogenen Ressourcen

Da in der Literatur bereits verschiedene Ansätze zur Operationalisierung der betrachteten unternehmenskulturbezogenen Ressourcen bestehen, wurden an dieser Stelle ausschließlich bewährte Skalen genutzt und z. T. geringfügig an den Kontext der Untersuchung angepasst. Tabelle 6 gibt eine Übersicht der verwendeten Messmodelle, deren Indikatoren aufgrund ihrer durchweg englischsprachigen Quellen zunächst auf Englisch aufgeführt werden.

---

[289] Vgl. Arbuckle (2013), S. 2. Für eine Übersicht der verschiedenen Schätzalgorithmen vgl. Anderson/Gerbing (1988), S. 412-414; Weiber/Mühlhaus (2014), S. 63-65.

[290] Vgl. Anderson/Gerbing (1988), S. 412 f.; Olsson et al. (2000), S. 577 f.

Konstrukt	**Quelle**	**Indikator**	
Kunden-orientierung (KO)	Deshpandé/Farley (1998)	KO1	Our strategy for competitive advantage is based on our understanding of customers' needs.
		KO2	We measure customer satisfaction systematically and frequently.
		KO3	We are more customer focused than our competitors.
		KO4	I believe this business exists primarily to serve customers.
		KO5	Data on customer satisfaction are disseminated at all levels in this business unit on a regular basis.
Innovations-orientierung (IO)	Hurley/Hult (1998)	IO1	Technical innovation, based on research results, is readily accepted.
		IO2	Our management actively seeks innovative ideas.
		IO3	Innovation is readily accepted in program/project management.
Lern-orientierung (LO)	Baker/Sinkula (1999)	LO1	Our managers basically agree that our business unit's ability to learn is the key to our competitive advantage.
		LO2	Learning in my organization is seen as a key commodity necessary to guarantee organizational survival.
		LO3	Our culture is one that makes employee learning a top priority.
Interaktions-orientierung (INT)	Ramani/Kumar (2008)	INT1	This firm believes that customers' reactions to marketing action should be observed at the individual customer level.
		INT2	For this firm, personalized responses to individual customer requests are high priority.
		INT3	This firm believes that the unit of analysis of every marketing action should be the individual customer.
		INT4	This firm encourages customers to share opinions of its products or services with the firm.
		INT5	This firm encourages customers to participate interactively in designing products and services.

Tabelle 6: Operationalisierung der Konstrukte zu unternehmenskulturbezogenen Ressourcen (Indikatoren auf Englisch)

Quelle: Eigene Darstellung.

Im Hinblick auf ihre Nutzbarkeit in der vorliegenden deutschsprachigen Untersuchung wurden die aufgeführten Indikatoren ins Deutsche übersetzt, wobei sie im Sinne einer besseren Verständlichkeit teilweise minimal adaptiert wurden. Tabelle 7 fasst die übersetzten Indikatoren zur Messung der in dieser Arbeit betrachteten unternehmenskulturbezogenen Ressourcen zusammen. Sämtliche Indikatoren wurden dabei mit Hilfe einer siebenstufigen Likert-Skala mit den Ankerpunkten 1 = „Gar nicht zutreffend" bis 7 = „Voll zutreffend" gemessen.

Konstrukt	Quelle	Indikator	
Kunden-orientierung (KO)	Deshpandé/Farley (1998)	KO1	Unsere Strategie zur Erzielung von Wettbewerbsvorteilen ist geprägt von unserem Verständnis von Kundenbedürfnissen.
		KO2	Wir messen systematisch und regelmäßig kundenbezogene Erfolgskennzahlen (z. B. Kundenzufriedenheit oder -loyalität).
		KO3	Wir sind kundenorientierter als unsere Wettbewerber.
		KO4	Unser Unternehmen/Unsere Geschäftseinheit existiert primär, um Werte für Kunden zu schaffen.
		KO5	Daten zu kundenbezogenen Erfolgskennzahlen (z. B. Kundenzufriedenheit oder -loyalität) werden bei uns regelmäßig in verschiedenen Unternehmensbereichen verwendet.
Innovations-orientierung (IO)	Hurley/Hult (1998)	IO1	Technische Innovationen werden in unserem Unternehmen/unserer Geschäftseinheit mit offenen Armen aufgenommen.
		IO2	Unser Management sucht aktiv nach innovativen Ideen.
		IO3	Innovation wird bei uns im Projektmanagement oft und positiv aufgegriffen.
Lern-orientierung (LO)	Baker/Sinkula (1999)	LO1	Unsere Manager sehen die Lernfähigkeit unseres Unternehmens/unserer Geschäftseinheit als Schlüssel zu unserem Wettbewerbsvorteil.
		LO2	Lernen wird bei uns als entscheidende Voraussetzung für das Überleben unseres Unternehmens/unserer Geschäftseinheit gesehen.
		LO3	In unserer Unternehmenskultur ist das Lernen der Mitarbeiter eine Top-Priorität.
Interaktions-orientierung (INT)	Ramani/Kumar (2008)	INT1	Wir sind der Ansicht, dass Kundenreaktionen auf Marketing-Maßnahmen auf der Ebene des einzelnen Kunden betrachtet werden sollten.
		INT2	In unserem Unternehmen/unserer Geschäftseinheit haben personalisierte Antworten auf individuelle Kundenanfragen eine hohe Priorität.
		INT3	Wir sind der Ansicht, dass der einzelne Kunde im Fokus aller Marketing-Aktivitäten stehen sollte.
		INT4	Wir motivieren unsere Kunden, uns ihre Meinungen zu unseren Produkten bzw. Dienstleistungen mitzuteilen.
		INT5	Wir motivieren unsere Kunden, interaktiv an der Gestaltung unserer Produkte bzw. Dienstleistungen mitzuwirken.

Tabelle 7: Operationalisierung der Konstrukte zu unternehmenskulturbezogenen Ressourcen (Indikatoren auf Deutsch)

Quelle: Eigene Darstellung.

Zur Operationalisierung der *Kundenorientierung* wurde auf fünf Indikatoren von Deshpandé/Farley (1998) zurückgegriffen.[291] In einer Synthese der drei gängigsten Ansätze zur Messung von Kunden- bzw. Marktorientierung von Deshpandé/Farley/Webster (1993), Kohli/Jaworski/Kumar (1993) und Narver/Slater (1990) entwickeln sie eine eigene Skala mit zehn Indi-

291 Vgl. Deshpandé/Farley (1998), S. 224.

katoren, die sich durchweg auf Kundenorientierung beziehen.[292] Diese eignen sich daher gut für die vorliegende Untersuchung und wurden bereits in mehreren Studien angewendet.[293]

Das Konstrukt *Innovationsorientierung* wurde mit Hilfe von drei Indikatoren von Hurley/Hult (1998) gemessen.[294] Deren Skala besteht aus insgesamt fünf Indikatoren und stellt den vermutlich bekanntesten und am häufigsten verwendeten Ansatz zur Operationalisierung von Innovationsorientierung dar.[295]

Für die Operationalisierung der *Lernorientierung* wurden drei Indikatoren von Baker/Sinkula (1999) verwendet, die die ursprünglich von Sinkula/Baker/Noordewier (1997) veröffentlichte Skala auf insgesamt 18 Indikatoren erweitern.[296] Diese unterteilen sich zu je sechs Indikatoren auf die Dimensionen „Commitment to Learning“, „Shared Vision“ und „Open-Mindedness“. Für die vorliegende Untersuchung wurden drei Indikatoren zu „Commitment to Learning“ ausgewählt, da der Stellenwert des Lernens in einem Unternehmen als Grundvoraussetzung für dessen Lernorientierung gesehen werden kann.[297] Analog zur Kunden- und Innovationsorientierung wurde auch die Skala zur Lernorientierung bereits in zahlreichen Studien angewendet.[298]

Interaktionsorientierung wurde anhand von fünf Indikatoren auf Basis der von Ramani/Kumar (2008) entwickelten Skala operationalisiert.[299] Deren insgesamt 13 Indikatoren verteilen sich zu je drei bis vier Indikatoren auf die Dimensionen „Belief in the Customer Concept“, „Interaction Response Capacity“, „Customer Empowerment“ und „Customer Value Management“. Da die Interaktion mit einzelnen Konsumenten („Belief in the Customer Concept“) sowie deren Ermächtigung („Customer Empowerment“) zentrale Social-Media-Merkmale darstellen, wurden Indikatoren dieser beiden Dimensionen für die

---

292 Vgl. Deshpandé/Farley/Webster (1993), S. 33 f.; Kohli/Jaworski/Kumar (1993), S. 476; Narver/Slater (1990), S. 24. Weitere Teilaspekte von Marktorientierung, wie z. B. Wettbewerbsorientierung, werden somit nicht berücksichtigt. Vgl. Deshpandé/Farley (1998), S. 222-225.

293 Vgl. u. a. Atuahene-Gima/Slater/Olson (2005), S. 464-482; Narver/Slater/MacLachlan (2004), S. 334-347; Verhoef/Leeflang (2009), S. 14-37.

294 Vgl. Hurley/Hult (1998), S. 49.

295 Die zwei zusätzlichen Indikatoren sind revers kodiert und wurden daher nicht berücksichtigt. Vgl. Hurley/Hult (1998), S. 49. Zur Problematik revers kodierter Indikatoren vgl. Swain/Weathers/Niedrich (2008), S. 116-131. Für Anwendungen der Skala in anderen Studien vgl. u. a. Hult/Ketchen (2001), S. 899-906; Menguc/Auh (2006), S. 63-73; Olson/Slater/Hult (2005), S. 49-65.

296 Vgl. hierzu und im Folgenden Baker/Sinkula (1999), S. 425; Sinkula/Baker/Noordewier (1997), S. 316.

297 Vgl. Sinkula/Baker/Noordewier (1997), S. 309.

298 Vgl. u. a. Hansen/McDonald/Mitchell (2013), S. 300-319; Hult/Hurley/Knight (2004), S. 429-438; Melton/Hartline (2013), S. 67-81.

299 Vgl. hierzu und im Folgenden Ramani/Kumar (2008), S. 42.

vorliegende Untersuchung ausgewählt.[300] Die Indikatoren INT2 und INT3 wurden hierbei basierend auf der „Customer Concept“-Definition von Ramani/Kumar (2008) neu entwickelt.[301] Wenngleich die Skala erst vergleichsweise spät entwickelt wurde, hat sie ebenfalls bereits Anwendung in verschiedenen Studien gefunden.[302]

4.2.2 Operationalisierung der Social-Media-spezifischen Ressourcen

Im Gegensatz zu den unternehmenskulturbezogenen Ressourcen lagen zum Zeitpunkt der Untersuchung keine Ansätze zur Operationalisierung der betrachteten Social-Media-spezifischen Ressourcen vor, weshalb aufbauend auf den in Abschnitt 3.2.2 vorgestellten Konstruktdefinitionen neue Skalen entwickelt wurden. Entsprechend dem von Churchill (1979) vorgeschlagenen Verfahren wurde zunächst ein umfassendes Set potenzieller Indikatoren für jedes Konstrukt generiert.[303] Hierzu wurden zahlreiche Publikationen gesichtet, die mit den Konstrukten in Beziehung stehen.[304] Die Indikatoren wurden im Anschluss von sechs Experten der Marketing-Wissenschaft und -Praxis auf Verständnis, Logik und Relevanz geprüft. Auf Basis des erhaltenen Feedbacks wurden einzelne Indikatoren verworfen, neu aufgenommen oder überarbeitet. Im Ergebnis lagen insgesamt 30 Indikatoren zu den sechs Konstrukten vor, die in Tabelle 8 zusammengefasst sind. Die Messung der Indikatoren erfolgte analog zu den unternehmenskulturbezogenen Ressourcen mit Hilfe einer siebenstufigen Likert-Skala mit den Ankerpunkten 1 = „Gar nicht zutreffend“ bis 7 = „Voll zutreffend“.

[300] Vgl. Gensler et al. (2013), S. 243; Mills (2012), S. 163; Peters et al. (2013), S. 282 und S. 290.

[301] „We define the customer concept as the belief that prescribes the unit of analysis of every marketing action and reaction to be the individual customer.“ Ramani/Kumar (2008), S. 28.

[302] Vgl. u. a. Chen/Li/Evans (2012), S. 1019-1034; Thalmann/Brettel (2012), S. 425-445.

[303] Vgl. Churchill (1979), S. 66.

[304] Vgl. u. a. Ahire/Golhar/Waller (1996), S. 53; de Brentani/Kleinschmidt (2004), S. 329; Hennig-Thurau (2004), S. 477; Krause (1999), S. 214; Li/Solis (2013a), S. 3-22; Menon/Jaworski/Kohli (1997), S. 196; Menon et al. (1999), S. 37; Powell (1995), S. 36; Rodríguez/Pérez/Gutiérrez (2008), S. 129; Universität St. Gallen/Conrad Caine (2012), S. 11-51.

Konstrukt	Quelle	Indikator	
Social-Media-Strategie (SMS)	Neu entwickelt	SMS1	Unser Unternehmen/Unsere Geschäftseinheit hat eine explizit definierte und dokumentierte Social-Media-Strategie.
		SMS2	Unsere Social-Media-Ziele sind klar beschrieben und für alle Beteiligten nachvollziehbar.
		SMS3	Unsere Social-Media-Ziele sind mit den allgemeinen Zielen unseres Unternehmens/unserer Geschäftseinheit abgestimmt.
		SMS4	Unser Unternehmen/Unsere Geschäftseinheit hat eine Social-Media-Strategie, die die angestrebten Social-Media-Aktivitäten bestimmt.
		SMS5	Unsere Social-Media-Aktivitäten sind mit anderen Marketing-Aktivitäten abgestimmt (z. B. Werbung, Kundenservice).
		SMS6	Unser Unternehmen/Unsere Geschäftseinheit hat eine Social-Media-Strategie, die für einen Zeitraum von mehr als einem Jahr ausgelegt ist.
Topmanagement-Commitment zu Social Media (TMC)	Neu entwickelt	TMC1	Das Topmanagement betrachtet Social Media als ein wichtiges Thema für unser Unternehmen/unsere Geschäftseinheit.
		TMC2	Das Topmanagement zeigt ein hohes Commitment für die Entwicklung und Umsetzung unserer Social-Media-Aktivitäten.
		TMC3	In unserem Topmanagement gibt es mindestens einen aktiven Verfechter für unsere Social-Media-Aktivitäten.
		TMC4	Mitglieder des Topmanagements sind persönlich aktiv in die Entwicklung und Umsetzung unserer Social-Media-Aktivitäten eingebunden (z. B. durch eigene Social-Media-Beiträge).
		TMC5	Unser Topmanagement sieht gelegentliche Fehler im Bereich Social Media als etwas Normales an.
		TMC6	Das Topmanagement stellt adäquate Ressourcen (z. B. personell, finanziell, zeitlich) zur Entwicklung und Umsetzung unserer Social-Media-Aktivitäten bereit.
Social-Media-Organisation (SMO)	Neu entwickelt	SMO1	Social Media hat einen weitreichenden Einfluss auf die Gestaltung unserer Unternehmensstrukturen.
		SMO2	Social Media hat einen weitreichenden Einfluss auf die Gestaltung unserer organisationalen Prozesse.
		SMO3	In unserem Unternehmen/unserer Geschäftseinheit ist allen Mitarbeitern bekannt, wer für Social Media verantwortlich ist.
		SMO4	In unserem Unternehmen/unserer Geschäftseinheit sind Social-Media-Guidelines, die den Gebrauch sozialer Medien genau regeln, allen Mitarbeitern bekannt (z. B. Art und Inhalt der Kommunikation, rechtliche Aspekte).
		SMO5	Die Social-Media-Kompetenzen unserer Mitarbeiter werden durch ein umfangreiches Angebot von Schulungen gefördert.
		SMO6	Die Eignung der Strukturen und Prozesse unseres Unternehmens/ unserer Geschäftseinheit für Social Media wird regelmäßig geprüft.

Konstrukt	Quelle	Indikator	
Social-Media-Monitoring (SMM)	Neu entwickelt	SMM1	Wir verwenden explizit definierte Erfolgskriterien für die Bewertung unserer Social-Media-Aktivitäten (z. B. Metriken zu Reichweite, Interaktion).
		SMM2	Wir verwenden Erfolgskriterien, die unsere Social-Media-Aktivitäten mit businessrelevanten Kennzahlen in Verbindung setzen (z. B. Markeneffekte, Anzahl generierter Leads, Conversion-Rates).
		SMM3	Wir erfassen kontinuierlich quantitative unternehmensrelevante Social-Media-Informationen (z. B. Anzahl Fans, Likes, Follower, Kommentare).
		SMM4	Wir erfassen regelmäßig qualitative unternehmensrelevante Social-Media-Informationen (z. B. Service-Anregungen, Stimmungen, Trends).
		SMM5	Für die Bewertung unserer Social-Media-Aktivitäten führen wir weitreichende Datenanalysen durch (z. B. Verknüpfung mit anderen Daten, Korrelations- und Kausalanalysen).
		SMM6	Wir haben ein Social-Media-Monitoring mit klar definierter Verwendung der Ergebnisse.
Social-Media-Bereitschaft der Mitarbeiter (SMB)	Neu entwickelt	SMB1	Unsere Mitarbeiter engagieren sich stark für unsere Social-Media-Aktivitäten.
		SMB2	Unsere Mitarbeiter kennen sich sehr gut mit Social Media aus.
		SMB3	Unsere Mitarbeiter haben im Bereich Social Media einen großen Handlungsspielraum.
Interne Social-Media-Integration (SMI)	Neu entwickelt	SMI1	Social-Media-Technologien sind tief in unsere unternehmerischen Kernprozesse integriert (z. B. in Service-, CRM- oder Vertriebsprozesse).
		SMI2	Social-Media-Technologien nutzen wir zur Förderung des bereichsübergreifenden Austausches unserer Mitarbeiter (z. B. Austausch von Informationen und Wissen).
		SMI3	Social-Media-Technologien nutzen wir, um die Zusammenarbeit unserer Mitarbeiter über Abteilungs- und Hierarchiegrenzen hinweg zu fördern.

Tabelle 8: Operationalisierung der Konstrukte zu Social-Media-spezifischen Ressourcen

Quelle: Eigene Darstellung.

Zur Prüfung der Güte der Messmodelle für die neuen Konstrukte wurde im nächsten Schritt eine Pretest-Befragung mit 60 Personen durchgeführt, die für eine B2C-Marke mit deutschsprachiger Facebook-Fanseite arbeiten, Führungsverantwortung haben, mindestens ein halbes Jahr bei der Marke sind und sich einigermaßen mit den Social-Media-Aktivitäten ihrer Marke auskennen.[305] Anhand der Antworten wurden explorative Faktorenanalysen und Cronbachs Alpha mit SPSS 22 berechnet, um die Reliabilität der einzelnen Konstrukte mit Hilfe der in Abschnitt 4.1.1 vorgestellten Gütekriterien der ersten Generation zu beurteilen. Basierend auf diesen Kriterien wurde mit TMC5 zunächst ein Indikator verworfen, dessen Faktorladung

[305] Die Befragung wurde vom Marktforschungsanbieter Research Now durchgeführt. Die Auswahl der Befragungsteilnehmer wird im Rahmen der Hauptuntersuchung in Abschnitt 4.3.1 näher erläutert.

unterhalb der kritischen Grenze von 0,4 lag.[306] Die Ergebnisse der verbleibenden 29 Indikatoren sind in Tabelle 9 dargestellt.[307] Es zeigt sich, dass für alle Konstrukte lediglich ein Faktor extrahiert wird und Cronbachs Alpha durchweg bei Werten von 0,8 oder höher liegt, sodass die Eindimensionalität und interne Konsistenz der Messmodelle gegeben ist.

Konstrukt	**Indi-kator**	**Explorative Faktorenanalyse**						**α**
		Faktor-ladung	**MSA**	**KMO**	**Bartlett**	**# Fak-toren**	**Erklärte Varianz**	
Social-Media-Strategie (SMS)	SMS1	0,83	0,82	0,82	0,00	1	58,36%	0,88
	SMS2	0,85	0,82					
	SMS3	0,84	0,81					
	SMS4	0,85	0,80					
	SMS5	0,63	0,83					
	SMS6	0,51	0,89					
Topmanagement-Commitment zu Social Media (TMC)	TMC1	0,81	0,81	0,83	0,00	1	59,87%	0,87
	TMC2	0,87	0,82					
	TMC3	0,68	0,87					
	TMC4	0,71	0,85					
	TMC6	0,78	0,81					
Social-Media-Organisation (SMO)	SMO1	0,85	0,78	0,83	0,00	1	47,63%	0,83
	SMO2	0,77	0,79					
	SMO3	0,47	0,87					
	SMO4	0,67	0,88					
	SMO5	0,58	0,84					
	SMO6	0,74	0,85					
Social-Media-Monitoring (SMM)	SMM1	0,84	0,88	0,88	0,00	1	65,09%	0,92
	SMM2	0,80	0,90					
	SMM3	0,77	0,89					
	SMM4	0,83	0,88					
	SMM5	0,80	0,89					
	SMM6	0,81	0,86					
Social-Media-Bereitschaft der Mitarbeiter (SMB)	SMB1	0,92	0,62	0,67	0,00	1	60,58%	0,80
	SMB2	0,76	0,66					
	SMB3	0,63	0,77					
Interne Social-Media-Integration (SMI)	SMI1	0,57	0,74	0,62	0,00	1	62,32%	0,80
	SMI2	0,74	0,62					
	SMI3	1,00	0,58					
Anmerkungen: Bartlett = Signifikanz nach Bartlett; # Faktoren = Anzahl extrahierter Faktoren; Erklärte Varianz = Erklärter Varianzanteil; α = Cronbachs Alpha.								

Tabelle 9: Prüfung der Reliabilität anhand der Gütekriterien der ersten Generation (Pretest)

Quelle: Eigene Darstellung.

[306] Zur Verwendung der Faktorladung als Eliminierungskriterium im Rahmen der explorativen Faktorenanalyse vgl. u. a. Hollebeek/Glynn/Brodie (2014), S. 156; Ramani/Kumar (2008), S. 32.

[307] Die ursprünglichen Ergebnisse vor der Indikator-Eliminierung sind in Anhang A dargestellt.

Hierauf aufbauend wurde eine konfirmatorische Faktorenanalyse aller neuen Messmodelle mit AMOS 22 berechnet, um die Reliabilität zusätzlich anhand der Gütekriterien der zweiten Generation zu prüfen. Im Zuge dessen wurden auf Basis der Faktorladungen sukzessive fünf weitere Indikatoren (SMS5, SMS6, SMO3, SMO4 und SMO5) eliminiert.[308] Die in Tabelle 10 dargestellten Ergebnisse verdeutlichen, dass die Anforderungen an die Indikator- und Faktorreliabilität sowie die DEV nach der erfolgten Eliminierung durchweg erfüllt sind, sodass die Reliabilität der Messmodelle sowohl für die Gütekriterien der ersten als auch der zweiten Generation gegeben ist.

Konstrukt	Indikator	Faktor-ladung	p-Wert	Indikator-reliabilität	Faktor-reliabilität	DEV
Social-Media-Strategie (SMS)	SMS1	0,85	0,00	0,72	0,91	0,72
	SMS2	0,85	0,00	0,73		
	SMS3	0,82	0,00	0,67		
	SMS4	0,87	0,00	0,75		
Topmanagement-Commitment zu Social Media (TMC)	TMC1	0,79	0,00	0,63	0,88	0,60
	TMC2	0,88	0,00	0,78		
	TMC3	0,68	0,00	0,47		
	TMC4	0,73	0,00	0,53		
	TMC6	0,77	0,00	0,59		
Social-Media-Organisation (SMO)	SMO1	0,85	0,00	0,73	0,83	0,62
	SMO2	0,85	0,00	0,72		
	SMO6	0,65	0,00	0,43		
Social-Media-Monitoring (SMM)	SMM1	0,83	0,00	0,70	0,92	0,65
	SMM2	0,78	0,00	0,61		
	SMM3	0,78	0,00	0,60		
	SMM4	0,83	0,00	0,68		
	SMM5	0,80	0,00	0,65		
	SMM6	0,82	0,00	0,67		
Social-Media-Bereitschaft der Mitarbeiter (SMB)	SMB1	0,88	0,00	0,77	0,82	0,61
	SMB2	0,78	0,00	0,61		
	SMB3	0,66	0,00	0,44		
Interne Social-Media-Integration (SMI)	SMI1	0,64	0,00	0,40	0,83	0,62
	SMI2	0,79	0,00	0,63		
	SMI3	0,91	0,00	0,82		
Modellfit: χ^2 (237) = 350,45 (p = 0,00); χ^2/df = 1,48; TLI = 0,86; CFI = 0,88; RMSEA = 0,09; SRMR = 0,08.						

Tabelle 10: Prüfung der Reliabilität anhand der Gütekriterien der zweiten Generation (Pretest)

Quelle: Eigene Darstellung.

[308] Die ursprünglichen Ergebnisse vor der Indikator-Eliminierung sind in Anhang B dargestellt.

Ebenfalls auf Basis der konfirmatorischen Faktorenanalyse erfolgte eine Prüfung der Diskriminanzvalidität der Messmodelle anhand des Fornell-Larcker-Kriteriums. Da die DEV für alle Konstrukte höher ist als die zugehörigen quadrierten Korrelationen, ist auch die Diskriminanzvalidität der neuen Skalen gegeben (vgl. Tabelle 11).

Konstrukt	SMS	TMC	SMO	SMM	SMB	SMI
SMS	**0,72**					
TMC	0,49	**0,60**				
SMO	0,61	0,31	**0,62**			
SMM	0,51	0,26	0,61	**0,65**		
SMB	0,19	0,41	0,17	0,10	**0,61**	
SMI	0,34	0,08	0,35	0,21	0,16	**0,62**

Anmerkungen: SMS = Social-Media-Strategie; TMC = Topmanagement-Commitment zu Social Media; SMO = Social-Media-Organisation; SMM = Social-Media-Monitoring; SMB = Social-Media-Bereitschaft der Mitarbeiter; SMI = interne Social-Media-Integration; Die Werte auf der Diagonalen (fett gedruckt) zeigen die DEV und die verbleibenden Werte die quadrierten Korrelationen der Konstrukte.

Tabelle 11: Prüfung der Diskriminanzvalidität anhand des Fornell-Larcker-Kriteriums (Pretest)

Quelle: Eigene Darstellung.

Die Ergebnisse der Güteprüfung im Rahmen des Pretests belegen somit insgesamt die Reliabilität und Validität der neu entwickelten Skalen zu den Social-Media-spezifischen Ressourcen. Einschränkend sei erwähnt, dass die konfirmatorische Faktorenanalyse auf einer vergleichsweise kleinen Stichprobe basiert und die Gütekriterien zur Beurteilung des Modellfits entsprechend nicht vollständig erfüllt sind (vgl. Tabelle 10).[309] Für die weitere Untersuchung werden daher zunächst auch jene Indikatoren erfasst, die im Pretest fragwürdige Gütemaße aufwiesen, um die Güte der Messmodelle zusätzlich anhand eines separaten Datensatzes prüfen zu können.

4.2.3 Operationalisierung der Fähigkeiten

Bei der Operationalisierung der Fähigkeiten konnte erneut auf bestehende Messmodelle zurückgegriffen werden. So wurde das Konstrukt *Marketing-Fähigkeiten* mit einer Skala von Ngo/O'Cass (2012) gemessen, deren sechs Indikatoren wiederum auf Atuahene-Gima (1993)

[309] Zum Zusammenhang zwischen der Stichprobengröße und den Gütekriterien zur Beurteilung des Modellfits vgl. Kim (2005), S. 368-390; Marsh/Balla/McDonald (1988), S. 391-410.

und Vorhies/Morgan (2005) basieren.[310] Dabei beziehen sich vier Indikatoren auf Prozesse entlang des Marketing-Mix und jeweils ein Indikator auf die Planung und Umsetzung von Marketing-Aktivitäten. Tabelle 12 zeigt jene sechs Indikatoren in ihrer ursprünglichen englischsprachigen Form.

Konstrukt	**Quelle**	**Indikator**	
Marketing-Fähigkeiten (MF)	Ngo/O'Cass (2012)	MF1	Incorporating customer needs into marketing of products and services
		MF2	Developing pricing programs
		MF3	Developing distribution systems
		MF4	Developing marketing communication programs
		MF5	Marketing planning skills
		MF6	Implementing marketing activities

Tabelle 12: Operationalisierung der Marketing-Fähigkeiten (Indikatoren auf Englisch)

Quelle: Eigene Darstellung.

Die aufgeführten Indikatoren zur Messung der *Marketing-Fähigkeiten* wurden für die vorliegende deutschsprachige Untersuchung ins Deutsche übersetzt, wobei sie minimal angepasst wurden. Analog zu diesen übersetzten Indikatoren wurde ein neuer Indikator zur Messung der *Social-Media-Marketing-Fähigkeiten* formuliert, da zum Zeitpunkt der Untersuchung kein entsprechender Messansatz vorlag. Tabelle 13 gibt eine Übersicht der verwendeten Indikatoren zur Messung der *Marketing-* und *Social-Media-Marketing-Fähigkeiten*. Diese wurden entsprechend der Konzeptualisierung von Fähigkeiten als organisationale Prozesse, die im Wettbewerbsvergleich gut ausgeführt werden und deren Ausprägungen für Konkurrenten ersichtlich sind (vgl. Abschnitt 2.2.2), mit Hilfe einer siebenstufigen Likert-Skala von -3 = „Deutlich schlechter als Wettbewerber" bis +3 = „Deutlich besser als Wettbewerber" gemessen.[311]

310 Vgl. Atuahene-Gima (1993), S. 239; Ngo/O'Cass (2012), S. 868; Vorhies/Morgan (2005), S. 92.

311 Zur Verwendung der Ankerpunkte vgl. Morgan/Vorhies/Mason (2009), S. 912 und S. 919; Vorhies/Morgan (2005), S. 92.

Konstrukt	Quelle	Indikator	
Marketing-Fähigkeiten (MF)	Ngo/O'Cass (2012)	MF1	Entwicklung von Produkten bzw. Dienstleistungen
		MF2	Entwicklung von Preisstrategien
		MF3	Entwicklung von Distributionssystemen
		MF4	Entwicklung von Marketing-Kommunikationsprogrammen
		MF5	Kompetenzen im Bereich Marketing-Planung
		MF6	Umsetzung von Marketing-Aktivitäten
Social-Media-Marketing-Fähigkeiten (SMF)	Neu entwickelt	SMF1	Kompetenzen im Bereich Social-Media-Marketing

Tabelle 13: Operationalisierung der Konstrukte zu Fähigkeiten (Indikatoren auf Deutsch)

Quelle: Eigene Darstellung.

4.2.4 Operationalisierung des Social-Media- und kundenbezogenen Erfolgs

Zur Operationalisierung des Erfolgs wird im Folgenden zunächst auf den *kundenbezogenen Erfolg* eingegangen, da es sich hierbei analog zu den vorangegangenen Konstrukten um eine latente Variable handelt. Im Anschluss erfolgt die Erläuterung der Messung des *Social-Media-Erfolgs* mit Hilfe manifester Variablen.

Der *kundenbezogene Erfolg* wurde wie die Marketing-Fähigkeiten mit einer Skala von Ngo/O'Cass (2012) operationalisiert.[312] Diese besteht aus den in Tabelle 14 dargestellten vier englischsprachigen Indikatoren, die auf Basis vergleichbarer Messmodelle von Jayachandran et al. (2005), Ramani/Kumar (2008) und Ramaswami/Srivastava/Bhargava (2009) entwickelt wurden.[313]

Konstrukt	Quelle	Indikator	
Kunden-bezogener Erfolg (KBE)	Ngo/O'Cass (2012)	KBE1	Satisfying customers
		KBE2	Building customer relationships
		KBE3	Attracting customers
		KBE4	Retaining customers

Tabelle 14: Operationalisierung des kundenbezogenen Erfolgs (Indikatoren auf Englisch)

Quelle: Eigene Darstellung.

312 Vgl. Ngo/O'Cass (2012), S. 868.

313 Vgl. Jayachandran et al. (2005), S. 183; Ngo/O'Cass (2012), S. 868; Ramani/Kumar (2008), S. 42; Ramaswami/Srivastava/Bhargava (2009), S. 114.

Tabelle 15 zeigt die ins Deutsche übersetzten und geringfügig adaptierten Indikatoren, welche in der vorliegenden Untersuchung zur Messung des *kundenbezogenen Erfolgs* verwendet werden. Die Ausprägungen der einzelnen Indikatoren wurden wie bereits die Marketing-Fähigkeiten im Wettbewerbsvergleich mit Hilfe der siebenstufigen Likert-Skala von -3 = „Deutlich schlechter als Wettbewerber" bis +3 = „Deutlich besser als Wettbewerber" erfasst.

Konstrukt	**Quelle**	**Indikator**	
Kunden-bezogener Erfolg (KBE)	Ngo/O'Cass (2012)	KBE1	Kunden zufriedenstellen
		KBE2	Kundenbeziehungen managen
		KBE3	Kunden gewinnen
		KBE4	Kunden binden

Tabelle 15: Operationalisierung des kundenbezogenen Erfolgs (Indikatoren auf Deutsch)

Quelle: Eigene Darstellung.

Für die Operationalisierung des *Social-Media-Erfolgs* wurde aufgrund der zentralen Bedeutung von Facebook für die Social-Media-Aktivitäten von B2C-Marken (vgl. Abschnitt 2.1.1) auf zwei manifeste Facebook-Metriken zurückgegriffen. Bei der ersten Variable handelt es sich mit der Anzahl der Fans (# Fans) um ein Reichweitenmaß, welches das in Unternehmen am häufigsten verwendete Kriterium zur Messung des Social-Media-Erfolgs ist.[314] Daneben wurde die durchschnittliche Post Engagement Rate (Ø Post ER) erfasst, die ein Maß für die Interaktion mit den Facebook-Fans darstellt und sich nach folgender Formel errechnet:[315]

$$\text{Ø}\, Post\ ER = \frac{\frac{\#\, Interaktionen}{\#\, Admin\ Posts}}{\text{Ø}\, \#\, Fans}$$

Dabei entspricht die Anzahl der Interaktionen (# Interaktionen) der Summe aller Likes, Comments und Shares, die in einem betrachteten Zeitraum als Reaktion auf die Posts einer Marke auf ihrer Facebook-Fanseite (# Admin Posts) entstanden sind. Neben der # Admin Posts wird die # Interaktionen durch die durchschnittliche Anzahl der Fans im betrachteten Zeitraum (Ø # Fans) geteilt, die bestimmt, wie viele Nutzer die Admin Posts erreichen und damit potenziell „liken", kommentieren oder teilen können.[316] Durch die Bereinigung der # Interaktionen um die Treiber # Admin Posts und Ø # Fans ist zum einen eine bessere

[314] Vgl. Universität St. Gallen/Conrad Caine (2012), S. 40.

[315] Vgl. Socialbakers (2014a), S. 15. Die Betrachtung eines Gesamtjahrs erscheint sinnvoll, um mögliche Verzerrungen durch unterjährige Effekte zu reduzieren.

[316] Die Engagement Rate eines Posts entspricht somit dem Verhältnis aus der # Interaktionen zu diesem Post und der # Fans zum Zeitpunkt des Posts.

Vergleichbarkeit der Ø Post ER über verschiedene Marken gegeben, zum anderen sind die beiden Social-Media-Erfolgsmaße überschneidungsfrei.

Die Aufnahme von zwei Erfolgsmaßen erscheint hierbei sinnvoll, da für Social Media keine stets überlegene Metrik existiert, sodass eine Verwendung komplementärer Erfolgsmaße ratsam ist.[317] Inhaltlich decken die beiden Erfolgsmaße zwei grundlegende Formen des Zusammenspiels zwischen Konsumenten und Marken in sozialen Netzwerken ab: Konsumenten können Fans von Marken werden und im Anschluss mit den Posts der Marken interagieren.[318] Aufgrund ihrer gleichermaßen hohen Relevanz sowie ihrer komplementären Beziehung zueinander wurden beide Erfolgsmaße in der vorliegenden Untersuchung nicht zu einem übergreifenden Erfolgsmaß aggregiert. Hierdurch können interessante Einflüsse der untersuchten Determinanten auf die Social-Media-Reichweite und die -Interaktion separat aufgezeigt werden, die z. B. bei einer Aggregation der zwei Erfolgsmaße in Form eines Mittelwerts nicht ersichtlich wären. Da beide Erfolgsmaße auf Zähldaten basieren, wurde in dieser Arbeit ihr natürlicher Logarithmus verwendet.[319]

4.2.5 Operationalisierung der Kontrollvariable

Die Operationalisierung der Kontrollvariable *Unternehmensgröße* erfolgte anhand des Umsatzes in Deutschland. Dabei wird angenommen, dass der Umsatz eines Unternehmens eine höhere Relevanz für dessen Social-Media-Erfolg hat als die Mitarbeiterzahl. So wurde z. B. in Abschnitt 3.2 gezeigt, dass Unternehmen mit einem höheren Umsatz über ein größeres Social-Media-Budget verfügen, was sich positiv auf deren Social-Media-Erfolg auswirken sollte. Die Mitarbeiterzahl kann hingegen u. a. von der Branche und der Organisation eines Unternehmens abhängen, wobei der Bezug zum Social-Media-Erfolg unklar ist. Als Beispiele seien eine Konsumgütermarke und ein Lebensmitteleinzelhändler genannt. Bei einer Konsumgütermarke hängt die Mitarbeiterzahl maßgeblich davon ab, ob z. B. mit dem Brand Management lediglich die Steuerung der Marke oder auch die Produktion betrachtet wird. Letztere wird zusätzlich durch den Grad der vertikalen Integration beeinflusst. Analog hierzu

[317] Vgl. Peters et al. (2013), S. 289 und S. 294.
[318] Vgl. de Vries/Gensler/Leeflang (2012), S. 84.
[319] Für die Verwendung des natürlichen Logarithmus bei Facebook-spezifischen Zähldaten vgl. de Vries/Gensler/Leeflang (2012), S. 88.

ist die Mitarbeiterzahl eines Lebensmitteleinzelhändlers abhängig von der Fokussierung auf die Zentrale oder der Einbeziehung aller Filialen. Durch die Verwendung des Umsatzes sollen hierdurch bedingte Verzerrungen vermieden und eine bessere Vergleichbarkeit verschiedener Unternehmen erreicht werden. Die regionale Begrenzung auf Deutschland diente ebenfalls der besseren Vergleichbarkeit der Unternehmen.

4.3 Konzeption der empirischen Untersuchung

Zur Untersuchung der Determinanten von Good Social Media Marketing wurde eine Unternehmensbefragung durchgeführt, da im Vorfeld lediglich Daten zur Messung des Social-Media-Erfolgs für die empirische Untersuchung vorlagen. Letztere wurden von Socialbakers, einem führenden Anbieter von Social-Media-Metriken, bereitgestellt.[320] Im Folgenden wird in Abschnitt 4.3.1 zunächst der für die Befragung relevante Prozess der Datenerhebung vorgestellt. Hierauf aufbauend wird in Abschnitt 4.3.2 die Datengrundlage beschrieben.

4.3.1 Datenerhebung

Um eine fundierte Datengrundlage für die empirische Untersuchung zu gewährleisten, wurden die *Zielgruppe*, die *Erhebungsmethode* und die *Durchführung* der Befragung sorgfältig festgelegt.

Zielgruppe der Befragung waren Teilnehmer, die für eine B2C-Marke mit deutschsprachiger Facebook-Fanseite arbeiten, Führungsverantwortung haben, mindestens ein halbes Jahr bei der Marke sind und sich einigermaßen mit den Social-Media-Aktivitäten ihrer Marke auskennen.[321]

Wie in Abschnitt 2.1.1 erläutert, können Nutzer sozialer Netzwerke über Fanseiten mit Marken interagieren, weshalb diese als Gegenstand der Untersuchung gewählt wurden. Marken können dabei sowohl Gesamtunternehmen (z. B. Deutsche Bahn, Vodafone) als auch

---

320 Vgl. Socialbakers (2014b).

321 Das Wissen der Befragungsteilnehmer hinsichtlich der Social-Media-Aktivitäten ihrer Marke wurde mit Hilfe einer fünfstufigen Likert-Skala gemessen, wobei „Ich kenne mich einigermaßen aus" den Mittelpunkt darstellte.

einzelne Geschäftseinheiten sein, die als eigenständige Marke auftreten (z. B. Bild, Persil).[322] Die Eingrenzung auf B2C-Marken erfolgte aus konzeptionellen Überlegungen, die auf Unterschiede in der Social-Media-Nutzung im B2C- und B2B-Bereich (vgl. Abschnitt 2.1.1) sowie den Fokus der Studie auf Marketing-Auswirkungen infolge der mit Social Media verbundenen höheren Marktmacht der Konsumenten (vgl. Abschnitt 2.1.2) zurückzuführen sind. Darüber hinaus wurde im Interesse der Verallgemeinerbarkeit der Ergebnisse keine Auswahl bestimmter Branchen vorgenommen.

Die Eingrenzung auf B2C-Marken mit deutschsprachigen Facebook-Fanseiten erfolgte aus mehreren Gründen. Bereits in Abschnitt 2.1.1 wurde die zentrale Bedeutung von Facebook für die Social-Media-Aktivitäten von B2C-Marken verdeutlicht. Facebook ist die von Konsumenten weltweit meistgenutzte Social-Media-Plattform, die entsprechend auch für mehr als zwei Drittel aller B2C-Marken die wichtigste Plattform darstellt. In Deutschland wird die führende Rolle von Facebook im Hinblick auf die Social-Media-Nutzung der Konsumenten besonders deutlich: Im Vergleich zur zweitmeistgenutzten Plattform YouTube ist die Facebook-Nutzung nahezu doppelt so hoch und verglichen mit Google+ auf Platz drei etwa dreimal so hoch. Folglich ist davon auszugehen, dass Facebook für deutsche Social-Media-Aktivitäten von B2C-Marken eine noch wichtigere Rolle als weltweit einnimmt. Tatsächlich lassen sich in Deutschland derzeit nur wenige B2C-Marken finden, die von Social-Media-Plattformen Gebrauch machen, ohne eine eigene Facebook-Fanseite zu besitzen.

Hierauf aufbauend wurde der Social-Media-Erfolg in Abschnitt 4.2.4 mit Hilfe von zwei Facebook-Metriken operationalisiert. Für die in dieser Arbeit elementare Untersuchung der Determinanten des Social-Media-Erfolgs wurden daher ausschließlich B2C-Marken mit Facebook-Fanseiten betrachtet. Im Sinne der Relevanz und Vergleichbarkeit der Daten erfolgte zudem eine Beschränkung auf Marken mit deutschsprachigen Facebook-Fanseiten.[323] Zur Ermittlung entsprechender Marken für die Befragung wurde auf Basis eigener Recherchen eine Liste mit 779 B2C-Marken mit deutschsprachigen Facebook-Fanseiten

[322] Die Befragten wurden explizit auf diese Unterscheidung hingewiesen und gebeten, im Falle einer Tätigkeit bei einer Geschäftseinheit für diese zu antworten.

[323] Es wird davon ausgegangen, dass deutschsprachige Facebook-Fanseiten i. d. R. in Deutschland betrieben werden, sodass Befragte deutscher Geschäftseinheiten eher Aussagen hierzu treffen können. Zudem soll ein Vergleich internationaler und nationaler Facebook-Fanseiten möglichst vermieden werden.

erstellt.[324] Wenngleich die vorliegende Untersuchung damit auf relevanten und vergleichbaren Daten aufbaut und sich die Ergebnisse auf die in Deutschland mit Abstand meistgenutzte Plattform beziehen, ist einschränkend anzumerken, dass diese für die ausgeschlossenen Marken nicht in exakt gleicher Form gelten müssen.

Die verbleibenden Kriterien hinsichtlich der Führungsverantwortung, Beschäftigungsdauer und Social-Media-Kenntnisse der Befragten dienten der Auswahl geeigneter Informanten je Marke, sog. Key Informants.[325] Mittels der gewählten Kriterien wurde sichergestellt, dass die Befragten über ausreichend Kenntnisse und Seniorität verfügen, um stellvertretend für ihre Marke zu antworten.[326] Aufbauend auf der zuvor erstellten Markenliste wurden über das soziale Netzwerk XING [327] anhand der Angaben zum aktuellen Arbeitgeber, der Beschäftigungsdauer und der Position bzw. Abteilung bei dem Arbeitgeber geeignete Key Informants je Marke ermittelt.[328] Auf diese Weise konnten nach Abzug von Personen mit fehlerhaften Angaben insgesamt 1.898 potenzielle Teilnehmer von 545 Marken ermittelt werden. Zu den anderen zuvor identifizierten Marken waren keine geeigneten Key Informants verfügbar.

Als *Erhebungsmethode* der Untersuchung wurde eine schriftliche Befragung gewählt, die Ende 2013 bis Anfang 2014 ausschließlich über eine Online-Plattform bereitgestellt wurde. Hierfür sprachen insbesondere Zeit- und Kostenvorteile im Vergleich zur mündlichen oder telefonischen Befragung.[329] Für die Befragung wurde ein standardisierter Fragebogen verwendet, der zum größten Teil auf den in Abschnitt 4.2 geschilderten Konstrukten basiert. Die Messung der Konstrukte erfolgte dabei mit in der Marketing-Wissenschaft weit

[324] Im Rahmen der Recherchen wurde deutlich, dass eine deutliche Mehrheit der in Social Media aktiven Marken in Deutschland über eine Facebook-Fanseite verfügt. Es wird daher angenommen, dass der Ausschluss von Marken ohne Facebook-Fanseiten keine Verzerrungen der Ergebnisse zur Folge hat.

[325] Die Verwendung von Key Informants ist weit verbreitet in der Marketing-Wissenschaft. Vgl. Ngo/O'Cass (2012), S. 866; Slater (1995), S. 260 f.

[326] Die vorliegende Studie folgt hier und im Folgenden den Empfehlungen von Huber/Power (1985) zur Gewinnung qualitativ hochwertiger Daten von Key Informants. Vgl. Huber/Power (1985), S. 174-178. Für Beispiele zu vergleichbaren Fragen vgl. u. a. Atuahene-Gima/Slater/Olson (2005), S. 470; Ramani/Kumar (2008), S. 33. Eine Begrenzung auf Teilnehmer bestimmter Abteilungen wurde nicht vorgenommen, da Social Media in Unternehmen organisatorisch unterschiedlich verankert sind. Vgl. Li/Solis (2013a), S. 4; Universität St. Gallen/Conrad Caine (2012), S. 32.

[327] XING ist ein soziales Netzwerk für berufliche Kontakte. Vgl. XING (2014). XING wurde dem Hauptwettbewerber LinkedIn aufgrund höherer Nutzerzahlen im deutschsprachigen Raum vorgezogen. Vgl. Handelsblatt (2013).

[328] Berücksichtigt wurden Personen, deren Positionsangaben „Head of", „Senior" oder ähnliche Bezeichnungen sowie „Social Media", „Marketing", „Kommunikation" oder ähnliche Abteilungen enthielten.

[329] Vgl. Meffert/Burmann/Kirchgeorg (2012), S. 161 f.

verbreiteten siebenstufigen Likert-Skalen. Als Kontrollvariable wurde der Umsatz in Deutschland im Jahr 2012 erhoben, um das letzte vollständige Kalenderjahr vor dem für den Social-Media-Erfolg gewählten Zeitraum abzubilden.

Der Social-Media-Erfolg wurde entsprechend anhand der zuvor genannten Socialbakers-Daten über die Anzahl der Fans zum 31.12.2013 und die durchschnittliche Post Engagement Rate für das Jahr 2013 gemessen. Letztere bezieht sich damit in etwa auf den gleichen Zeitraum wie die erhobenen Erfolgsdeterminanten. Dies erscheint sinnvoll, da sich die Post Engagement Rate direkt aus Reaktionen auf die Social-Media-Aktivitäten einer Marke ergibt, die wiederum in Verbindung mit deren Ressourcen und Fähigkeiten stehen. Die Anzahl der Fans resultiert als zeitpunktbezogenes Erfolgsmaß u. a. aus den Social-Media-Aktivitäten einer Marke und ist demnach zum Ende des gleichen Zeitraums zu erfassen. Im Gegensatz dazu bildet der Umsatz z. B. über das hiermit verbundene Social-Media-Budget (vgl. Abschnitt 3.2) eine zeitlich vorgelagerte Basis für die Social-Media-Aktivitäten einer Marke, weshalb der Vorjahreszeitraum gewählt wurde. Vor der Freischaltung des Fragebogens wurde dieser von ausgewählten Experten der Marketing-Wissenschaft und -Praxis getestet.

Für eine effektive *Durchführung* der Befragung wurden die Key Informants, zu denen über persönliche Kontakte, den Marketing Alumni Münster e. V. oder öffentlich zugängliche Quellen E-Mail-Adressen vorlagen, mit persönlichen E-Mails zur Teilnahme an der Online-Befragung[330] eingeladen. Key Informants, deren E-Mail-Adressen nicht bekannt waren, wurden stattdessen über personalisierte XING-Nachrichten kontaktiert. Allen potenziellen Teilnehmern wurde dabei die Anonymität und Vertraulichkeit ihrer Angaben sowie ein 25-Euro-Amazon-Gutschein für einen vollständig ausgefüllten Fragebogen zugesichert. Denjenigen potenziellen Teilnehmern, zu denen E-Mail-Adressen vorlagen und die nach drei Wochen nicht an der Befragung teilgenommen hatten, wurde eine zweite Einladung geschickt.[331] Die im Rahmen der Befragung generierte Datengrundlage wird im folgenden Abschnitt erläutert.

[330] Der Online-Fragebogen befindet sich in Anhang C.

[331] Den verbleibenden potenziellen Teilnehmern wurden aufgrund einer Beschränkung auf 50 mögliche XING-Nachrichten pro Tag keine erneuten Einladungen zugesendet.

4.3.2 Datengrundlage

Von den angeschriebenen potenziellen Teilnehmern füllten insgesamt 207 Personen von 174 Marken den Fragebogen vollständig aus, was auf Markenebene einer Rücklaufquote von 32% entspricht.[332] Für 151 Marken antwortete jeweils eine Person, für 15 Marken zwei, für sechs Marken drei und für zwei Marken jeweils vier Personen. Die mittlere Befragungsdauer betrug dabei 16:52 Minuten. Im Fall mehrerer Personen je Marke wurden ungewichtete Mittelwerte aller Indikatoren gebildet und die so erhaltenen Durchschnittsbeobachtungen für die jeweiligen Marken verwendet, da diese als Gegenstand der vorliegenden Untersuchung dienen.[333] Zu 165 dieser Marken lagen geeignete Daten zur Messung des Social-Media-Erfolgs vor.[334] Im Folgenden wird zunächst die Qualität der Datengrundlage im Hinblick auf mögliche Verzerrungen durch einen *Nonresponse Bias* und *Common Method Bias* überprüft. Anschließend erfolgt eine *Beschreibung der Datengrundlage* anhand zentraler Variablen zu den befragten Personen und Marken.

Ein *Nonresponse Bias* liegt vor, wenn im Rahmen einer Befragung systematische Abweichungen zwischen den Antworten von Teilnehmern und Nicht-Teilnehmern bestehen, die zu einer Beeinträchtigung der Generalisierbarkeit der empirischen Ergebnisse führen.[335] Einen ersten Hinweis für die Qualität der Datengrundlage der vorliegenden Untersuchung bietet die Rücklaufquote von 32%, die in einem für Unternehmensbefragungen guten Bereich liegt.[336] Darüber hinaus wurden die Befragten auf Basis der Dauer zwischen der Einladung und Fragebogen-Teilnahme in Früh- und Spät-Antwortende aufgeteilt und anschließend auf systematische Unterschiede überprüft. Dabei wird nach Armstrong/Overton (1977) unterstellt, dass Spät-Antwortende Nicht-Teilnehmern ähnlicher sind als Früh-Antwortende.[337] Signifikante Abweichungen der Angaben Früh- und Spät-Antwortender deuten demnach auf das Vorliegen eines Nonresponse Bias hin.[338] Ein Vergleich der frühsten und spätesten 25% bzw.

[332] Zur Angabe der Rücklaufquote auf Markenebene vgl. Ramani/Kumar (2008), S. 33.

[333] Vgl. Ramani/Kumar (2008), S. 33. Die Indikatoren wurden nicht gewichtet, da eine Bewertung der Sicherheit der Befragten bei verschiedenen Antwortkategorien nicht möglich war. Vgl. van Bruggen/Lilien/Kacker (2002), S. 476.

[334] Von den neun verbleibenden Marken lagen für acht Marken aufgrund eines Facebook-Beitritts oder einer Erfassung in der Socialbakers-Datenbank nach dem 01.01.2013 keine vollständigen Daten für das Jahr 2013 vor und eine Marke stellte einen Ausreißer dar.

[335] Vgl. Armstrong/Overton (1977), S. 396.

[336] Vgl. Gatignon/Xuereb (1997), S. 81.

[337] Vgl. Armstrong/Overton (1977), S. 397.

[338] Vgl. Ngo/O'Cass (2012), S. 866.

33% der Teilnehmer hinsichtlich der Erfolgsdeterminanten und des kundenbezogenen Erfolgs zeigte für 98,2% bzw. 96,5% der Indikatoren keine signifikanten Unterschiede zwischen Früh- und Spät-Antwortenden und spricht somit gegen das Vorliegen eines Nonresponse Bias.[339]

Eine weitere Ursache möglicher Verzerrungen ist ein *Common Method Bias*. Dieser liegt vor, wenn ein Varianzanteil von Messungen nicht auf die untersuchten Konstrukte zurückzuführen ist, sondern aus der Erhebungsmethode resultiert und damit zu systematischen Verzerrungen in den Beziehungen zwischen Konstrukten führt.[340] Potenzielle Ursachen eines Common Method Bias können z. B. die Nutzung derselben Quelle zur Erhebung endogener und exogener Variablen, die Formulierung und Skalen der Indikatoren, die Anordnung der Indikatoren sowie der Erhebungskontext sein.[341] Zur Kontrolle möglicher Verzerrungen durch einen Common Method Bias wurden bereits im Vorfeld der Datenerhebung verschiedene Maßnahmen getroffen.[342] Hervorzuheben ist insbesondere die Messung des Social-Media-Erfolgs auf Basis einer separaten Datenquelle (vgl. Abschnitt 4.2.4). Weitere Maßnahmen betreffen die sorgfältige Formulierung der verwendeten Indikatoren (vgl. Abschnitt 4.2) und die Gewährleistung der Anonymität der Befragten (vgl. Abschnitt 4.3.1).

Darüber hinaus wurde die Datengrundlage mit Hilfe eines Harmans-Ein-Faktor-Tests auf das Vorliegen eines möglichen Common Method Bias überprüft. Hierbei werden alle für die Untersuchung relevanten Indikatoren einer explorativen Faktorenanalyse unterzogen, um anhand der unrotierten Faktorlösung die für die Erklärung der Varianz sämtlicher Indikatoren notwendige Faktorenanzahl zu bestimmen.[343] Wird lediglich ein Faktor extrahiert oder erklärt ein genereller Faktor mehrheitlich die Kovarianz zwischen den Indikatoren, kann von einem Common Method Bias ausgegangen werden. Für die vorliegende Datengrundlage können 13 Faktoren mit einem Eigenwert größer 1 ermittelt werden, die insgesamt 71,6% der Gesamtvarianz erklären. Lediglich 28,5% entfallen hierbei auf den ersten Faktor. Im Einklang mit den Empfehlungen von Podsakoff/Organ (1986) und den Ergebnissen anderer Studien wird

[339] Der Vergleich erfolgte anhand eines Mann-Whitney-U-Tests bei einem 5%-Signifikanzniveau. Zum Vergleich der frühsten und spätesten 25% bzw. 33% vgl. Palmatier/Scheer/Steenkamp (2007), S. 190.
[340] Vgl. Podsakoff et al. (2003), S. 879; Richardson/Simmering/Sturman (2009), S. 763.
[341] Vgl. Podsakoff et al. (2003), S. 881-885.
[342] Vgl. hierzu und im Folgenden Podsakoff et al. (2003), S. 887 f.
[343] Vgl. hierzu und im Folgenden Podsakoff/Organ (1986), S. 536.

daher davon ausgegangen, dass in der vorliegenden Untersuchung kein Common Method Bias vorliegt.[344]

Die *Beschreibung der Datengrundlage* erfolgt zunächst anhand zentraler Variablen zu den befragten Personen. Wie in Abbildung 20 dargestellt, bekleiden 57% der Befragten Positionen der mittleren oder oberen Führungsebene, nahezu zwei Drittel sind länger als drei Jahre bei der Marke beschäftigt und 83% kennen sich gut oder ausgezeichnet mit den Social-Media-Aktivitäten ihrer Marke aus. Es wird daher davon ausgegangen, dass die befragten Personen gut als Key Informants für ihre Marken geeignet sind.

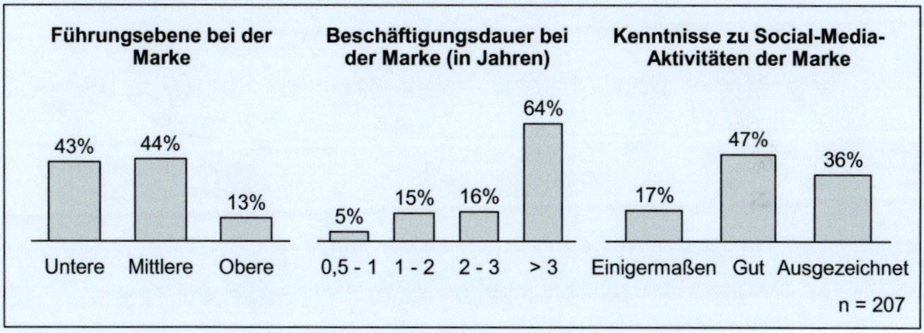

Abbildung 20: Aufteilung der Datengrundlage anhand zentraler Variablen zu den befragten Personen

Quelle: Eigene Darstellung.

Einen Überblick über die Umsatz- und Branchenverteilung der in der Datengrundlage enthaltenen Marken gibt Abbildung 21. Dabei fällt auf, dass ca. ein Viertel der Marken im Jahr 2012 in Deutschland einen Umsatz von weniger als 50 Millionen Euro hatte, während nahezu ein Drittel der Marken mehr als eine Milliarde Euro erreichte. Diese Markenvielfalt wird auch anhand der Branchenverteilung deutlich. Wenngleich Marken aus den Bereichen Handel (27%) und Medien & Verlage (12%) am stärksten vertreten sind, zeigt sich insgesamt

344 Für vergleichbare Ergebnisse anderer Studien vgl. u. a. Atuahene-Gima/Slater/Olson (2005), S. 470; Reinartz/Krafft/Hoyer (2004), S. 301. Neuere Studien testen zudem mit Hilfe einer konfirmatorischen Faktorenanalyse die Hypothese, dass ein Faktor die Gesamtvarianz sämtlicher Indikatoren erklären kann. Vgl. Podsakoff et al. (2003), S. 889. Diese konnte aufgrund eines inakzeptablen Modellfits ebenfalls abgelehnt werden (χ^2/df = 3,24; TLI = 0,43; CFI = 0,45; RMSEA = 0,11; SRMR = 0,10). Ein weiterer in der Wissenschaft z. T. verwendeter Ansatz zur Prüfung des Common Method Bias ist der sog. Unmeasured Latent Method Factor. Podsakoff et al. (2003) nennen jedoch mehrere Nachteile dieses Ansatzes und Richardson/Simmering/Sturman (2009) zeigen, dass der Ansatz den Common Method Bias mehrheitlich falsch identifiziert und raten daher von dessen Verwendung ab. Vgl. Podsakoff et al. (2003), S. 894; Richardson/Simmering/Sturman (2009), S. 794.

eine breite Streuung der Marken über verschiedene Branchen. Sowohl die Umsatz- als auch die Branchenverteilung verdeutlichen somit die Vielfalt der in der Untersuchung enthaltenen Marken, was im Interesse generalisierbarer Aussagen zu den Determinanten von Good Social Media Marketing ist.

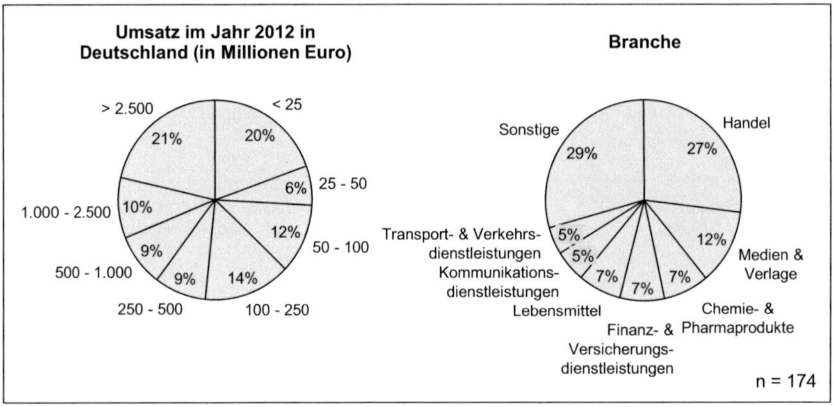

Abbildung 21: Aufteilung der Datengrundlage anhand zentraler Variablen zu den befragten Marken

Quelle: Eigene Darstellung.

5 Ergebnisse der empirischen Untersuchung

Auf Basis der in Kapitel 4 dargestellten Konzeption und Methodik werden in diesem Kapitel die Ergebnisse der empirischen Untersuchung präsentiert. Entsprechend der Empfehlung von Anderson/Gerbing (1988) erfolgt die Beurteilung der Ergebnisse in zwei Schritten.[345] Zunächst wird in Abschnitt 5.1 die Güte der Messmodelle anhand der Reliabilität und Validität der in Abschnitt 4.2 operationalisierten Konstrukte getestet. Im Anschluss daran werden in Abschnitt 5.2 die Ergebnisse der Strukturmodelle dargestellt und die in Abschnitt 3.2 aufgestellten Forschungshypothesen zu den Determinanten von Good Social Media Marketing überprüft.

5.1 Beurteilung der Messmodelle

Zur Beurteilung der Messmodelle wurden die in Abschnitt 4.1.1 vorgestellten Gütekriterien verwendet. Dabei wurden zunächst explorative Faktorenanalysen und Cronbachs Alpha für alle latenten Konstrukte mit SPSS 22 berechnet, um die *Reliabilität anhand der Gütekriterien der ersten Generation* zu beurteilen. Anschließend wurden einzelne konfirmatorische Faktorenanalysen der Konstrukte mit AMOS 22 durchgeführt, um die *Reliabilität anhand der Gütekriterien der zweiten Generation* zu bewerten. Zuletzt erfolgte eine Prüfung der *Diskriminanzvalidität* der verschiedenen Messmodelle.

Im Rahmen der explorativen Faktorenanalysen wurden für die Konstrukte Social-Media-Organisation und Marketing-Fähigkeiten zunächst jeweils zwei Faktoren extrahiert, weshalb insgesamt fünf Indikatoren verworfen wurden (SMO3, SMO4, MF1, MF2 und MF3). Die verbleibenden 51 Indikatoren zu den zwölf latenten Konstrukten erzielten alle Faktorladungen über dem Schwellenwert von 0,4 und wurden daher beibehalten. Die Ergebnisse zur Beurteilung der *Reliabilität anhand der Gütekriterien der ersten Generation* sind in Tabelle 16 dargestellt.[346] Es zeigt sich, dass nun durchweg ein Faktor extrahiert wird und Cronbachs Alpha Werte von 0,79 oder höher erreicht, sodass die Eindimensionalität und interne Konsistenz der Messmodelle gegeben ist.

---

345 Vgl. Anderson/Gerbing (1988), S. 411-423.

346 Die ursprünglichen Ergebnisse vor der Indikatoren-Eliminierung sind in Anhang D dargestellt.

Konstrukt	Indikator	Explorative Faktorenanalyse						α
		Faktorladung	MSA	KMO	Bartlett	# Faktoren	Erklärte Varianz	
Kundenorientierung (KO)	KO1	0,83	0,75	0,71	0,00	1	52,32%	0,84
	KO2	0,70	0,62					
	KO3	0,62	0,75					
	KO4	0,63	0,78					
	KO5	0,81	0,68					
Innovationsorientierung (IO)	IO1	0,87	0,75	0,75	0,00	1	75,76%	0,90
	IO2	0,83	0,79					
	IO3	0,91	0,71					
Lernorientierung (LO)	LO1	0,88	0,76	0,75	0,00	1	78,60%	0,92
	LO2	0,93	0,71					
	LO3	0,85	0,80					
Interaktionsorientierung (INT)	INT1	0,59	0,74	0,76	0,00	1	47,63%	0,82
	INT2	0,76	0,81					
	INT3	0,61	0,78					
	INT4	0,78	0,70					
	INT5	0,70	0,76					
Social-Media-Strategie (SMS)	SMS1	0,78	0,85	0,86	0,00	1	52,36%	0,86
	SMS2	0,85	0,86					
	SMS3	0,71	0,84					
	SMS4	0,84	0,87					
	SMS5	0,51	0,86					
	SMS6	0,60	0,88					
Topmanagement-Commitment zu Social Media (TMC)	TMC1	0,84	0,83	0,87	0,00	1	49,79%	0,84
	TMC2	0,89	0,80					
	TMC3	0,70	0,91					
	TMC4	0,59	0,91					
	TMC5	0,43	0,94					
	TMC6	0,68	0,91					
Social-Media-Organisation (SMO)	SMO1	0,84	0,68	0,73	0,00	1	57,34%	0,83
	SMO2	0,90	0,68					
	SMO5	0,52	0,83					
	SMO6	0,72	0,83					
Social-Media-Monitoring (SMM)	SMM1	0,81	0,79	0,82	0,00	1	50,65%	0,86
	SMM2	0,72	0,83					
	SMM3	0,70	0,81					
	SMM4	0,68	0,83					
	SMM5	0,63	0,84					
	SMM6	0,73	0,86					

Konstrukt	Indi-kator	Explorative Faktorenanalyse						α
		Faktor-ladung	MSA	KMO	Bartlett	# Fak-toren	Erklärte Varianz	
Social-Media-Bereitschaft der Mitarbeiter (SMB)	SMB1	0,88	0,65	0,69	0,00	1	70,71%	0,87
	SMB2	0,94	0,64					
	SMB3	0,68	0,86					
Interne Social-Media-Integration (SMI)	SMI1	0,59	0,89	0,65	0,00	1	69,43%	0,85
	SMI2	0,90	0,61					
	SMI3	0,96	0,60					
Marketing-Fähigkeiten (MF)	MF4	0,81	0,69	0,71	0,00	1	60,56%	0,82
	MF5	0,81	0,69					
	MF6	0,71	0,77					
Kundenbezogener Erfolg (KBE)	KBE1	0,78	0,73	0,74	0,00	1	51,48%	0,79
	KBE2	0,85	0,69					
	KBE3	0,49	0,85					
	KBE4	0,70	0,78					
Anmerkungen: Bartlett = Signifikanz nach Bartlett; # Faktoren = Anzahl extrahierter Faktoren; Erklärte Varianz = Erklärter Varianzanteil; α = Cronbachs Alpha.								

Tabelle 16: Prüfung der Reliabilität anhand der Gütekriterien der ersten Generation

Quelle: Eigene Darstellung.

Auf Basis der einzelnen konfirmatorischen Faktorenanalysen wurden im Hinblick auf eine Verbesserung der *Reliabilität anhand der Gütekriterien der zweiten Generation* zwölf weitere Indikatoren eliminiert (KO2, KO5, INT1, INT3, SMS5, SMS6, TMC4, TMC5, SMO5, SMM4, SMM5 und KBE3), wobei stets auf inhaltlich nachvollziehbare Gründe geachtet wurde. Hinsichtlich der neu entwickelten Skalen zu den Social-Media-spezifischen Ressourcen konnten somit die Pretest-Ergebnisse bestätigt werden, da die in Abschnitt 4.2.2 verworfenen Indikatoren auch in der Hauptuntersuchung ausgeschlossen wurden. Die Ergebnisse für die verbleibenden 39 Indikatoren sind in Tabelle 17 zusammengefasst.[347]

[347] Die ursprünglichen Ergebnisse vor der Indikatoren-Eliminierung sind in Anhang E dargestellt.

Konstrukt	Indikator	Faktor-ladung	p-Wert	Indikator-reliabilität	Faktor-reliabilität	DEV
Kunden-orientierung (KO)	KO1	0,93	0,00	0,86	0,81	0,59
	KO3	0,71	0,00	0,50		
	KO4	0,65	0,00	0,42		
Innovations-orientierung (IO)	IO1	0,87	0,00	0,76	0,90	0,76
	IO2	0,83	0,00	0,69		
	IO3	0,91	0,00	0,83		
Lern-orientierung (LO)	LO1	0,88	0,00	0,77	0,92	0,79
	LO2	0,93	0,00	0,86		
	LO3	0,85	0,00	0,72		
Interaktions-orientierung (INT)	INT2	0,68	0,00	0,46	0,83	0,62
	INT4	0,93	0,00	0,86		
	INT5	0,73	0,00	0,53		
Social-Media-Strategie (SMS)	SMS1	0,77	0,00	0,59	0,87	0,63
	SMS2	0,86	0,00	0,75		
	SMS3	0,69	0,00	0,48		
	SMS4	0,83	0,00	0,69		
	Modellfit: χ^2 (2) = 5,96 (p = 0,05); χ^2/df = 2,98; TLI = 0,97; CFI = 0,99; RMSEA = 0,11; SRMR = 0,02.					
Topmanagement-Commitment zu Social Media (TMC)	TMC1	0,85	0,00	0,73	0,86	0,62
	TMC2	0,90	0,00	0,80		
	TMC3	0,69	0,00	0,48		
	TMC6	0,68	0,00	0,46		
	Modellfit: χ^2 (2) = 0,59 (p = 0,74); χ^2/df = 0,30; TLI = 1,01; CFI = 1,00; RMSEA = 0,00; SRMR = 0,01.					
Social-Media-Organisation (SMO)	SMO1	0,87	0,00	0,76	0,86	0,68
	SMO2	0,93	0,00	0,87		
	SMO6	0,65	0,00	0,43		
Social-Media-Monitoring (SMM)	SMM1	0,89	0,00	0,79	0,83	0,56
	SMM2	0,72	0,00	0,52		
	SMM3	0,70	0,00	0,48		
	SMM6	0,66	0,00	0,44		
	Modellfit: χ^2 (2) = 4,05 (p = 0,13); χ^2/df = 2,02; TLI = 0,98; CFI = 0,99; RMSEA = 0,08; SRMR = 0,02.					
Social-Media-Bereitschaft der Mitarbeiter (SMB)	SMB1	0,88	0,00	0,78	0,88	0,71
	SMB2	0,94	0,00	0,89		
	SMB3	0,68	0,00	0,46		
Interne Social-Media-Integration (SMI)	SMI1	0,59	0,00	0,35	0,87	0,69
	SMI2	0,90	0,00	0,80		
	SMI3	0,96	0,00	0,93		
Marketing-Fähigkeiten (MF)	MF4	0,81	0,00	0,66	0,82	0,61
	MF5	0,81	0,00	0,66		
	MF6	0,71	0,00	0,50		
Kundenbezogener Erfolg (KBE)	KBE1	0,75	0,00	0,56	0,82	0,61
	KBE2	0,91	0,00	0,82		
	KBE4	0,68	0,00	0,46		

Tabelle 17: Prüfung der Reliabilität anhand der Gütekriterien der zweiten Generation

Quelle: Eigene Darstellung.

Es wird deutlich, dass sämtliche Indikatoren signifikant auf ihren jeweils zugeordneten Faktor laden und mit Ausnahme von SMI1 Indikatorreliabilitäten von über 0,4 erzielen.[348] Die Werte der Faktorreliabilität und DEV liegen zwischen 0,81 und 0,92 bzw. 0,56 und 0,79, sodass die empfohlenen Schwellenwerte von 0,6 bzw. 0,5 durchweg deutlich übertroffen werden. Für die Konstrukte Social-Media-Strategie, Topmanagement-Commitment zu Social Media und Social-Media-Monitoring konnte aufgrund von jeweils vier Indikatoren zudem der Modellfit berechnet werden, der für alle drei Konstrukte ebenfalls akzeptable Werte aufweist. Insgesamt konnte die Reliabilität der Messmodelle folglich auch anhand der Gütekriterien der zweiten Generation gezeigt werden.

Infolge der Eliminierung einzelner Indikatoren im Rahmen der Prüfung der *Reliabilität anhand der Gütekriterien der zweiten Generation* wurde für die finalen 39 Indikatoren erneut die *Reliabilität anhand der Gütekriterien der ersten Generation* untersucht. Die in Tabelle 18 dargestellten Ergebnisse zeigen, dass alle Indikatoren Faktorladungen über 0,4 erzielen, durchweg ein Faktor extrahiert wird und Cronbachs Alpha wie zuvor Werte von mindestens 0,79 aufweist, sodass die Eindimensionalität und interne Konsistenz aller Messmodelle weiterhin gegeben ist.

[348] SMI1 wurde trotz der Indikatorreliabilität von 0,35 nicht verworfen, da der Schwellenwert von 0,4 nur knapp verfehlt wurde und somit eine Messung des Konstrukts mit drei Indikatoren erreicht wurde. Zudem ist dies laut MacKenzie/Podsakoff/Jarvis (2005) unproblematisch, solange die Reliabilität und Validität des gesamten Messmodells gegeben ist. Vgl. MacKenzie/Podsakoff/Jarvis (2005), S. 728.

Konstrukt	Indi-kator	Explorative Faktorenanalyse						α
		Faktor-ladung	MSA	KMO	Bartlett	# Fak-toren	Erklärte Varianz	
Kunden-orientierung (KO)	KO1	0,93	0,62	0,67	0,00	1	59,29%	0,79
	KO3	0,71	0,68					
	KO4	0,65	0,73					
Innovations-orientierung (IO)	IO1	0,87	0,75	0,75	0,00	1	75,76%	0,90
	IO2	0,83	0,79					
	IO3	0,91	0,71					
Lern-orientierung (LO)	LO1	0,88	0,76	0,75	0,00	1	78,60%	0,92
	LO2	0,93	0,71					
	LO3	0,85	0,80					
Interaktions-orientierung (INT)	INT2	0,68	0,74	0,68	0,00	1	61,57%	0,81
	INT4	0,93	0,63					
	INT5	0,73	0,70					
Social-Media-Strategie (SMS)	SMS1	0,76	0,81	0,81	0,00	1	62,68%	0,86
	SMS2	0,87	0,79					
	SMS3	0,69	0,84					
	SMS4	0,84	0,81					
Topmanagement-Commitment zu Social Media (TMC)	TMC1	0,85	0,77	0,81	0,00	1	61,59%	0,86
	TMC2	0,89	0,75					
	TMC3	0,69	0,88					
	TMC6	0,68	0,89					
Social-Media-Organisation (SMO)	SMO1	0,87	0,65	0,68	0,00	1	68,35%	0,86
	SMO2	0,93	0,63					
	SMO6	0,65	0,85					
Social-Media-Monitoring (SMM)	SMM1	0,89	0,73	0,78	0,00	1	55,79%	0,82
	SMM2	0,70	0,78					
	SMM3	0,71	0,83					
	SMM6	0,67	0,83					
Social-Media-Bereitschaft der Mitarbeiter (SMB)	SMB1	0,88	0,65	0,69	0,00	1	70,71%	0,87
	SMB2	0,94	0,64					
	SMB3	0,68	0,86					
Interne Social-Media-Integration (SMI)	SMI1	0,59	0,89	0,65	0,00	1	69,43%	0,85
	SMI2	0,90	0,61					
	SMI3	0,96	0,60					
Marketing-Fähigkeiten (MF)	MF4	0,81	0,69	0,71	0,00	1	60,56%	0,82
	MF5	0,81	0,69					
	MF6	0,71	0,77					
Kundenbezogener Erfolg (KBE)	KBE1	0,75	0,70	0,69	0,00	1	61,15%	0,81
	KBE2	0,91	0,64					
	KBE4	0,68	0,75					

Anmerkungen: Bartlett = Signifikanz nach Bartlett; # Faktoren = Anzahl extrahierter Faktoren; Erklärte Varianz = Erklärter Varianzanteil; α = Cronbachs Alpha.

Tabelle 18: Finale Prüfung der Reliabilität anhand der Gütekriterien der ersten Generation

Quelle: Eigene Darstellung.

Die Prüfung der *Diskriminanzvalidität* der Messmodelle erfolgte anhand des Fornell-Larcker-Kriteriums. Hierzu wurde eine konfirmatorische Faktorenanalyse unter Einbeziehung aller zwölf latenten Konstrukte gerechnet, die insgesamt einen akzeptablen Modellfit aufweist. Die in Tabelle 19 dargestellten Ergebnisse verdeutlichen, dass die DEV-Werte bei 65 von 66 möglichen Konstruktpaaren stets höher sind als deren jeweilige quadrierte Korrelation, sodass das Fornell-Larcker-Kriterium in diesen Fällen erfüllt ist. Lediglich für die Beziehung zwischen der Kundenorientierung und dem kundenbezogenen Erfolg wird das Fornell-Larcker-Kriterium knapp verfehlt.

Konstrukt	KO	IO	LO	INT	SMS	TMC	SMO	SMM	SMB	SMI	MF	KBE
KO	**0,58**											
IO	0,15	**0,76**										
LO	0,24	0,43	**0,78**									
INT	0,36	0,14	0,09	**0,62**								
SMS	0,15	0,11	0,13	0,12	**0,63**							
TMC	0,16	0,22	0,19	0,17	0,39	**0,62**						
SMO	0,06	0,15	0,18	0,06	0,19	0,35	**0,69**					
SMM	0,16	0,09	0,18	0,09	0,40	0,21	0,13	**0,56**				
SMB	0,04	0,18	0,23	0,08	0,25	0,23	0,18	0,23	**0,71**			
SMI	0,04	0,07	0,05	0,08	0,09	0,18	0,16	0,05	0,06	**0,70**		
MF	0,34	0,07	0,16	0,10	0,15	0,18	0,13	0,17	0,11	0,01	**0,61**	
KBE	0,61	0,19	0,24	0,23	0,16	0,10	0,12	0,09	0,06	0,04	0,34	**0,61**

Modellfit: χ^2 (636) = 958,15 (p = 0,00); χ^2/df = 1,51; TLI = 0,91; CFI = 0,92; RMSEA = 0,05; SRMR = 0,06. Anmerkungen: KO = Kundenorientierung; IO = Innovationsorientierung; LO = Lernorientierung; INT = Interaktionsorientierung; SMS = Social-Media-Strategie; TMC = Topmanagement-Commitment zu Social Media; SMO = Social-Media-Organisation; SMM = Social-Media-Monitoring; SMB = Social-Media-Bereitschaft der Mitarbeiter; SMI = interne Social-Media-Integration; MF = Marketing-Fähigkeiten; KBE = kundenbezogener Erfolg; Die Werte auf der Diagonalen (fett gedruckt) zeigen die DEV und die verbleibenden Werte die quadrierten Korrelationen der Konstrukte.

Tabelle 19: Prüfung der Diskriminanzvalidität anhand des Fornell-Larcker-Kriteriums

Quelle: Eigene Darstellung.

Dies wird jedoch als unkritisch erachtet, da die Konstrukte mit eindeutig verschiedenen Skalen gemessen wurden (vgl. Abschnitt 4.2) und hohe Korrelationen zwischen diesen exogenen und endogenen Variablen vermutet wurden (vgl. Abschnitt 3.2.1.1). Dennoch wurde zur Prüfung der *Diskriminanzvalidität* der beiden Messmodelle zusätzlich der von Anderson/Gerbing (1988) empfohlene χ^2-Differenztest durchgeführt.[349] Hierbei wird die Faktorkorrelation zwischen den Konstrukten in einer zusätzlichen konfirmatorischen

[349] Vgl. Anderson/Gerbing (1988), S. 416. Zur Durchführung eines χ^2-Differenztests bei Nicht-Erfüllung des Fornell-Larcker-Kriteriums vgl. Hollebeek/Glynn/Brodie (2014), S. 159.

Faktorenanalyse auf 1 fixiert (sog. restringiertes Modell) und anschließend ein Vergleich der χ^2-Werte des restringierten und unrestringierten Modells vorgenommen.[350] Ein signifikant kleinerer χ^2-Wert für das unrestringierte Modell deutet darauf hin, dass die Konstrukte nicht perfekt korrelieren und somit *Diskriminanzvalidität* besteht.[351]

Im vorliegenden Fall entspricht das unrestringierte Modell der zur Prüfung des Fornell-Larcker-Kriteriums durchgeführten konfirmatorischen Faktorenanalyse, wobei sich ein χ^2-Wert von 958,15 ergab (vgl. Tabelle 19). Wird diese konfirmatorische Faktorenanalyse mit einer auf 1 fixierten Korrelation zwischen der Kundenorientierung und dem kundenbezogenen Erfolg wiederholt, erhöht sich der χ^2-Wert auf 990,92. Die χ^2-Differenz beträgt demnach 32,77 und liegt deutlich über dem für eine Signifikanz zum 5%-Niveau kritischen Wert von 3,84.[352] Folglich kann die *Diskriminanzvalidität* für sämtliche in der empirischen Untersuchung verwendeten Messmodelle angenommen werden. Darüber hinaus ist es aufgrund der Erfüllung des Fornell-Larcker-Kriteriums für die exogenen Variablen unwahrscheinlich, dass es im Rahmen der vorliegenden Arbeit zu fehlerhaften Schlussfolgerungen infolge von Multikollinearität kommt.[353]

Abschließend werden in Tabelle 20 mit den Minimum- und Maximumwerten sowie den Mittelwerten und den Varianzen einige deskriptive Statistiken zu den in dieser Arbeit verwendeten Messmodellen aufgeführt. Für die latenten Konstrukten, deren Reliabilität und Validität zuvor festgestellt wurde, dienen an dieser Stelle vereinfachend die Mittelwerte ihrer finalen Indikatoren als Konstruktwerte. Neben den latenten Konstrukten werden für eine vollständige Übersicht ebenfalls die folgenden manifesten Variablen dieser Untersuchung berücksichtigt: Social-Media-Marketing-Fähigkeiten sowie der natürliche Logarithmus der Anzahl Fans (LN # Fans) und der durchschnittlichen Post Engagement Rate (LN Ø Post ER). Mit Ausnahme der letztgenannten Social-Media-Erfolgsvariablen werden sämtliche Werte sowohl für alle 174 Marken als auch für die 165 Marken mit zugehörigen Social-Media-Erfolgsdaten gezeigt (vgl. Abschnitt 4.3.2).

[350] Vgl. Jöreskog (1971), S. 117-119.
[351] Vgl. Bagozzi/Phillips (1982), 476.
[352] Vgl. Aaker et al. (2011), S. 654.
[353] Vgl. Grewal/Cote/Baumgartner (2004), S. 528.

Konstrukt	Alle Marken (n = 174)				Marken mit Social-Media-Erfolgsdaten (n = 165)			
	Minimum	**Maximum**	∅	σ^2	**Minimum**	**Maximum**	∅	σ^2
Kunden-orientierung	1,67	7,00	5,43	1,38	1,67	7,00	5,40	1,39
Innovations-orientierung	1,00	7,00	5,49	1,71	1,00	7,00	5,46	1,74
Lern-orientierung	1,00	7,00	5,02	1,58	1,00	7,00	5,00	1,61
Interaktions-orientierung	1,00	7,00	4,86	1,75	1,00	7,00	4,85	1,80
Social-Media-Strategie	1,50	7,00	5,01	1,56	1,50	7,00	5,00	1,56
Topmanagement-Commitment zu Social Media	1,00	7,00	4,90	1,86	1,00	7,00	4,87	1,89
Social-Media-Organisation	1,00	6,67	3,07	1,82	1,00	6,67	3,05	1,79
Social-Media-Monitoring	1,00	7,00	5,17	1,64	1,00	7,00	5,15	1,59
Social-Media-Bereitschaft der Mitarbeiter	1,33	7,00	4,97	1,52	1,33	7,00	4,98	1,46
Interne Social-Media-Integration	1,00	7,00	2,95	2,55	1,00	7,00	2,93	2,51
Marketing-Fähigkeiten	-2,00	3,00	1,22	1,04	-2,00	3,00	1,22	1,02
Social-Media-Marketing-Fähigkeiten	-3,00	3,00	1,08	2,04	-3,00	3,00	1,09	2,03
Kundenbezogener Erfolg	-1,83	3,00	1,09	1,16	-1,83	3,00	1,10	1,18
LN # Fans	-	-	-	-	7,19	14,65	11,16	2,75
LN Ø Post ER	-	-	-	-	-3,60	0,72	-1,48	0,84

Anmerkungen: ∅ = Arithmetisches Mittel; σ^2 = Varianz; LN # Fans = natürlicher Logarithmus der Anzahl Fans; LN Ø Post ER = natürlicher Logarithmus der durchschnittlichen Post Engagement Rate; Daten zu den Social-Media-Erfolgsvariablen LN # Fans und LN Ø Post ER liegen gemäß Abschnitt 4.3.2 zu 165 der insgesamt 174 befragten Marken vor.

Tabelle 20: Deskriptive Statistiken der Messmodelle

Quelle: Eigene Darstellung.

5.2 Beurteilung der Strukturmodelle: Überprüfung der Forschungshypothesen zu den Determinanten von Good Social Media Marketing

Nachdem die Güte der Messmodelle festgestellt wurde, sollen nun die Ergebnisse der Strukturmodelle betrachtet werden. Dazu wurden mit Hilfe von AMOS 22 sowohl die Wirkungen der Determinanten auf den Social-Media-Erfolg (Abschnitt 5.2.1) als auch auf den kundenbezogenen Erfolg (Abschnitt 5.2.2) untersucht und die in Abschnitt 3.2 aufgestellten Forschungshypothesen überprüft. Die Untersuchung der Wirkungen der Determinanten auf den Social-Media- und kundenbezogenen Erfolg erfolgte dabei mit separaten Strukturgleichungsmodellen. Hierdurch wurden gemäß der Beschreibung in Abschnitt 3.2 die totalen Effekte der Determinanten auf den kundenbezogenen Erfolg erfasst, anstelle einer Limitierung auf indirekte Effekte über den Social-Media-Erfolg. Mit jener separaten Untersuchung der Wirkungen der Determinanten auf verschiedene Erfolgsvariablen folgt die vorliegende Arbeit einem gängigen Vorgehen in hochrangig publizierten Forschungsbeiträgen.[354] Aufbauend auf den Wirkungen der Determinanten auf den Social-Media- und kundenbezogenen Erfolg wurden anschließend ergänzende Untersuchungen zum Zusammenwirken der Erfolgsdeterminanten und zum Zusammenhang der Erfolgsvariablen durchgeführt (Abschnitt 5.2.3).

5.2.1 Wirkungen der Erfolgsdeterminanten auf den Social-Media-Erfolg

Eine Übersicht der Wirkungen der Erfolgsdeterminanten auf den Social-Media-Erfolg gibt Tabelle 21. Wie in Abschnitt 4.2.4 erläutert, wird der Social-Media-Erfolg mit dem natürlichen Logarithmus der Anzahl Fans (LN # Fans) und der durchschnittlichen Post Engagement Rate (LN Ø Post ER) anhand von zwei komplementären Erfolgsmaßen gemessen. Diese werden nicht zu einer übergreifenden Erfolgsvariable aggregiert, um interessante Einflüsse der untersuchten Determinanten auf jene Erfolgsmaße getrennt aufzeigen zu können. Entsprechend erfolgt die Untersuchung der Wirkungen der Determinanten auf die endogenen Variablen LN # Fans und LN Ø Post ER auf Basis von zwei separaten Strukturgleichungsmodellen. Deren Ergebnisse werden im Folgenden zunächst nacheinander dargestellt, ehe sie im Anschluss zusammenfassend betrachtet werden.

[354] Vgl. u. a. Kumar et al. (2011), S. 25; Morgan/Vorhies/Mason (2009), S. 913 f.

Hypothese		LN # Fans			LN Ø Post ER		
		β	p	Bestätigt?	β	p	Bestätigt?
H1a	*Kundenorientierung*	-0,05	n. s. (0,68)	✗	-0,08	n. s. (0,60)	✗
H2a	*Innovationsorientierung*	0,09	n. s. (0,36)	✗	0,07	n. s. (0,51)	✗
H3a	*Lernorientierung*	-0,24	** (0,04)	✗	-0,16	n. s. (0,20)	✗
H4a	*Interaktionsorientierung*	-0,12	n. s. (0,23)	✗	0,26	** (0,02)	✓
H5a	*Social-Media-Strategie*	0,21	* (0,08)	✓	-0,09	n. s. (0,52)	✗
H6a	*Topmanagement-Commitment zu Social Media*	-0,01	n. s. (0,93)	✗	0,28	** (0,03)	✓
H7a	*Social-Media-Organisation*	0,03	n. s. (0,76)	✗	-0,13	n. s. (0,23)	✗
H8a	*Social-Media-Monitoring*	0,16	n. s. (0,15)	✗	-0,19	n. s. (0,12)	✗
H9a	*Social-Media-Bereitschaft der Mitarbeiter*	0,19	** (0,05)	✓	-0,16	n. s. (0,13)	✗
H10a	*Interne Social-Media-Integration*	0,02	n. s. (0,83)	✗	0,05	n. s. (0,55)	✗
H11a	*Marketing-Fähigkeiten*	0,05	n. s. (0,68)	✗	0,28	** (0,04)	✓
H12a	*Social-Media-Marketing-Fähigkeiten*	0,09	n. s. (0,38)	✗	-0,17	n. s. (0,13)	✗
-	*Unternehmensgröße* (Kontrollvariable)	0,27	*** (0,00)	-	-0,17	** (0,04)	-
-	Modellfit	χ^2 (614) = 904,54 (p = 0,00); χ^2/df = 1,47; TLI = 0,91; CFI = 0,92; RMSEA = 0,05; SRMR = 0,07.			χ^2 (614) = 880,61 (p = 0,00); χ^2/df = 1,43; TLI = 0,92; CFI = 0,93; RMSEA = 0,05; SRMR = 0,06.		
Anmerkungen: n = 165; β = standardisierter Pfadkoeffizient; p = p-Wert; * / ** / *** = Signifikanz zum 10%- / 5%- / 1%-Niveau; n. s. = nicht signifikant; ✓ / ✗ = Hypothese bestätigt / nicht bestätigt.							

Tabelle 21: Wirkungen der Erfolgsdeterminanten auf den Social-Media-Erfolg

Quelle: Eigene Darstellung.

Für das Strukturgleichungsmodell mit der endogenen Variable LN # Fans weisen die Gütekriterien auf einen akzeptablen Fit mit der empirischen Varianz-Kovarianz-Matrix hin. Hinsichtlich der einzelnen Erfolgsdeterminanten werden die Hypothesen H1a bis H4a zu den Wirkungen der unternehmenskulturbezogenen Ressourcen *Kunden-* (H1a, β = -0,05, n. s.),

Innovations- (H2a, $\beta = 0,09$, n. s.), *Lern-* (H3a, $\beta = -0,24$, $p \leq 0,05$) und *Interaktionsorientierung* (H4a, $\beta = -0,12$, n. s.) für LN # Fans nicht bestätigt. Von den Social-Media-spezifischen Ressourcen kann hingegen als Erstes Hypothese H5a zum Einfluss der *Social-Media-Strategie* bestätigt werden ($\beta = 0,21$, $p \leq 0,1$). Ebenfalls nicht bestätigt werden die Hypothesen H6a bis H8a zu den Effekten des *Topmanagement-Commitments zu Social Media* (H6a, $\beta = -0,01$, n. s.), der *Social-Media-Organisation* (H7a, $\beta = 0,03$, n. s.) und des *Social-Media-Monitorings* (H8a, $\beta = 0,16$, n. s.). Mit Hypothese H9a zum Einfluss der *Social-Media-Bereitschaft der Mitarbeiter* kann unter den Social-Media-spezifischen Ressourcen eine zweite Hypothese bestätigt werden ($\beta = 0,19$, $p \leq 0,05$). Die verbleibenden Hypothesen H10a bis H12a werden wiederum nicht bestätigt, sodass für die *interne Social-Media-Integration* (H10a, $\beta = 0,02$, n. s.) sowie die *Marketing-Fähigkeiten* (H11a, $\beta = 0,05$, n. s.) und die *Social-Media-Marketing-Fähigkeiten* (H12a, $\beta = 0,09$, n. s) kein positiver Effekt auf LN # Fans nachgewiesen werden kann.

In Summe zeigen sich im Strukturgleichungsmodell mit der endogenen Variable LN # Fans somit verschiedene signifikante Zusammenhänge, durch die zwei der insgesamt zwölf getesteten Hypothesen empirisch bestätigt werden. Bei der ersten bestätigten Hypothese handelt es sich um Hypothese H5a, nach der die *Social-Media-Strategie* eines Unternehmens einen positiven Einfluss auf dessen Social-Media-Erfolg hat. Demnach lässt sich durch einen gezielten, koordinierten Angang der Social-Media-Aktivitäten eine höhere Anzahl an Fans erreichen. Dies erscheint insbesondere sinnvoll, da die Reichweite eine zentrale Rolle in derzeitigen Social-Media-Strategien einnimmt und eine entsprechende Ausrichtung der Social-Media-Aktivitäten folglich in einem Wachstum der Fananzahl münden sollte.[355] Des Weiteren wird Hypothese H9a bestätigt, die einen positiven Effekt der *Social-Media-Bereitschaft der Mitarbeiter* postuliert. Auch dieser Zusammenhang scheint plausibel, da Mitarbeiter, die in der Lage, gewillt und befugt sind, die Social-Media-Aktivitäten ihres Unternehmens zu unterstützen (vgl. Abschnitt 3.2.2.5), als Multiplikatoren zu einer höheren Reichweite beitragen.

Der größte positive Zusammenhang ergibt sich jedoch für die Kontrollvariable *Unternehmensgröße* ($\beta = 0,27$, $p \leq 0,01$), sodass die Anzahl an Fans primär von der Größe eines Unternehmens abhängt. Als Beispiel sei Apple genannt, das als eines der weltweit größten

[355] Vgl. Universität St. Gallen/Conrad Caine (2012), S. 16.

Unternehmen knapp zwölf Millionen Facebook-Fans hat, ohne die Fanseite selbst aktiv zu betreiben.[356] Die Hypothesen zu den verbleibenden Erfolgsdeterminanten können für LN # Fans nicht bestätigt werden. Für die *Lernorientierung* zeigt sich stattdessen sogar ein negativer Effekt. Eine mögliche Ursache könnte darin liegen, dass lernorientierte Unternehmen den für sie richtigen Umgang mit Social Media zunächst besser verstehen möchten, während andere proaktiver handeln und hierdurch im dynamischen Social-Media-Umfeld schneller mehr Fans erreichen.

Das Strukturgleichungsmodell mit der endogenen Variable LN Ø Post ER weist ebenfalls einen akzeptablen Fit auf. Im Einklang mit dem vorangegangenen Modell werden die ersten drei Hypothesen H1a bis H3a zu den Wirkungen der unternehmenskulturbezogenen Ressourcen *Kunden-* (H1a, β = -0,08, n. s.), *Innovations-* (H2a, β = 0,07, n. s.) und *Lernorientierung* (H3a, β = -0,16, n. s.) auch für LN Ø Post ER nicht bestätigt. Für die *Interaktionsorientierung* zeigt sich nun jedoch anders als zuvor ein positiver Einfluss auf den Social-Media-Erfolg (β = 0,26, $p \leq 0,05$), sodass Hypothese H4a im Modell mit der Erfolgsvariable LN Ø Post ER bestätigt werden kann.

Ein weiterer Unterschied zum vorherigen Strukturgleichungsmodell betrifft Hypothese H5a zum Einfluss der *Social-Media-Strategie*, deren positiver Effekt auf LN # Fans im Modell mit LN Ø Post ER nicht zum Tragen kommt (β = -0,09, n. s.). Stattdessen übt das *Topmanagement-Commitment zu Social Media* einen signifikanten positiven Effekt auf LN Ø Post ER aus (β = 0,28, $p \leq 0,05$), wodurch Hypothese H6a bestätigt werden kann. Die Hypothesen H7a bis H10a zu den Wirkungszusammenhängen der verbleibenden Social-Media-spezifischen Ressourcen *Social-Media-Organisation* (H7a, β = -0,13, n. s.), *Social-Media-Monitoring* (H8a, β = -0,19, n. s.), *Social-Media-Bereitschaft der Mitarbeiter* (H9a, β = -0,16, n. s.) und *interne Social-Media-Integration* (H10a, β = 0,05, n. s.) werden hingegen nicht bestätigt. Hinsichtlich der Fähigkeiten wird Hypothese H11a zum Einfluss der *Marketing-Fähigkeiten* bestätigt (β = 0,28, $p \leq 0,05$), während der in Hypothese H12a postulierte Effekt der *Social-Media-Marketing-Fähigkeiten* in dieser Untersuchung nicht empirisch belegt werden kann (β = -0,17, n. s.).

[356] Apple hatte am 26.06.2014 11.991.422 Fans auf der Seite https://www.facebook.com/pages/Apple-Inc/137947732957611?rf=108060649214184. Vgl. Facebook (2014a).

Folglich zeigen sich im Strukturgleichungsmodell mit der endogenen Variable LN Ø Post ER diverse signifikante Zusammenhänge, durch die drei der zwölf untersuchten Hypothesen bestätigt werden. Eine der drei bestätigten Hypothesen ist Hypothese H4a, die einen positiven Einfluss der *Interaktionsorientierung* auf den Social-Media-Erfolg postuliert. Dies erscheint logisch, da es sich bei der Post ER um ein Interaktionsmaß handelt (vgl. Abschnitt 4.2.4), wodurch sich eine derartige Orientierung entsprechend positiv auswirken sollte. Bei den zwei anderen bestätigten Hypothesen handelt es sich um die Hypothesen H6a und H11a, nach denen das *Topmanagement-Commitment zu Social Media* und die *Marketing-Fähigkeiten* zur Erhöhung des Social-Media-Erfolgs beitragen. Während die Erzielung der Reichweite im Social-Media-Umfeld demnach ohne diese beiden Determinanten auskommt, wirkt sich z. B. die Unterstützung durch ausreichende Ressourcen oder die Fähigkeit zur effektiven Kommunikation positiv auf die Interaktionsintensität aus. Neben diesen drei bestätigten Hypothesen ergibt sich ein weiterer signifikanter Zusammenhang für die *Unternehmensgröße*, die anders als bei der Fananzahl einen negativen Effekt hat (β = -0,17, $p \leq 0{,}05$). Kleinere Unternehmen haben somit zwar eine geringere Fanbasis, erweisen sich jedoch als erfolgreicher hinsichtlich der Erstellung von Posts mit hohen Engagement-Raten.

Abschließend bleibt festzustellen, dass je nach Social-Media-Zielsetzung eines Unternehmens unterschiedliche Erfolgsdeterminanten zum Tragen kommen. Mit Hilfe der empirischen Untersuchung konnte gezeigt werden, dass die *Social-Media-Strategie* und die *Social-Media-Bereitschaft der Mitarbeiter* zur Erzielung einer hohen Reichweite beitragen. Die *Interaktionsorientierung*, das *Topmanagement-Commitment zu Social Media* und die *Marketing-Fähigkeiten* haben hingegen einen positiven Effekt auf die Interaktion mit Social-Media-Nutzern. Insgesamt konnten demzufolge fünf von zwölf Hypothesen zu den Wirkungen der Erfolgsdeterminanten auf den Social-Media-Erfolg bestätigt werden. Für einzelne Determinanten wurden allerdings keine signifikanten Zusammenhänge mit den Social-Media-Erfolgsvariablen gefunden. Anders als vermutet, scheinen z. B. die *Kunden-* und *Innovationsorientierung* keinen positiven Einfluss auf den Social-Media-Erfolg zu haben. Demnach müssen Unternehmen weder für eine große Fanbasis noch für eine hohe Post ER besonders kundenorientiert oder innovativ sein. Gleiches trifft auf die *Social-Media-Organisation*, das *Social-Media-Monitoring* und die *interne Social-Media-Integration* zu.

Ein möglicher Grund könnte bei allen drei Social-Media-spezifischen Ressourcen in einem zeitlichen Aspekt liegen, da Marken erst seit wenigen Jahren in sozialen Medien aktiv sind.[357] Werden beispielsweise organisationale Strukturen und Prozesse im Hinblick auf Social Media angepasst, ist davon auszugehen, dass eine derartige Transformation und die anschließende Wirkung auf den Social-Media-Erfolg einige Zeit in Anspruch nimmt. Ähnliches gilt für Verbesserungen infolge von Monitoring-Ergebnissen oder der internen Social-Media-Nutzung. Es könnte daher sein, dass sich der positive Einfluss dieser Erfolgsdeterminanten erst in den kommenden Jahren zeigen wird. Interessant ist zudem, dass die *Social-Media-Marketing-Fähigkeiten* keinen signifikanten Einfluss auf den Social-Media-Erfolg ausüben, während für die *Marketing-Fähigkeiten* ein positiver Effekt auf die Post ER gezeigt werden konnte. Folglich sind eine gute Kommunikation, Planung und Umsetzung von Marketing-Aktivitäten auch im Social-Media-Umfeld von zentraler Bedeutung, es bedarf jedoch keiner spezifischen Kompetenzen im Bereich Social Media Marketing.

5.2.2 Wirkungen der Erfolgsdeterminanten auf den kundenbezogenen Erfolg

Die Ergebnisse zu den Wirkungen der Erfolgsdeterminanten auf den kundenbezogenen Erfolg sind in Tabelle 22 dargestellt.

[357] „Facebook Pages“ ermöglichte Marken erstmals im November 2007 auf Facebook präsent zu sein. Vgl. Facebook (2014d). Die Facebook-Beitritte der 165 in diesem Abschnitt betrachteten Marken verteilen sich wie folgt auf die Jahre 2008 bis 2012: 2% 2008, 29% 2009, 38% 2010, 19% 2011, 12% 2012.

Hypothese		Kundenbezogener Erfolg		
		β	p	Bestätigt?
H1b	*Kundenorientierung*	0,59	*** (0,00)	✓
H2b	*Innovationsorientierung*	0,14	n. s. (0,14)	×
H3b	*Lernorientierung*	0,04	n. s. (0,69)	×
H4b	*Interaktionsorientierung*	0,03	n. s. (0,75)	×
H5b	*Social-Media-Strategie*	0,23	** (0,05)	✓
H6b	*Topmanagement-Commitment zu Social Media*	-0,26	** (0,02)	×
H7b	*Social-Media-Organisation*	0,16	* (0,08)	✓
H8b	*Social-Media-Monitoring*	-0,14	n. s. (0,17)	×
H9b	*Social-Media-Bereitschaft der Mitarbeiter*	-0,03	n. s. (0,74)	×
H10b	*Interne Social-Media-Integration*	0,04	n. s. (0,54)	×
H11b	*Marketing-Fähigkeiten*	0,25	** (0,03)	✓
H12b	*Social-Media-Marketing-Fähigkeiten*	-0,07	n. s. (0,44)	×
-	*Unternehmensgröße* (Kontrollvariable)	-0,05	n. s. (0,46)	-
-	Modellfit	χ^2 (690) = 1.032,66 (p = 0,00); χ^2/df = 1,50; TLI = 0,91; CFI = 0,92; RMSEA = 0,05; SRMR = 0,06.		

Anmerkungen: n = 174; β = standardisierter Pfadkoeffizient; p = p-Wert; * / ** / *** = Signifikanz zum 10%- / 5%- / 1%-Niveau; n. s. = nicht signifikant; ✓ / × = Hypothese bestätigt / nicht bestätigt.

Tabelle 22: Wirkungen der Erfolgsdeterminanten auf den kundenbezogenen Erfolg

Quelle: Eigene Darstellung.

Das Strukturgleichungsmodell mit der endogenen Variable kundenbezogener Erfolg weist wie bereits die vorangegangenen Modelle einen akzeptablen Fit auf. Im Hinblick auf die einzelnen Erfolgsdeterminanten wird als Erstes Hypothese H1b zum positiven Einfluss der *Kundenorientierung* bestätigt (β = 0,59, p ≤ 0,01). Die Hypothesen H2b bis H4b zu den verbleibenden unternehmenskulturbezogenen Ressourcen *Innovations-* (H2b, β = 0,14, n. s.),

Lern- (H3b, $\beta = 0{,}04$, n. s.) und *Interaktionsorientierung* (H4b, $\beta = 0{,}03$, n. s.) werden hingegen nicht bestätigt. Von den Hypothesen zu den Social-Media-spezifischen Ressourcen wird Hypothese H5b zur Wirkung der *Social-Media-Strategie* bestätigt ($\beta = 0{,}23$, $p \leq 0{,}05$), während der in Hypothese H6b postulierte positive Effekt des *Topmanagement-Commitments zu Social Media* auf den kundenbezogenen Erfolg nicht empirisch belegt wird ($\beta = -0{,}26$, $p \leq 0{,}05$).

Neben der *Social-Media-Strategie* weist mit der *Social-Media-Organisation* eine weitere Social-Media-spezifische Ressource einen signifikanten positiven Einfluss auf den kundenbezogenen Erfolg auf ($\beta = 0{,}16$, $p \leq 0{,}1$), wodurch auch Hypothese H7b bestätigt wird. Für die Hypothesen H8b bis H10b zu den drei übrigen Social-Media-spezifischen Ressourcen *Social-Media-Monitoring* (H8b, $\beta = -0{,}14$, n. s.), *Social-Media-Bereitschaft der Mitarbeiter* (H9b, $\beta = -0{,}03$, n. s.) und *interne Social-Media-Integration* (H10b, $\beta = 0{,}04$, n. s.) bieten die Ergebnisse jedoch keinen empirischen Beleg. Es verbleiben die Hypothesen H11b und H12b zu den Wirkungszusammenhängen der *Marketing-* und *Social-Media-Marketing-Fähigkeiten* mit dem kundenbezogenen Erfolg. Während die empirischen Ergebnisse die postulierte positive Wirkung der *Marketing-Fähigkeiten* auf den kundenbezogenen Erfolg bestätigen (H11b, $\beta = 0{,}25$, $p \leq 0{,}05$), kann ein derartiger Effekt für die *Social-Media-Marketing-Fähigkeiten* nicht nachgewiesen werden (H12b, $\beta = -0{,}07$, n. s).

Das Strukturgleichungsmodell mit der endogenen Variable kundenbezogener Erfolg enthält demnach mehrere signifikante Zusammenhänge, mit denen vier der insgesamt zwölf getesteten Hypothesen empirisch bestätigt werden. Am deutlichsten ist dabei der positive Effekt der *Kundenorientierung*, durch den Hypothese H1b bestätigt wird. Dieser erscheint logisch, da auf zufriedene Kunden ausgerichtete Aktivitäten (vgl. Abschnitt 3.2.1.1) in erfolgreicheren Beziehungen mit diesen münden sollten. Der zweitstärkste positive Einfluss ergibt sich für die *Marketing-Fähigkeiten*, wodurch Hypothese H11b verifiziert wird. Beide genannten Zusammenhänge belegen somit u. a. die Ergebnisse von Ngo/O'Cass (2012), die ebenfalls eine positive Wirkung der *Kundenorientierung* und *Marketing-Fähigkeiten* auf den kundenbezogenen Erfolg finden.[358]

[358] Vgl. Ngo/O'Cass (2012), S. 870.

Neben der Bekräftigung von Erkenntnissen der bestehenden Literatur zeigen sich verschiedene signifikante Einflüsse der Social-Media-spezifischen Ressourcen. So werden die Hypothesen H5b und H7b bestätigt, nach denen die *Social-Media-Strategie* und *Social-Media-Organisation* einen positiven Effekt auf den kundenbezogenen Erfolg ausüben. Hierbei erscheinen hinsichtlich der *Social-Media-Strategie* zwei Gründe plausibel: Zum einen könnte sich der im vorherigen Abschnitt gezeigte Einfluss auf den Social-Media-Erfolg wiederum positiv auf den kundenbezogenen Erfolg auswirken und zum anderen könnte z. B. die Abstimmung mit allgemeinen Unternehmenszielen einen über Social Media hinausgehenden Effekt haben. Im Gegensatz hierzu konnte für die *Social-Media-Organisation* kein signifikanter Einfluss auf den Social-Media-Erfolg gezeigt werden. Ein Grund für die dennoch bestehende positive Wirkung auf den kundenbezogenen Erfolg könnte sein, dass Unternehmen, die ihre Organisation für Social Media verändern, ihre Strukturen und Prozesse auch hinsichtlich anderer Bereiche flexibler anpassen. Als Beispiel sei eine Ausrichtung der Organisation auf die Erfüllung von Kundenbedürfnissen genannt, die sich nach Jayachandran et al. (2005) positiv auf den kundenbezogenen Erfolg auswirkt.[359]

Der letzte signifikante Zusammenhang ergibt sich für das *Topmanagement-Commitment zu Social Media*, das anders als vermutet einen negativen Effekt ausübt. Dieser könnte in begrenzten Ressourcen der obersten Führungsebene begründet sein, durch die sich eine stärkere Unterstützung der Social-Media-Aktivitäten negativ auf andere Bereiche auswirken kann. Sind die betroffenen Bereiche für den kundenbezogenen Erfolg relevanter als Social Media, wird ein möglicher positiver Social-Media-Einfluss durch deren negativen Effekt überkompensiert.

Die verbleibenden Erfolgsdeterminanten weisen keine signifikanten Zusammenhänge mit dem kundenbezogenen Erfolg auf. Nachdem bereits im vorangegangenen Abschnitt gezeigt wurde, dass die unternehmenskulturbezogenen Ressourcen *Innovations-* und *Lernorientierung* keinen positiven Effekt auf den Social-Media-Erfolg haben, können auch die Hypothesen H2b und H3b zur Wirkung auf den kundenbezogenen Erfolg nicht bestätigt werden. Beide Konstrukte üben demnach weder über Social Media noch über andere Bereiche einen

[359] Jayachandran et al. (2005) zeigen, dass kundenorientierte Strukturen und Anreizsysteme („Customer-Centric Management System") über kundenbezogene Informationsprozesse („Relational Information Processes") positiv zum kundenbezogenen Erfolg („Customer Relationship Performance") beitragen. Vgl. Jayachandran et al. (2005), S. 177-192.

signifikanten Einfluss auf den Erfolg von Kundenbeziehungen aus. Für die *Interaktionsorientierung* konnte im Gegensatz hierzu zwar ein signifikanter Zusammenhang mit dem Social-Media-Erfolg gezeigt werden, allerdings schlägt sich dieser nicht auf den kundenbezogenen Erfolg durch.

Diese Erkenntnis scheint zunächst im Widerspruch zu den Ergebnissen von Ramani/Kumar (2008) zu stehen, die einen signifikanten Einfluss der *Interaktionsorientierung* auf ein vergleichbares kundenbezogenes Erfolgsmaß finden.[360] Als mögliche Ursache hierfür kommen die unterschiedlichen Modelle in Betracht, da Ramani/Kumar (2008) lediglich die Erfolgswirkung der *Interaktionsorientierung* testen, während die vorliegende Untersuchung verschiedene weitere Determinanten berücksichtigt. Tabelle 23 zeigt, dass eine analog zu Ramani/Kumar (2008) durchgeführte Analyse auf Basis der verwendeten Datengrundlage ebenfalls einen signifikanten positiven Effekt der *Interaktionsorientierung* auf den kundenbezogenen Erfolg ergibt. Dieser kommt jedoch im betrachteten Strukturmodell aufgrund der Korrelationen mit den anderen Erfolgsdeterminanten nicht zum Vorschein.[361] Die abweichenden Ergebnisse sind somit auf Modellunterschiede zurückzuführen und stehen in keinem Widerspruch zueinander. Wie die in Tabelle 23 dargestellten Ergebnisse verdeutlichen, haben neben der *Interaktionsorientierung* auch die *Innovations-* und *Lernorientierung* in Modellen ohne andere Determinanten einen signifikanten positiven Einfluss auf den kundenbezogenen Erfolg.[362] Folglich können Modellunterschiede bei diesen zwei Erfolgsdeterminanten gleichermaßen ursächlich für Abweichungen von anderen Studien sein.

---

[360] Vgl. hierzu und im Folgenden Ramani/Kumar (2008), S. 37 f. und S. 42.

[361] Im Modell mit allen Erfolgsdeterminanten korreliert die Interaktionsorientierung am höchsten mit der Kundenorientierung ($r = 0,59$, $p \leq 0,01$).

[362] Die Strukturmodelle wurden analog zu Ramani/Kumar (2008) ohne Kontrollvariable gerechnet. Eine Einbeziehung der Kontrollvariable Umsatzgröße verändert die Aussagen nicht. Vgl. Anhang F.

<table>
<tr><th colspan="2" rowspan="2">Hypothese</th><th colspan="3">Kundenbezogener Erfolg</th></tr>
<tr><th>β</th><th>p</th><th>Bestätigt?</th></tr>
<tr><td rowspan="2">H2b</td><td rowspan="2">Innovationsorientierung</td><td>0,42</td><td>***
(0,00)</td><td>✓</td></tr>
<tr><td colspan="3">Modellfit: χ^2 (8) = 9,96 (p = 0,27); χ^2/df = 1,25; TLI = 0,99; CFI = 1,00; RMSEA = 0,04; SRMR = 0,03.</td></tr>
<tr><td rowspan="2">H3b</td><td rowspan="2">Lernorientierung</td><td>0,49</td><td>***
(0,00)</td><td>✓</td></tr>
<tr><td colspan="3">Modellfit: χ^2 (8) = 24,03 (p = 0,00); χ^2/df = 3,00; TLI = 0,95; CFI = 0,97; RMSEA = 0,11; SRMR = 0,04.</td></tr>
<tr><td rowspan="2">H4b</td><td rowspan="2">Interaktionsorientierung</td><td>0,48</td><td>***
(0,00)</td><td>✓</td></tr>
<tr><td colspan="3">Modellfit: χ^2 (8) = 7,73 (p = 0,46); χ^2/df = 0,97; TLI = 1,00; CFI = 1,00; RMSEA = 0,00; SRMR = 0,03.</td></tr>
<tr><td colspan="5">Anmerkungen: n = 174; β = standardisierter Pfadkoeffizient; p = p-Wert; * / ** / *** = Signifikanz zum 10%- / 5%- / 1%-Niveau; n. s. = nicht signifikant; ✓ / ✗ = Hypothese bestätigt / nicht bestätigt.</td></tr>
</table>

Tabelle 23: Individuelle Wirkungen der Innovations-, Lern- und Interaktionsorientierung auf den kundenbezogenen Erfolg

Quelle: Eigene Darstellung.

Zusätzlich zu diesen Erfolgsdeterminanten weisen einzelne Social-Media-spezifische Ressourcen sowie die *Social-Media-Marketing-Fähigkeiten* keine signifikanten Zusammenhänge mit dem kundenbezogenen Erfolg auf. Für das *Social-Media-Monitoring* und die *interne Social-Media-Integration* konnte (bislang) kein Effekt auf den Social-Media-Erfolg gezeigt werden, weshalb es nicht verwunderlich erscheint, dass die Hypothesen H8b und H10b zum Einfluss auf den kundenbezogenen Erfolg ebenfalls nicht bestätigt werden. Anders als diese beiden Determinanten trägt die *Social-Media-Bereitschaft der Mitarbeiter* über eine Vergrößerung der Fanbasis zum Social-Media-Erfolg bei. Dieser positive Effekt wirkt sich jedoch nicht signifikant auf den kundenbezogenen Erfolg aus, sodass Hypothese H9b nicht verifiziert werden kann. Hinsichtlich der *Social-Media-Marketing-Fähigkeiten* bestätigt sich die im vorherigen Abschnitt gewonnene Erkenntnis: Während *Marketing-Fähigkeiten* von zentraler Bedeutung sind, bedarf es auch zur Gestaltung erfolgreicher Kundenbeziehungen keiner spezifischen Kompetenzen im Bereich Social Media Marketing.

5.2.3 Ergänzende Untersuchungen: Zusammenwirken der Erfolgsdeterminanten und Zusammenhang der Erfolgsvariablen

Auf Basis der vorangegangenen Analysen sollen im Folgenden ergänzend zwei naheliegende Fragestellungen näher untersucht werden. Als Erstes stellt sich die Frage nach einem möglichen Effekt des *Zusammenwirkens der Erfolgsdeterminanten.* Während bislang die Wirkungen der einzelnen Erfolgsdeterminanten analysiert wurden, soll nun geprüft werden, welchen zusätzlichen Effekt es hat, wenn sich Unternehmen vor dem Hintergrund von Social Media über einzelne Determinanten hinweg angepasst haben. Um hierbei möglichst eine primäre Optimierung für Social Media zu erfassen, wird die Interaktion zwischen den Social-Media-spezifischen Ressourcen betrachtet. Wie in Abschnitt 3.2 beschrieben, liegt deren Fokus auf einem erfolgreichen Umgang mit Social Media. Sofern ein Unternehmen über ein hohes Maß an Social-Media-spezifischen Ressourcen verfügt, kann daher unterstellt werden, dass diese zur Steigerung des eigenen Social-Media-Erfolgs aufgebaut wurden. Die anderen im Untersuchungsmodell erfassten Erfolgsdeterminanten beziehen sich nicht explizit auf Social Media oder haben sich z. T. als nicht relevant erwiesen, weshalb ihr Zusammenwirken mit anderen Determinanten nicht näher untersucht wird.[363]

Im Anschluss an die Untersuchung des *Zusammenwirkens der Erfolgsdeterminanten* soll geprüft werden, ob ein *Zusammenhang der Erfolgsvariablen* besteht, d. h. welchen Einfluss die Social-Media-Reichweite und -Interaktion auf den kundenbezogenen Erfolg haben. Wenngleich die Frage nach dem Mehrwert von Social Media nicht im Fokus der vorliegenden Untersuchung steht, erscheint der Zusammenhang zwischen dem Social-Media-Erfolg und dem kundenbezogenen Erfolg dennoch spannend, u. a. da bereits an verschiedenen Stellen Vermutungen hierzu angestellt wurden.[364]

Zur Prüfung eines möglichen Effekts des *Zusammenwirkens der Erfolgsdeterminanten* wurde mit Hilfe des „Residual Centering“-Ansatzes von Lance (1988) eine Variable zur Messung der Interaktion zwischen den Social-Media-spezifischen Ressourcen erstellt.[365] In einem

[363] Unternehmenskulturbezogene Ressourcen und Marketing-Fähigkeiten haben Unternehmen bereits vor dem Aufkommen von Social Media optimiert. Social-Media-Marketing-Fähigkeiten beziehen sich zwar explizit auf Social Media, jedoch zeigen die vorangegangenen Analysen, dass es über allgemeine Marketing-Fähigkeiten hinaus keiner spezifischen Social-Media-Marketing-Fähigkeiten bedarf.

[364] Für eine umfassende Beurteilung des Mehrwerts von Social Media erscheint z. B. eine Erfassung weiterer Erfolgsvariablen und eine Einbeziehung von Marken ohne Social-Media-Aktivitäten ratsam.

[365] Vgl. hierzu und im Folgenden Lance (1988), S. 163-175.

zweistufigen Verfahren wurde hierzu als Erstes der Produktterm der Social-Media-spezifischen Ressourcen auf seine Komponenten regressiert, wobei die Mittelwerte der Indikatoren als Konstruktwerte dienten.[366] Anschließend wurden die Residuen der Kleinste-Quadrate-Regression zur Messung des Interaktionseffekts verwendet. Dieser Ansatz wurde anstelle alternativer Verfahren ausgewählt, um eine Multikollinearität zwischen der Interaktionsvariable und den dahinter liegenden Konstrukten zu vermeiden und lediglich den zusätzlichen Interaktionseffekt zu erfassen. Eine Erweiterung der in Abschnitt 5.2.1 dargestellten Strukturmodelle zu den Wirkungen der Determinanten auf den Social-Media-Erfolg um die als *Interaktion Social-Media-spezifischer Ressourcen* bezeichnete Variable ergibt die in Tabelle 24 aufgeführten Zusammenhänge.

366 Little/Bovaird/Widaman (2006) erweitern den Ansatz auf eine Anwendung für latente Konstrukte. Hierbei werden zunächst alle möglichen Produktterme der Indikatoren der latenten Konstrukte gebildet und auf die einzelnen Indikatoren regressiert. Die Residuen dienen im Anschluss als Indikatoren des Interaktionskonstrukts. Vgl. Little/Bovaird/Widaman (2006), S. 504 f. Sechs Konstrukte mit 21 Indikatoren zu den Social-Media-spezifischen Ressourcen ergäben somit insgesamt 1.728 Indikatoren zur Messung des Interaktionseffekts, weshalb die Mittelwerte der Indikatoren als Konstruktwerte verwendet wurden. Zur Verwendung der Mittelwerte vgl. u. a. Groth/Hennig-Thurau/Walsh (2009), S. 965.

Hypothese		LN # Fans			LN Ø Post ER		
		β	p	Bestätigt?	β	p	Bestätigt?
H1a	*Kundenorientierung*	-0,09	n. s. (0,52)	✗	-0,03	n. s. (0,84)	✗
H2a	*Innovationsorientierung*	0,07	n. s. (0,52)	✗	0,11	n. s. (0,30)	✗
H3a	*Lernorientierung*	-0,22	** (0,05)	✗	-0,18	n. s. (0,14)	✗
H4a	*Interaktionsorientierung*	-0,11	n. s. (0,27)	✗	0,24	** (0,03)	✓
H5a	*Social-Media-Strategie*	0,22	* (0,07)	✓	-0,10	n. s. (0,43)	✗
H6a	*Topmanagement-Commitment zu Social Media*	-0,01	n. s. (0,93)	✗	0,28	** (0,03)	✓
H7a	*Social-Media-Organisation*	0,04	n. s. (0,69)	✗	-0,14	n. s. (0,18)	✗
H8a	*Social-Media-Monitoring*	0,16	n. s. (0,13)	✗	-0,19	* (0,10)	✗
H9a	*Social-Media-Bereitschaft der Mitarbeiter*	0,18	* (0,06)	✓	-0,15	n. s. (0,14)	✗
H10a	*Interne Social-Media-Integration*	0,02	n. s. (0,80)	✗	0,05	n. s. (0,57)	✗
H11a	*Marketing-Fähigkeiten*	0,06	n. s. (0,63)	✗	0,27	** (0,05)	✓
H12a	*Social-Media-Marketing-Fähigkeiten*	0,08	n. s. (0,44)	✗	-0,15	n. s. (0,17)	✗
-	*Unternehmensgröße* (Kontrollvariable)	0,27	*** (0,00)	-	-0,16	** (0,05)	-
-	*Interaktion Social-Media-spezifischer Ressourcen*	-0,13	* (0,06)	-	0,18	*** (0,01)	-
-	Modellfit	χ^2 (639) = 924,35 (p = 0,00); χ^2/df = 1,45; TLI = 0,91; CFI = 0,93; RMSEA = 0,05; SRMR = 0,06.			χ^2 (639) = 898,67 (p = 0,00); χ^2/df = 1,41; TLI = 0,92; CFI = 0,93; RMSEA = 0,05; SRMR = 0,06.		
Anmerkungen: n = 165; β = standardisierter Pfadkoeffizient; p = p-Wert; * / ** / *** = Signifikanz zum 10%- / 5%- / 1%-Niveau; n. s. = nicht signifikant; ✓ / ✗ = Hypothese bestätigt / nicht bestätigt.							

Tabelle 24: Wirkungen der Erfolgsdeterminanten auf den Social-Media-Erfolg unter Einbeziehung der Interaktion zwischen den Social-Media-spezifischen Ressourcen

Quelle: Eigene Darstellung.

Es wird deutlich, dass die Wirkungen der einzelnen Erfolgsdeterminanten auf die zwei endogenen Variablen LN # Fans und LN Ø Post ER von der Aufnahme der *Interaktion*

Social-Media-spezifischer Ressourcen weitestgehend unberührt bleiben. Beide Modelle weisen weiterhin einen akzeptablen Fit auf und die standardisierten Pfadkoeffizienten und p-Werte der Erfolgsdeterminanten verändern sich lediglich geringfügig. Mit Ausnahme des *Social-Media-Monitorings* ergeben sich die in Abschnitt 5.2.1 getroffenen Aussagen zur Relevanz der Determinanten für den Social-Media-Erfolg, weshalb hierauf an dieser Stelle nicht erneut eingegangen wird. Infolge einer minimalen Anpassung des p-Wertes übt das *Social-Media-Monitoring* einen gerade zum 10%-Niveau signifikanten Einfluss auf die Post ER aus (β = -0,19, $p \leq 0{,}1$). Der negative Pfadkoeffizient ist jedoch unverändert und kann damit erklärt werden, dass die Social-Media-Erfolgsmessung in Unternehmen derzeit überwiegend auf Reichweitenziele ausgerichtet ist und eine höhere Fananzahl ceteris paribus zu einer niedrigeren Post ER führt (vgl. Abschnitt 4.2.4).[367]

Im Hinblick auf die Interaktion zwischen den Social-Media-spezifischen Ressourcen zeigen sich signifikante Zusammenhänge mit beiden endogenen Variablen. Während sich die *Interaktion Social-Media-spezifischer Ressourcen* negativ auf LN # Fans auswirkt (β = -0,13, $p \leq 0{,}1$), ergibt sich ein positiver Einfluss auf LN Ø Post ER (β = 0,18, $p \leq 0{,}01$). Diese Ergebnisse erscheinen besonders interessant, wenn unterstellt wird, dass die Erfolgswirkungen geeignete Rückschlüsse auf entsprechende Zielsetzungen der Unternehmen erlauben. Unternehmen mit einem insgesamt höheren Maß an Social-Media-spezifischen Ressourcen scheinen demnach eher einen intensiveren Austausch mit ihren Fans anstelle einer Vergrößerung ihrer Social-Media-Reichweite anzustreben. Damit unterscheiden sie sich von der Mehrheit der Unternehmen, die primär eine hohe Anzahl an Fans, Followern und anderen Reichweitenmaßen verfolgt.

Um der Ursache dieser Zusammenhänge näher auf den Grund zu gehen, soll ergänzend untersucht werden, ob einzelne Determinanten besonders ausschlaggebend für den Interaktionseffekt sind. Hierzu wurden analog zum zuvor beschriebenen Verfahren Variablen zur Messung der Interaktion zwischen den Social-Media-spezifischen Ressourcen erstellt, wobei jeweils eine der insgesamt sechs Ressourcen ausgelassen wurde. Folglich resultieren sechs Interaktionsvariablen, die das Zusammenwirken unterschiedlicher Kombinationen von jeweils fünf Social-Media-spezifischen Ressourcen wiedergeben. Jene sechs Variablen wurden

[367] Der Zusammenhang wird durch die negative Korrelation von LN # Fans und LN Ø Post ER (r = -0,40, $p \leq 0{,}01$) auch empirisch belegt.

anschließend anstelle der bisher verwendeten *Interaktion Social-Media-spezifischer Ressourcen* einzeln in die Strukturmodelle zu den Wirkungen der Determinanten auf den Social-Media-Erfolg aufgenommen. Sofern ein signifikanter Zusammenhang der Interaktion zwischen allen Social-Media-spezifischen Ressourcen bei der Eliminierung einer Ressource nicht länger vorliegt, kann daraus geschlossen werden, dass diese ausschlaggebend für den zuvor gefundenen Interaktionseffekt ist. Die empirischen Wirkungen der sechs Interaktionsvariablen auf den Social-Media-Erfolg sind in Tabelle 25 zusammengefasst.

Hypothese		**LN # Fans**			**LN Ø Post ER**		
		β	**p**	**Bestätigt?**	**β**	**p**	**Bestätigt?**
-	Interaktion Social-Media-spezifischer Ressourcen – *ohne Social-Media-Strategie*	-0,12	* (0,07)	-	0,17	** (0,02)	-
-	Interaktion Social-Media-spezifischer Ressourcen – *ohne Topmanagement-Commitment zu Social Media*	-0,13	* (0,06)	-	0,23	*** (0,00)	-
-	Interaktion Social-Media-spezifischer Ressourcen – *ohne Social-Media-Organisation*	-0,04	n. s. (0,56)	-	0,10	n. s. (0,16)	-
-	Interaktion Social-Media-spezifischer Ressourcen – *ohne Social-Media-Monitoring*	-0,11	* (0,09)	-	0,17	** (0,02)	-
-	Interaktion Social-Media-spezifischer Ressourcen – *ohne Social-Media-Bereitschaft der Mitarbeiter*	-0,15	** (0,02)	-	0,20	*** (0,01)	-
-	Interaktion Social-Media-spezifischer Ressourcen – *ohne interne Social-Media-Integration*	-0,12	* (0,07)	-	0,09	n. s. (0,22)	-
Anmerkungen: n = 165; β = standardisierter Pfadkoeffizient; p = p-Wert; * / ** / *** = Signifikanz zum 10%- / 5%- / 1%-Niveau; n. s. = nicht signifikant; ✓ / ✗ = Hypothese bestätigt / nicht bestätigt.							

Tabelle 25: Wirkungen der Interaktion Social-Media-spezifischer Ressourcen auf den Social-Media-Erfolg bei Eliminierung jeweils einer Ressource aus der Interaktion

Quelle: Eigene Darstellung.

Da die Strukturmodelle weiterhin einen akzeptablen Modellfit aufweisen und sich nur minimale Anpassungen der anderen Zusammenhänge ergeben, welche die Aussagen zu den Hypothesen nicht verändern, werden im Sinne der Übersichtlichkeit ausschließlich die Effekte der Interaktionsvariablen betrachtet. Dabei fällt auf, dass die signifikanten Wirkungen der *Interaktion Social-Media-spezifischer Ressourcen* auf die Social-Media-Erfolgsvariablen lediglich bei einer Eliminierung der *Social-Media-Organisation* sowie z. T. der *internen Social-Media-Integration* nicht länger auftreten. Während ohne die *Social-Media-Organisation* die Effekte auf beide Erfolgsvariablen nicht signifikant sind (LN # Fans: β = -0,04, n. s.; LN Ø Post ER: β = 0,10, n. s.), ist dies bei der *internen Social-Media-Integration* nur bei der Wirkung auf die Post Engagement Rate der Fall (LN # Fans: β = -0,12, $p \leq 0{,}1$; LN Ø Post ER: β = 0,09, n. s.).

Die Tatsache, dass die signifikanten Wirkungszusammenhänge mit den Social-Media-Erfolgsvariablen ausgerechnet bei einer Eliminierung der *Social-Media-Organisation* und der *internen Social-Media-Integration* nicht durchweg auftreten, erscheint aus zwei Gründen interessant: Erstens üben beide Determinanten allein keinen signifikanten Einfluss auf den Social-Media-Erfolg aus (vgl. Abschnitt 5.2.1). Stattdessen fungieren sie demnach als unterstützende Elemente, die im Zusammenspiel mit anderen Ressourcen zusätzliche Wirkungen auf den Social-Media-Erfolg ermöglichen. Zweitens sind diese Determinanten unter den im Rahmen dieser Untersuchung befragten Unternehmen im Durchschnitt die am geringsten ausgeprägten Social-Media-spezifischen Ressourcen.[368] Diverse Unternehmen scheinen die Relevanz der *Social-Media-Organisation* und der *internen Social-Media-Integration* entsprechend bislang nicht für sich erkannt zu haben. Ein möglicher Grund hierfür könnte darin liegen, dass jene Unternehmen passend zu den Ergebnissen dieser Arbeit von keiner direkten Relevanz der beiden Determinanten für den Social-Media-Erfolg ausgehen, ohne deren Interaktion mit anderen Ressourcen zu berücksichtigen.

Zusätzlich zum Einfluss der *Interaktion Social-Media-spezifischer Ressourcen* auf den Social-Media-Erfolg soll aufbauend auf den vorangegangenen Analysen auch deren Wirkung auf den kundenbezogenen Erfolg untersucht werden. Tabelle 26 zeigt daher die Ergebnisse einer Erweiterung des in Abschnitt 5.2.2 dargestellten Strukturmodells zu den Wirkungen der Determinanten auf den kundenbezogenen Erfolg um die *Interaktion Social-Media-spezifischer Ressourcen*.

[368] Die Social-Media-Organisation und die interne Social-Media-Integration haben bei den betrachteten 165 Marken die geringsten Mittelwerte ihrer Indikatoren. Den drittniedrigsten Mittelwert erzielt das Topmanagement-Commitment zu Social Media (vgl. Abschnitt 5.1).

Hypothese		Kundenbezogener Erfolg		
		β	p	Bestätigt?
H1b	*Kundenorientierung*	0,59	*** (0,00)	✓
H2b	*Innovationsorientierung*	0,15	n. s. (0,12)	✗
H3b	*Lernorientierung*	0,04	n. s. (0,70)	✗
H4b	*Interaktionsorientierung*	0,03	n. s. (0,75)	✗
H5b	*Social-Media-Strategie*	0,22	** (0,05)	✓
H6b	*Topmanagement-Commitment zu Social Media*	-0,26	** (0,02)	✗
H7b	*Social-Media-Organisation*	0,15	* (0,09)	✓
H8b	*Social-Media-Monitoring*	-0,14	n. s. (0,16)	✗
H9b	*Social-Media-Bereitschaft der Mitarbeiter*	-0,03	n. s. (0,74)	✗
H10b	*Interne Social-Media-Integration*	0,04	n. s. (0,55)	✗
H11b	*Marketing-Fähigkeiten*	0,25	** (0,03)	✓
H12b	*Social-Media-Marketing-Fähigkeiten*	-0,07	n. s. (0,46)	✗
-	*Unternehmensgröße* (Kontrollvariable)	-0,05	n. s. (0,51)	-
-	*Interaktion Social-Media-spezifischer Ressourcen*	0,05	n. s. (0,46)	-
-	Modellfit	χ^2 (717) = 1.050,39 (p = 0,00); χ^2/df = 1,46; TLI = 0,91; CFI = 0,92; RMSEA = 0,05; SRMR = 0,06.		
Anmerkungen: n = 174; β = standardisierter Pfadkoeffizient; p = p-Wert; * / ** / *** = Signifikanz zum 10%- / 5%- / 1%-Niveau; n. s. = nicht signifikant; ✓ / ✗ = Hypothese bestätigt / nicht bestätigt.				

Tabelle 26: Wirkungen der Erfolgsdeterminanten auf den kundenbezogenen Erfolg unter Einbeziehung der Interaktion zwischen den Social-Media-spezifischen Ressourcen

Quelle: Eigene Darstellung.

Analog zu den Strukturmodellen zur Wirkung der Erfolgsdeterminanten auf den Social-Media-Erfolg verändern sich die Effekte der Determinanten auf den kundenbezogenen Erfolg durch die Aufnahme der *Interaktion Social-Media-spezifischer Ressourcen* kaum. Das Modell weist nach wie vor einen akzeptablen Fit auf und die standardisierten Pfadkoeffizienten und p-Werte der Erfolgsdeterminanten sind nahezu identisch. Die in Abschnitt 5.2.2 getroffenen Aussagen zur Relevanz der Determinanten für den kundenbezogenen Erfolg bleiben somit bestehen und werden an dieser Stelle nicht erneut erörtert. Hinsichtlich der Interaktion zwischen den Social-Media-spezifischen Ressourcen zeigen sich anders als bei der Wirkung auf die Social-Media-Erfolgsvariablen keine signifikanten Zusammenhänge mit dem kundenbezogenen Erfolg (β = 0,05, n. s.). Die signifikante Veränderung der Social-Media-Reichweite und -Interaktion überträgt sich demnach nicht auf den kundenbezogenen Erfolg.

Folglich stellt sich umso mehr die Frage, welchen Effekt die Social-Media-Reichweite und -Interaktion auf den kundenbezogenen Erfolg haben. Die Prüfung des *Zusammenhangs der Erfolgsvariablen* erfolgte anhand des in Abbildung 22 dargestellten Modells, in dem die Wirkung der Social-Media-Erfolgsvariablen LN # Fans und LN Ø Post ER auf den kundenbezogenen Erfolg getestet wurde.

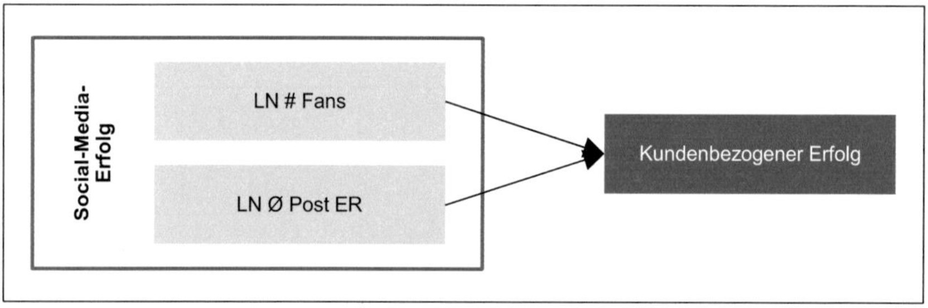

Abbildung 22: Modell zur Untersuchung des Zusammenhangs der Erfolgsvariablen

Quelle: Eigene Darstellung.

Die Ergebnisse in Tabelle 27 verdeutlichen, dass bei einer Betrachtung aller 165 Marken weder die Größe der Fanbasis (LN # Fans, β = 0,11, n. s.) noch das mit Posts erzielte Engagement der gewonnenen Fans (LN Ø Post ER, β = 0,12, n. s.) einen signifikanten Einfluss auf die Gestaltung erfolgreicher Kundenbeziehungen ausübt.

Exogene Variable	Endogene Variable: Kundenbezogener Erfolg	
	β	p
LN # Fans	0,11	n. s. (0,21)
LN Ø Post ER	0,12	n. s. (0,17)
Modellfit	χ^2 (4) = 14,81 (p = 0,01); χ^2/df = 3,70; TLI = 0,88; CFI = 0,95; RMSEA = 0,13; SRMR = 0,06.	
Anmerkungen: n = 165; β = standardisierter Pfadkoeffizient; p = p-Wert; * / ** / *** = Signifikanz zum 10%- / 5%- / 1%-Niveau; n. s. = nicht signifikant.		

Tabelle 27: Wirkungen der Social-Media-Erfolgsvariablen auf den kundenbezogenen Erfolg

Quelle: Eigene Darstellung.

Ein zentraler Vorteil von Social Media gegenüber traditionellen Medien ist die Möglichkeit einer direkten Interaktion mit einzelnen Konsumenten zu vergleichsweise geringen Kosten, weshalb Facebook und andere Plattformen u. a. für kleine und mittlere Unternehmen attraktiv erscheinen.[369] Die Wirkungen der Social-Media-Erfolgsvariablen auf den kundenbezogenen Erfolg wurden daher zusätzlich am Beispiel von Marken mit einem Umsatz im Jahr 2012 in Deutschland von bis zu 500 Millionen Euro analysiert.[370] Die Ergebnisse für die resultierenden 100 Marken sind in Tabelle 28 dargestellt.

Exogene Variable	Endogene Variable: Kundenbezogener Erfolg	
	β	p
LN # Fans	0,21	* (0,06)
LN Ø Post ER	0,23	** (0,04)
Modellfit	χ^2 (4) = 13,87 (p = 0,01); χ^2/df = 3,47; TLI = 0,84; CFI = 0,94; RMSEA = 0,16; SRMR = 0,07.	
Anmerkungen: n = 100; β = standardisierter Pfadkoeffizient; p = p-Wert; * / ** / *** = Signifikanz zum 10%- / 5%- / 1%-Niveau; n. s. = nicht signifikant.		

Tabelle 28: Wirkungen der Social-Media-Erfolgsvariablen auf den kundenbezogenen Erfolg für Marken mit einem Umsatz von bis zu 500 Millionen Euro

Quelle: Eigene Darstellung.

---

369 Vgl. Kaplan/Haenlein (2010), S. 67.

370 Nach der Definition der Europäischen Union haben kleinere und mittlere Unternehmen einen Umsatz von maximal 50 Millionen Euro. Vgl. European Commission (2003), S. 39. Da auf Basis dieser Definition lediglich 41 Marken in die Betrachtung eingeflossen wären, wurden zusätzlich Marken mit einem Umsatz von bis zu 500 Millionen Euro berücksichtigt.

Im Gegensatz zur Analyse mit allen Marken zeigt sich sowohl für LN # Fans ($\beta = 0{,}21$, $p \leq 0{,}1$) als auch für LN Ø Post ER ($\beta = 0{,}23$, $p \leq 0{,}05$) ein signifikanter positiver Einfluss auf den kundenbezogenen Erfolg. Bei Marken mit einem Umsatz von bis zu 500 Millionen Euro trägt der Social-Media-Erfolg in Form von Reichweite und Interaktion somit zur Gestaltung erfolgreicher Kundenbeziehungen bei, wobei Letztere einen etwas stärkeren Effekt ausübt. Einschränkend sei angemerkt, dass die beiden Social-Media-Erfolgsvariablen zusammen lediglich 6% der Varianz des kundenbezogenen Erfolgs erklären und u. a. aufgrund der wenigen Freiheitsgrade nicht alle Gütekriterien auf einen akzeptablen Modellfit hinweisen.[371] Ein deutlich höherer Erklärungsbeitrag zum Erfolg von Kundenbeziehungen würde jedoch wegen der Vielzahl der Kommunikationskanäle und anderen möglichen Einflussfaktoren verwunderlich erscheinen.

Passend zum Einfluss auf den kundenbezogenen Erfolg soll zusätzlich geprüft werden, welchen Beitrag der Social-Media-Erfolg für die Kundengewinnung leistet. Im Rahmen der Messmodell-Beurteilung in Abschnitt 5.1 wurde der Indikator „Kunden gewinnen" (KBE3) verworfen, sodass der kundenbezogene Erfolg über die verbleibenden Indikatoren „Kunden zufriedenstellen" (KBE1), „Kundenbeziehungen managen" (KBE2) und „Kunden binden" (KBE4) den Erfolg bestehender Kundenbeziehungen misst. Tabelle 29 zeigt daher die Wirkungen der beiden Social-Media-Erfolgsvariablen auf den Indikator „Kunden gewinnen".

Exogene Variable	**Endogene Variable: Kunden gewinnen**	
	β	**p**
LN # Fans	0,12	n. s. (0,16)
LN Ø Post ER	0,07	n. s. (0,41)
Modellfit	(keine Freiheitsgrade zur Berechnung verfügbar)	
Anmerkungen: n = 165; β = standardisierter Pfadkoeffizient; p = p-Wert; * / ** / *** = Signifikanz zum 10%- / 5%- / 1%-Niveau; n. s. = nicht signifikant.		

Tabelle 29: Wirkungen der Social-Media-Erfolgsvariablen auf „Kunden gewinnen"

Quelle: Eigene Darstellung.

371 Der Modellfit anhand von χ^2/df , TLI und RMSEA verbessert sich ceteris paribus bei einer Erhöhung der Anzahl der Freiheitsgrade. Vgl. Abschnitt 4.1.1.

Wie bereits bei der Untersuchung der Wirkungen der Social-Media-Erfolgsvariablen auf den kundenbezogenen Erfolg, haben die Anzahl der Fans (LN # Fans, β = 0,12, n. s.) und die Post Engagement Rate (LN Ø Post ER, β = 0,07, n. s.) bei einer Betrachtung aller 165 Marken auch auf die Kundengewinnung keinen signifikanten Einfluss. Dieses Bild ändert sich jedoch, wenn erneut eine Eingrenzung auf Marken mit einem Umsatz von bis zu 500 Millionen Euro vorgenommen wird. Die entsprechenden Ergebnisse sind in der folgenden Tabelle 30 dargestellt.

Exogene Variable	**Endogene Variable: Kunden gewinnen**	
	β	**p**
LN # Fans	0,25	** (0,02)
LN Ø Post ER	0,11	n. s. (0,29)
Modellfit	(keine Freiheitsgrade zur Berechnung verfügbar)	
Anmerkungen: n = 100; β = standardisierter Pfadkoeffizient; p = p-Wert; * / ** / *** = Signifikanz zum 10%- / 5%- / 1%-Niveau; n. s. = nicht signifikant.		

Tabelle 30: Wirkungen der Social-Media-Erfolgsvariablen auf „Kunden gewinnen" für Marken mit einem Umsatz von bis zu 500 Millionen Euro

Quelle: Eigene Darstellung.

Während LN # Fans (β = 0,25, p ≤ 0,05) einen signifikanten positiven Effekt hat, ist der Einfluss von LN Ø Post ER (β = 0,11, n. s.) nicht signifikant. Die Tatsache, dass die Größe der Fanbasis bei Marken dieser Umsatzkategorie zur Gewinnung von Kunden beiträgt, bietet somit eine mögliche Erklärung für die derzeit in Unternehmen weit verbreiteten Ziele zur Social-Media-Reichweite (vgl. Abschnitt 5.2.1). Zusammenfassend ist zudem festzuhalten, dass die Analyse von Marken mit einem Umsatz von bis zu 500 Millionen Euro für das Verständnis der Wirkungen der Social-Media-Erfolgsvariablen auf den Erfolg der Kundengewinnung und Gestaltung bestehender Kundenbeziehungen interessante Zusatzerkenntnisse bietet. Im Hinblick auf einen umfassenderen Einblick in die Zusammenhänge zwischen den Variablen des Untersuchungsmodells werden daher im Folgenden ebenfalls die Wirkungen der Erfolgsdeterminanten auf den Social-Media- und kundenbezogenen Erfolg für Marken dieser Umsatzkategorie betrachtet. Tabelle 31 zeigt als Erstes die Wirkungen der Erfolgsdeterminanten auf den Social-Media-Erfolg.

Hypothese		LN # Fans			LN Ø Post ER		
		β	p	Bestätigt?	β	p	Bestätigt?
H1a	*Kundenorientierung*	-0,04	n. s. (0,84)	×	-0,24	n. s. (0,23)	×
H2a	*Innovationsorientierung*	-0,09	n. s. (0,47)	×	0,11	n. s. (0,39)	×
H3a	*Lernorientierung*	-0,19	n. s. (0,22)	×	-0,16	n. s. (0,33)	×
H4a	*Interaktionsorientierung*	-0,23	* (0,07)	×	0,43	*** (0,00)	✓
H5a	*Social-Media-Strategie*	0,41	** (0,02)	✓	-0,34	* (0,07)	×
H6a	*Topmanagement-Commitment zu Social Media*	-0,21	n. s. (0,26)	×	0,39	** (0,05)	✓
H7a	*Social-Media-Organisation*	0,03	n. s. (0,83)	×	-0,24	n. s. (0,14)	×
H8a	*Social-Media-Monitoring*	-0,05	n. s. (0,72)	×	-0,15	n. s. (0,32)	×
H9a	*Social-Media-Bereitschaft der Mitarbeiter*	0,37	*** (0,01)	✓	-0,18	n. s. (0,25)	×
H10a	*Interne Social-Media-Integration*	0,13	n. s. (0,22)	×	0,05	n. s. (0,65)	×
H11a	*Marketing-Fähigkeiten*	0,31	n. s. (0,16)	×	0,52	** (0,04)	✓
H12a	*Social-Media-Marketing-Fähigkeiten*	-0,03	n. s. (0,85)	×	-0,30	* (0,07)	×
-	*Unternehmensgröße* (Kontrollvariable)	0,17	n. s. (0,13)	-	-0,16	n. s. (0,17)	-
-	Modellfit	χ^2 (614) = 799,02 (p = 0,00); χ^2/df = 1,30; TLI = 0,90; CFI = 0,92; RMSEA = 0,06; SRMR = 0,08.			χ^2 (614) = 780,00 (p = 0,00); χ^2/df = 1,27; TLI = 0,91; CFI = 0,93; RMSEA = 0,05; SRMR = 0,07.		
Anmerkungen: n = 100; β = standardisierter Pfadkoeffizient; p = p-Wert; * / ** / *** = Signifikanz zum 10%- / 5%- / 1%-Niveau; n. s. = nicht signifikant; ✓ / × = Hypothese bestätigt / nicht bestätigt.							

Tabelle 31: Wirkungen der Erfolgsdeterminanten auf den Social-Media-Erfolg für Marken mit einem Umsatz von bis zu 500 Millionen Euro

Quelle: Eigene Darstellung.

Die Strukturmodelle zu den zwei endogenen Variablen LN # Fans und LN Ø Post ER weisen demnach bei einer Betrachtung von Marken mit einem Umsatz in Deutschland von bis zu 500 Millionen Euro weiterhin einen akzeptablen Modellfit auf. Im Vergleich zu den in Abschnitt

5.2.1 dargestellten Ergebnissen fällt zunächst auf, dass die Kontrollvariable *Unternehmensgröße* infolge ihrer reduzierten Varianz in beiden Modellen nicht länger einen signifikanten Einfluss ausübt (LN # Fans: β = 0,17, n. s.; LN Ø Post ER: β = -0,16, n. s.). Die im Rahmen der Betrachtung aller 165 Marken bestätigten Hypothesen zur Wirkung auf den Social-Media-Erfolg werden jedoch auch für die 100 Marken dieser Umsatzkategorie durchweg bestätigt.

Hinsichtlich LN # Fans betrifft dies die *Social-Media-Strategie* (H5a, β = 0,41, p ≤ 0,05) und die *Social-Media-Bereitschaft der Mitarbeiter* (H9a, β = 0,37, p ≤ 0,01). Bei beiden Erfolgsdeterminanten wird deutlich, dass ihre positiven Effekte auf die Anzahl Fans nun stärker ausgeprägt sind als zuvor (*Social-Media-Strategie*: β = 0,21, p ≤ 0,1; *Social-Media-Bereitschaft der Mitarbeiter*: β = 0,19, p ≤ 0,05). Ein strategisches Vorgehen und die Unterstützung der eigenen Mitarbeiter scheinen folglich bei kleinen und mittleren Unternehmen noch entscheidender für die Vergrößerung der Social-Media-Reichweite zu sein.

Für die verbleibenden Wirkungszusammenhänge ergeben sich lediglich bei der *Lern-* und *Interaktionsorientierung* kleine Änderungen gegenüber dem ursprünglichen Modell mit allen Marken. Während die *Lernorientierung* einen signifikanten negativen Einfluss auf die Fananzahl aufwies, ist der negative Zusammenhang nun nicht länger signifikant (H3a, β = -0,19, n. s.). Dies könnte daran liegen, dass kleinere und mittlere Unternehmen eventuell insgesamt proaktiver handeln als Großkonzerne, wodurch sich eine lernbedingt abwartende Haltung weniger stark zeigt. Anders als bei der Lernorientierung ist der im ursprünglichen Modell nicht signifikante negative Effekt der *Interaktionsorientierung* nun signifikant (H4a, β = -0,23, p ≤ 0,1). Scheinbar fokussieren kleine und mittelgroße Unternehmen ihre geringeren personellen und finanziellen Mittel noch klarer auf eine der beiden komplementären Social-Media-Erfolgsvariablen, sodass ein Streben nach einer intensiveren Interaktion die Vergrößerung der Reichweite signifikant einschränkt.

Bei LN Ø Post ER werden wie im Strukturmodell mit allen Marken die Hypothesen zur *Interaktionsorientierung* (H4a, β = 0,43, p ≤ 0,01), zum *Topmanagement-Commitment zu Social Media* (H6a, β = 0,39, p ≤ 0,05) und zu den *Marketing-Fähigkeiten* (H11a, β = 0,52, p ≤ 0,05) bestätigt. Analog zu den bestätigten Hypothesen im Modell zu LN # Fans sind die positiven Effekte dieser Erfolgsdeterminanten deutlicher ausgeprägt als zuvor (*Interaktionsorientierung*: β = 0,26, p ≤ 0,05; *Topmanagement-Commitment zu Social Media*: β = 0,28, p ≤ 0,05; *Marketing-Fähigkeiten*: β = 0,28, p ≤ 0,05). Somit kommt es bei Marken mit einem

Umsatz von bis zu 500 Millionen Euro für die Interaktion mit bestehenden Fans noch mehr auf eine entsprechende Orientierung, die Unterstützung der obersten Führungsebene und geeignete Fähigkeiten an. Der stärker ausgeprägte Effekt der *Interaktionsorientierung* dient zudem als weiterer Beleg für die oben geschilderte Vermutung der klareren Fokussierung dieser Marken auf eine der beiden Social-Media-Erfolgsvariablen.

Passend dazu übt die *Social-Media-Strategie* einen signifikanten negativen Einfluss auf das Post Engagement aus (H5a, $\beta = -0{,}34$, $p \leq 0{,}1$), der zuvor nicht signifikant war und im Gegensatz zum positiven Einfluss auf die Fananzahl steht. Besonders Social-Media-Strategien kleiner und mittlerer Unternehmen scheinen demnach eher auf Reichweitenziele ausgerichtet zu sein. Die einzig andere Anpassung hinsichtlich der signifikanten Wirkungszusammenhänge betrifft die *Social-Media-Marketing-Fähigkeiten.* Deren im Modell mit allen Marken nicht signifikanter negativer Effekt ist nun interessanterweise signifikant (H12a, $\beta = -0{,}30$, $p \leq 0{,}1$). Jene Marken mit einem Umsatz von bis zu 500 Millionen Euro, die laut eigener Auskunft höhere Kompetenzen im Social-Media-Marketing-Bereich haben, sind folglich tatsächlich im Hinblick auf die Social-Media-Interaktion tendenziell schlechter. Entscheidend für den Social-Media-Erfolg sind bei Marken dieser Umsatzkategorie umso mehr allgemeine *Marketing-Fähigkeiten.*

Neben den Effekten der Erfolgsdeterminanten auf den Social-Media-Erfolg sollen auch deren Wirkungen auf den kundenbezogenen Erfolg für Marken mit einem Umsatz von bis zu 500 Millionen Euro in Deutschland untersucht werden. Die Analyseergebnisse des zugehörigen Strukturgleichungsmodells sind in Tabelle 32 zusammengefasst.

Hypothese		Kundenbezogener Erfolg		
		β	p	Bestätigt?
H1b	*Kundenorientierung*	0,40	** (0,04)	✓
H2b	*Innovationsorientierung*	0,24	** (0,04)	✓
H3b	*Lernorientierung*	0,11	n. s. (0,46)	×
H4b	*Interaktionsorientierung*	0,12	n. s. (0,34)	×
H5b	*Social-Media-Strategie*	0,17	n. s. (0,27)	×
H6b	*Topmanagement-Commitment zu Social Media*	-0,05	n. s. (0,76)	×
H7b	*Social-Media-Organisation*	0,00	n. s. (0,98)	×
H8b	*Social-Media-Monitoring*	-0,04	n. s. (0,76)	×
H9b	*Social-Media-Bereitschaft der Mitarbeiter*	-0,19	n. s. (0,17)	×
H10b	*Interne Social-Media-Integration*	-0,02	n. s. (0,82)	×
H11b	*Marketing-Fähigkeiten*	0,31	n. s. (0,15)	×
H12b	*Social-Media-Marketing-Fähigkeiten*	-0,22	n. s. (0,11)	×
-	*Unternehmensgröße* (Kontrollvariable)	-0,12	n. s. (0,22)	-
-	Modellfit	χ^2 (690) = 901,00 (p = 0,00); χ^2/df = 1,31; TLI = 0,90; CFI = 0,92; RMSEA = 0,06; SRMR = 0,08		
Anmerkungen: n = 100; β = standardisierter Pfadkoeffizient; p = p-Wert; * / ** / *** = Signifikanz zum 10%- / 5%- / 1%-Niveau; n. s. = nicht signifikant; ✓ / × = Hypothese bestätigt / nicht bestätigt.				

Tabelle 32: Wirkungen der Erfolgsdeterminanten auf den kundenbezogenen Erfolg für Marken mit einem Umsatz von bis zu 500 Millionen Euro

Quelle: Eigene Darstellung.

Wie bei den vorherigen Analysen weist das Modell ebenfalls einen akzeptablen Fit auf. Hinsichtlich der Einflüsse der einzelnen Determinanten ergeben sich jedoch mehrere Änderungen im Vergleich zum ursprünglichen Strukturmodell mit allen Marken. Von den zuvor bestätigten Hypothesen zu den Wirkungen auf den kundenbezogenen Erfolg wird lediglich Hypothese H1b zum positiven Einfluss der *Kundenorientierung* auch für Marken mit einem Umsatz von bis zu 500 Millionen Euro bestätigt ($\beta = 0,40$, $p \leq 0,05$). Verhaltensweisen zur Erfüllung von Kundenbedürfnissen sind folglich bei Marken jener Umsatzkategorie ebenfalls von zentraler Bedeutung für die erfolgreiche Gestaltung bestehender Kundenbeziehungen. Neben der *Kundenorientierung* übt nun die *Innovationsorientierung* einen weiteren signifikanten positiven Effekt auf den kundenbezogenen Erfolg aus (H2b, $\beta = 0,24$, $p \leq 0,05$), der zuvor nicht signifikant war. Bei kleinen und mittelgroßen Marken kommt es für erfolgreiche Kundenbeziehungen entsprechend mehr als bei größeren Wettbewerbern auf eine Offenheit gegenüber neuen Ideen an. Während Apple, Mercedes-Benz und andere große Marken ihre Kunden über diverse Aspekte zufriedenstellen und binden können (z. B. Prestige), benötigen beispielsweise Start-up-Unternehmen innovativere Ansätze, um ihre gewonnenen Kunden von den Mehrwerten gegenüber alternativen Angeboten zu überzeugen.

Die im ursprünglichen Modell mit allen Marken gefundenen signifikanten Wirkungen der *Social-Media-Strategie*, des *Topmanagement-Commitments zu Social Media*, der *Social-Media-Organisation* und der *Marketing-Fähigkeiten* sind nicht länger signifikant. Bezüglich der *Social-Media-Strategie* (H5b, $\beta = 0,17$, n. s.) war dies zu erwarten, da sich ihre zuvor beschriebenen gegensätzlichen Effekte auf die Social-Media-Reichweite und -Interaktion über den gleichermaßen positiven Einfluss auf den kundenbezogenen Erfolg egalisieren. Anhand der zuvor beschriebenen Wirkungszusammenhänge lässt sich auch der nicht signifikante Einfluss des *Topmanagement-Commitments zu Social Media* (H6b, $\beta = -0,05$, n. s.) erklären. Verglichen mit den Strukturmodellen mit allen Marken übt das *Topmanagement-Commitment zu Social Media* bei kleineren und mittelgroßen Marken einen stärkeren positiven Effekt auf die Social-Media-Interaktion aus, die wiederum einen signifikanten positiven Einfluss auf den kundenbezogenen Erfolg hat. Hierdurch wird dem im ursprünglichen Modell signifikanten negativen Effekt entgegengewirkt.

Bei der *Social-Media-Organisation* (H7b, $\beta = 0,00$, n. s.) bieten die Einflüsse auf die Social-Media-Erfolgsvariablen keine derartige Erklärung, da diese sowohl im Modell mit allen Marken als auch bei kleinen und mittelgroßen Marken nicht signifikant sind. Dass der zuvor signifikante positive Effekt auf den kundenbezogenen Erfolg nicht länger besteht, lässt sich stattdessen durch die besonderen organisationalen Herausforderungen in Großkonzern plausibilisieren. In Verbindung mit ihrer Größe sind diese überwiegend in voneinander abgegrenzten Einheiten organisiert, die eine abteilungsübergreifende Zusammenarbeit häufig erschweren. Die Vorteile einer Schaffung bzw. Veränderung von Strukturen und Prozessen im Hinblick auf deren Eignung im Social-Media-Umfeld kommen somit vor allem bei größeren Unternehmen zum Tragen.

Der letzte nicht länger signifikante Wirkungszusammenhang betrifft die *Marketing-Fähigkeiten* (H11b, β = 0,31, n. s.), deren Einfluss im ursprünglichen Modell mit allen Marken signifikant positiv war. Da der standardisierte Pfadkoeffizient allerdings sogar höher ist als im ursprünglichen Modell (β = 0,25) und das 10%-Signifikanzniveau nur knapp verfehlt wird, soll an dieser Stelle keine Diskussion einer geringeren Relevanz der *Marketing-Fähigkeiten* erfolgen. Stattdessen kann abschließend festgehalten werden, dass die in diesem Abschnitt geschilderten Untersuchungen die Prüfung der Hypothesen zu den Wirkungen der Determinanten auf den Social-Media- und den kundenbezogenen Erfolg um zahlreiche spannende Erkenntnisse ergänzen.

6 Schlussbetrachtung und Ausblick

Social Media haben die Art und das Ausmaß der Interaktionen zwischen Konsumenten und Unternehmen grundlegend verändert und gewinnen zunehmend an Bedeutung für das Marketing. Unternehmen können mit Hilfe von Social Media Marketing diverse geschäftsrelevante Mehrwerte erzielen, müssen dabei allerdings berücksichtigen, dass sich das egalitäre Social-Media-Umfeld wesentlich von anderen Medien unterscheidet. Um in diesem Umfeld erfolgreich sein zu können, benötigen sie Marketing-Ansätze, die sich für die Bewältigung der besonderen Social-Media-Herausforderungen eignen. Eine aus unternehmerischer und wissenschaftlicher Perspektive zentrale Frage ist demnach, ob es einzelne Determinanten gibt, die den Erfolg des Social Media Marketing eines Unternehmens beeinflussen. Vor allem zu Ressourcen und Fähigkeiten als mögliche Determinanten eines erfolgreichen bzw. Good Social Media Marketing gibt die bisherige Forschung keine adäquaten Antworten. Das übergeordnete Ziel dieser Arbeit war daher die Untersuchung der Determinanten von Good Social Media Marketing in Form von Ressourcen und Fähigkeiten.

Im Hinblick auf eine strukturierte Untersuchung wurde dieses übergeordnete Ziel in die vier folgenden Teilziele untergliedert:

1. Darstellung der theoretischen Grundlagen zur Untersuchung der Determinanten von Good Social Media Marketing
2. Theoretisch-konzeptionelle Herleitung, Konzeptualisierung und Operationalisierung der Determinanten und Erfolgsgrößen
3. Empirische Untersuchung der Erfolgswirkungen der Determinanten
4. Ableitung von Implikationen für Forschung und Praxis

Im Rahmen dieser Schlussbetrachtung werden zunächst in Abschnitt 6.1 die zentralen Ergebnisse der vorliegenden Arbeit zu den Teilzielen 1 bis 3 zusammengefasst. Auf Basis dessen wird in Abschnitt 6.2 mit der Betrachtung von Implikationen für die wissenschaftliche Forschung und die unternehmerische Praxis auf das vierte Teilziel eingegangen. Den Abschluss dieses Kapitels und damit auch der gesamten Arbeit bildet Abschnitt 6.3, in dem Grenzen der Untersuchung sowie ein Ausblick zu zukünftigem Forschungsbedarf aufgezeigt werden.

6.1 Zusammenfassung der zentralen Befunde

1. Darstellung der theoretischen Grundlagen zur Untersuchung der Determinanten von Good Social Media Marketing

Als Grundlage für die Untersuchung der Erfolgsdeterminanten wurde in Abschnitt 2.1 das in dieser Arbeit gewählte Verständnis von Good Social Media Marketing bestimmt. Hierzu wurden vorab die zentralen Begriffe Social Media und Social Media Marketing definiert sowie die Auswirkungen des Social-Media-Aufkommens auf das Marketing von Unternehmen dargestellt. Social Media werden hier aus einer beziehungsorientierten Perspektive als Web-2.0-Plattformen zur Kommunikation gleichberechtigter Akteure in zweiseitigen Beziehungen verstanden, wobei Akteure sowohl Konsumenten als auch Unternehmen sein können. Sämtliche Marketing-Aspekte, die auf einer Nutzung derartiger Plattformen basieren, werden in der vorliegenden Arbeit als Social Media Marketing erachtet.

Für die hierauf aufbauende Definition von Good Social Media Marketing wurde gezeigt, dass Social Media disruptive Auswirkungen auf das Marketing von Unternehmen haben. Während Marketing traditionell einem linearen und unidirektionalen Bowlingspiel nahekam, in dem Unternehmen die Beiträge zu ihren Marken und Produkten kontrollierten, ähnelt es im Social-Media-Zeitalter einem chaotischen und interaktiven Flipperspiel. In diesem können Konsumenten über Social-Media-Plattformen aktiv Wahrnehmungen, Präferenzen und Verhaltensweisen anderer Marktteilnehmer beeinflussen, wodurch sich die Marktmacht zu ihren Gunsten verschiebt. Im Einklang mit der gestiegenen Marktmacht der Konsumenten und der beziehungsorientierten Social-Media-Definition umfasst Good Social Media Marketing in dieser Arbeit sämtliche Social-Media-Marketing-Aktivitäten eines Unternehmens, die einen Nutzen für Konsumenten generieren.

Neben der Bestimmung des Verständnisses von Good Social Media Marketing erfordert die Untersuchung von Ressourcen und Fähigkeiten als mögliche Erfolgsdeterminanten eine geeignete theoretische Fundierung. In Abschnitt 2.2 wurden mit der Resource-based Theory und der Dynamic Capabilities Theory zwei ausgewählte Theorien zur Erklärung des Unternehmenserfolgs präsentiert. Dabei wurde verdeutlicht, dass beide Theorien eine sinnvolle theoretische Grundlage zur Untersuchung der Determinanten von Good Social Media Marketing darstellen. Nach der Resource-based Theory führen heterogene Ressourcen von

Unternehmen zu Erfolgsunterschieden, wenn sie wertvoll, selten und für Wettbewerber schwer zu imitieren sind. Die Dynamic Capabilities Theory erweitert die Theorie um Fähigkeiten, bei denen es sich um Prozesse zur Ausnutzung und Anpassung von Ressourcen handelt und die im Falle der Überlegenheit gegenüber Wettbewerbern zur Erklärung des Erfolgs beitragen.

Beide Theorien ermöglichen somit eine Erklärung des Unternehmenserfolgs mit internen Determinanten und ergänzen sich durch ihren jeweiligen Fokus auf das Vorhandensein oder die Ausnutzung und Anpassung von Ressourcen. Analog zu mehreren bestehenden Studien wurden die Theorien in dieser Arbeit in einem Bezugsrahmen zur Untersuchung der Erfolgsdeterminanten integriert. Dieser Bezugsrahmen bildete eine geeignete Grundlage für die Spezifizierung und die anschließende Untersuchung der Determinanten von Good Social Media Marketing in Form von Ressourcen und Fähigkeiten.

2. *Theoretisch-konzeptionelle Herleitung, Konzeptualisierung und Operationalisierung der Determinanten und Erfolgsgrößen*

Die im Bezugsrahmen enthaltenen Determinanten in Form von Ressourcen und Fähigkeiten sowie die für Good Social Media Marketing verwendeten Erfolgsgrößen wurden in Kapitel 3 spezifiziert. Hierzu wurde in Abschnitt 3.1 zuerst der aktuelle Forschungsstand zu Determinanten von Good Social Media Marketing geprüft, um bereits vorliegende Erkenntnisse durch theoretische Überlegungen oder empirische Beobachtungen zu erfassen. Dabei wurde deutlich, dass in der Wissenschaft zwar ein deutlicher Anstieg an Publikationen mit Social-Media-Bezug zu verzeichnen ist, jedoch kaum Erkenntnisse zu möglichen Social-Media-Erfolgsdeterminanten vorliegen. Die wenigen thematisch relevanten Artikel basieren primär auf theoretischen Überlegungen, sodass es vor allem an empirischen Studien mangelt. Auch die Praxisliteratur enthält trotz einer Vielzahl an Social-Media-Publikationen keine empirische Untersuchung der Erfolgswirkung verschiedener Ressourcen und Fähigkeiten und weist zudem konzeptionelle Mängel auf. Die vorliegende Arbeit konnte daher als erste umfassende empirische Untersuchung der Determinanten von Good Social Media Marketing in Form von Ressourcen und Fähigkeiten positioniert werden.

Anhand der Erkenntnisse der bestehenden Literatur und eigener Überlegungen wurde in Abschnitt 3.2 das in der vorliegenden Arbeit verwendete Modell zur Untersuchung der

Determinanten von Good Social Media Marketing entwickelt. Das Modell umfasst in Summe zwölf Erfolgsdeterminanten, zwei Erfolgsvariablen und eine Kontrollvariable. Gemäß dem Bezugsrahmen wurden als Erfolgsdeterminanten sowohl Ressourcen als auch Fähigkeiten untersucht. Erstere wurden im Einklang mit den Erkenntnissen der bestehenden Literatur wiederum in unternehmenskulturbezogene und Social-Media-spezifische Ressourcen unterteilt. Als unternehmenskulturbezogene Ressourcen wurden mit der Kunden-, Innovations-, Lern- und Interaktionsorientierung vier Determinanten in das Untersuchungsmodell aufgenommen. Zusätzlich wurden die folgenden sechs Social-Media-spezifischen Ressourcen identifiziert: Social-Media-Strategie, Topmanagement-Commitment zu Social Media, Social-Media-Organisation, Social-Media-Monitoring, Social-Media-Bereitschaft der Mitarbeiter und interne Social-Media-Integration. Die verbleibenden zwei Determinanten bildeten mit Marketing-Fähigkeiten und Social-Media-Marketing-Fähigkeiten zwei Konstrukte zur Untersuchung von Fähigkeiten.

Der Erfolg wurde in dieser Arbeit mit dem Social-Media- und dem kundenbezogenen Erfolg anhand von zwei verschiedenen Variablen erfasst. Während der Social-Media-Erfolg das Verständnis von Good Social Media Marketing widerspiegelt, diente der kundenbezogene Erfolg zur Prüfung der über Social Media hinausgehenden Wirkung der Determinanten. Im Hinblick auf die empirische Untersuchung wurden sämtliche Erfolgsvariablen und Determinanten konzeptualisiert und die vermuteten Wirkungen der Determinanten auf die beiden Erfolgsvariablen in zugehörigen Forschungshypothesen postuliert. Um bei der empirischen Untersuchung der Determinanten von Good Social Media Marketing größenbedingte Effekte zu minimieren, wurde neben den genannten Modellgrößen die Unternehmensgröße als Kontrollvariable modelliert.

Aufbauend auf der Konzeptualisierung der im Modell enthaltenen Konstrukte wurden diese in Abschnitt 4.2 operationalisiert. Für die Operationalisierung der unternehmenskulturbezogenen Ressourcen lagen in der Literatur bereits verschiedene Ansätze vor, sodass hierbei ausschließlich bewährte Skalen genutzt wurden. Zur Operationalisierung der Social-Media-spezifischen Ressourcen existierten zum Zeitpunkt der Untersuchung hingegen noch keine Ansätze, weshalb im Rahmen dieser Arbeit neue Skalen entwickelt wurden. Hierzu wurden anhand zahlreicher Publikationen umfassende Indikatoren je Konstrukt generiert und mit Hilfe des Feedbacks mehrerer Experten der Marketing-Wissenschaft und -Praxis überarbeitet.

Anschließend wurde die Reliabilität und Validität der neuen Messmodelle durch einen Pretest mit 60 geeigneten Managern belegt. Bei der Operationalisierung der Fähigkeiten konnte wiederum weitestgehend auf bestehende Skalen zurückgegriffen werden. Lediglich für die Social-Media-Marketing-Fähigkeiten wurde analog zur Messung der Marketing-Fähigkeiten ein neuer Indikator formuliert. Der kundenbezogene Erfolg wurde ebenfalls mit einer bestehenden Skala gemessen, während der Social-Media-Erfolg infolge der hohen Bedeutung von Facebook für die Social-Media-Aktivitäten von B2C-Marken mittels zweier manifester, komplementärer Facebook-Metriken operationalisiert wurde: die Anzahl Fans als Reichweitenmaß und die durchschnittliche Post Engagement Rate als Interaktionsmaß. Als letzte Modellgröße wurde die Kontrollvariable Unternehmensgröße über den Umsatz gemessen.

3. Empirische Untersuchung der Erfolgswirkungen der Determinanten

Zur Untersuchung der Erfolgswirkungen der im Modell enthaltenen Determinanten von Good Social Media Marketing wurde eine Befragung unter 207 geeigneten Managern von 174 B2C-Marken vorgenommen. Mit Hilfe in der Wissenschaft gängiger Analysen wurde in Abschnitt 4.3 die Qualität der hierüber generierten Datengrundlage geprüft und für gut befunden. Darüber hinaus wurde anhand der Umsatz- und Branchenverteilung die Vielfalt der Marken und damit die Generalisierbarkeit der späteren Aussagen zu den Determinanten von Good Social Media Marketing gezeigt. Zu 165 dieser Marken lagen separate Daten zur Messung des Social-Media-Erfolgs vor.

Auf Basis dieser Datengrundlage wurden in Kapitel 5 die Ergebnisse der empirischen Untersuchung präsentiert. Dabei wurde im ersten Schritt in Abschnitt 5.1 die Güte aller Messmodelle durch eine Prüfung ihrer Reliabilität und Validität bestätigt. Anschließend wurden in Abschnitt 5.2 die Ergebnisse der Strukturmodelle dargestellt und die zuvor aufgestellten Forschungshypothesen zu den Determinanten von Good Social Media Marketing überprüft. Die folgende Abbildung 23 gibt eine vereinfachende Übersicht der im Rahmen der Strukturmodelle erzielten Ergebnisse.

Kundenbezogener Erfolg *(b)*

Social-Media-Erfolg *(a)*	– signifikant negativ	nicht signifikant	signifikant positiv +
+ signifikant positiv	• Topmanagement-Commitment zu Social Media *(H6a/b)*	• Interaktionsorientierung *(H4a/b)* • Social-Media-Bereitschaft der Mitarbeiter *(H9a/b)*	• Social-Media-Strategie *(H5a/b)* • Marketing-Fähigkeiten *(H11a/b)*
nicht signifikant		• Innovationsorientierung *(H2a/b)* • Social-Media-Monitoring *(H8a/b)* • Interne Social-Media-Integration *(H10a/b)* • Social-Media-Marketing-Fähigkeiten (H12a/b)	• Kunden-orientierung *(H1a/b)* • Social-Media-Organisation *(H7a/b)*
– signifikant negativ		• Lernorientierung *(H3a/b)*	

Abbildung 23: Übersicht der Ergebnisse der Strukturmodelle

Quelle: Eigene Darstellung.

Mittels der Ergebnisse konnte gezeigt werden, dass je nach Social-Media-Zielsetzung eines Unternehmens unterschiedliche Determinanten zum Tragen kommen. Während die Social-Media-Strategie und die Social-Media-Bereitschaft der Mitarbeiter eine hohe Reichweite begünstigen, bewirken die Interaktionsorientierung, das Topmanagement-Commitment zu Social Media und die Marketing-Fähigkeiten einen positiven Effekt auf die Interaktion mit Social-Media-Nutzern. Sofern ein signifikanter Einfluss auf eine der beiden komplementären Social-Media-Erfolgsmetriken vorlag, wurde die Determinante in der obigen Abbildung entsprechend eingeordnet.[372] Demnach konnten die Hypothesen H4a, H5a, H6a, H9a und H11a bestätigt werden. Die verbleibenden Hypothesen zur Wirkung der Determinanten auf den Social-Media-Erfolg wurden nicht bestätigt. Als eventueller Grund wurde bei den Social-Media-spezifischen Ressourcen die recht kurze Social-Media-Historie von Marken genannt, durch die sich der positive Einfluss dieser Determinanten möglicherweise erst in den kommenden Jahren zeigen wird. Für die Lernorientierung ergab sich sogar ein negativer Effekt auf die Reichweite, der damit zusammenhängen könnte, dass lernorientierte Unternehmen den richtigen Social-Media-Umgang zunächst besser verstehen wollen, während andere bereits proaktiver handeln.

Hinsichtlich der Wirkung der Determinanten auf den kundenbezogenen Erfolg wurden ebenfalls mehrere Hypothesen verifiziert. Die Kundenorientierung, die Social-Media-Strategie, die Social-Media-Organisation und die Marketing-Fähigkeiten tragen alle zur Steigerung des kundenbezogenen Erfolgs bei, wodurch die Hypothesen H1b, H5b, H7b und H11b bestätigt wurden. Für die verbleibenden Hypothesen zum Einfluss der Determinanten auf den kundenbezogenen Erfolg wurde kein empirischer Beleg gefunden. Der scheinbare Widerspruch zu anderen Studien, die positive Effekte der Innovations-, Lern- oder Interaktionsorientierung auf Social-Media-übergeordnete Erfolgsgrößen finden, ist primär auf Modellunterschiede zurückzuführen. Es konnte für alle drei unternehmenskulturbezogenen Ressourcen gezeigt werden, dass diese in einem Modell ohne weitere Determinanten jeweils eine positive Wirkung auf den kundenbezogenen Erfolg ausüben. Das Topmanagement-Commitment zu Social Media hat als einzige Determinante einen negativen Effekt auf den kundenbezogenen Erfolg. Als möglicher Grund hierfür wurden die begrenzten Ressourcen der obersten Führungsebene aufgeführt, durch die sich eine stärkere Social-Media-Unterstützung negativ auf andere Bereiche auswirken kann, die wiederum den positiven Effekt auf den Social-Media-Erfolg überkompensieren können.

Insgesamt haben somit sieben der untersuchten Determinanten einen positiven Einfluss auf den Social-Media-Erfolg, den kundenbezogenen Erfolg oder beide Erfolgsgrößen. Diese entfallen sowohl auf unternehmenskulturbezogene und Social-Media-spezifische Ressourcen

[372] Sämtliche Determinanten zeigten einen signifikanten Einfluss auf eine der beiden komplementären Social-Media-Erfolgsmetriken oder keinen signifikanten Einfluss. Gegensätzliche signifikante Effekte lagen nicht vor, weshalb die Einordnung der Determinanten im Sinne der Übersichtlichkeit anhand des signifikanten Effekts erfolgt.

als auch auf Fähigkeiten und belegen folglich die Relevanz der Betrachtung aller drei Kategorien. Da allein die vier Determinanten mit einem positiven Effekt auf den Social-Media-Erfolg und ohne negative Auswirkungen auf den kundenbezogenen Erfolg die drei Kategorien abdecken, kann resümiert werden, dass diese für Good Social Media Marketing allesamt von Bedeutung sind. Lediglich vier Determinanten üben (noch) keinen signifikanten Einfluss auf die Erfolgsgrößen aus und zwei Determinanten haben eine plausible negative Wirkung auf jeweils eine der beiden Erfolgsgrößen.

Aufbauend auf diesen Ergebnissen wurden mit dem Zusammenwirken der Erfolgsdeterminanten und dem Zusammenhang der Erfolgsvariablen zwei naheliegende Themen untersucht. Dabei wurde gezeigt, dass die Interaktion der Social-Media-spezifischen Ressourcen einen negativen Effekt auf die Größe einer Fanbasis hat, während sie sich positiv auf das Engagement der gewonnenen Fans auswirkt. Unternehmen mit einem holistischeren Social-Media-Ansatz scheinen demnach eher eine intensivere Interaktion mit ihren Fans als eine höhere Reichweite anzustreben. Jene Interaktionseffekte treten nicht durchweg auf, wenn die Social-Media-Organisation oder die interne Social-Media-Integration aus der Interaktionsvariable eliminiert werden, was für die Erfolgsrelevanz dieser Determinanten spricht.

In der Untersuchung des Zusammenhangs der Erfolgsvariablen wies bei einer Betrachtung aller Marken weder die Anzahl Fans noch die Post Engagement Rate einen signifikanten Einfluss auf die Gestaltung erfolgreicher Kundenbeziehungen auf. Am Beispiel von Marken mit einem Umsatz in Deutschland von bis zu 500 Millionen Euro konnte jedoch verdeutlicht werden, dass der Social-Media-Erfolg in Form von Reichweite und Interaktion bei kleinen und mittleren Unternehmen nachweislich zur Gestaltung erfolgreicher Kundenbeziehungen beiträgt. Während der Erfolg bestehender Kundenbeziehungen etwas stärker durch die Interaktion mit den Fans gefördert wird, konnte anhand einer zusätzlichen Analyse gezeigt werden, dass die Fan-Reichweite bei Marken dieser Größe einen signifikanten Beitrag zur Gewinnung neuer Kunden leistet. Letzteres bietet einen Erklärungsansatz für die derzeit in Unternehmen weit verbreiteten Ziele zur Social-Media-Reichweite. Aufgrund dieser interessanten Zusatzerkenntnisse wurden auch die Wirkungen der Erfolgsdeterminanten auf den Social-Media- und den kundenbezogenen Erfolg für Marken der genannten Umsatzgröße untersucht. Dabei wurden die für alle Marken bestätigten Hypothesen weitestgehend ebenfalls bestätigt.

6.2 Implikationen

Die Ergebnisse der vorliegenden Arbeit beinhalten sowohl für die Forschung als auch für die Praxis mehrere bedeutsame Implikationen. Zur Erfüllung des vierten Teilziels sowie zur adäquaten Berücksichtigung der verschiedenen Adressatenkreise dieser Arbeit werden die Implikationen zweigeteilt. In Abschnitt 6.2.1 werden die Implikationen für die wissenschaftliche Forschung aufgezeigt, ehe in Abschnitt 6.2.2 die Implikationen für die unternehmerische Praxis folgen.

6.2.1 Implikationen für die wissenschaftliche Forschung

Mit den in Abschnitt 6.1 zusammengefassten Ergebnissen leistet die vorliegende Arbeit aus theoretisch-konzeptioneller, methodischer und empirischer Sicht einen substanziellen Beitrag zur wissenschaftlichen Forschung. Aus theoretisch-konzeptioneller Sicht ist zunächst das systematisch hergeleitete Verständnis von Good Social Media Marketing zu nennen. Auf Basis der Definitionen von Social Media und Social Media Marketing sowie der Auswirkungen des Social-Media-Aufkommens auf das Marketing wurde verdeutlicht, dass erfolgreiches Social Media Marketing einen Nutzen für Konsumenten bedingt. Damit steht das hier gewählte Verständnis von Good Social Media Marketing im Einklang mit der egalitären Beziehung zwischen Konsumenten und Unternehmen im Social-Media-Umfeld und erfüllt einen zentralen Aspekt des Marketing. Darüber hinaus wurde erstmalig ein theoretisch fundierter Bezugsrahmen zur Untersuchung der Determinanten von Good Social Media Marketing in Form von Ressourcen und Fähigkeiten aufgezeigt. Mit der Resource-based Theory und der Dynamic Capabilities Theory liegen dem Bezugsrahmen zwei Theorien zugrunde, die sich sowohl zur Erklärung des Social-Media- als auch des Social-Media-übergreifenden Erfolgs von Unternehmen eignen.

Zur Spezifizierung der für das Untersuchungsmodell relevanten Ressourcen und Fähigkeiten erfolgte eine Bestandsaufnahme des bisherigen Forschungsstands zu den Determinanten von Good Social Media Marketing. Dabei wurden umfassende Publikationen aus der Wissenschaft und der Praxis erfasst und anhand einer exemplarischen Auswahl entlang ihrer inhaltlichen Schwerpunkte kategorisiert. Von den derart gebündelten und strukturierten Erkenntnissen kann neben der vorliegenden Arbeit auch die zukünftige wissenschaftliche Forschung profitieren. Zudem konnte mit Hilfe der Kategorisierung der bisherigen Publikationen gezeigt werden, dass diese Arbeit als erste umfassende empirische Untersuchung der Determinanten von Good Social Media Marketing in Form von Ressourcen und Fähigkeiten einen wichtigen Forschungsbeitrag leistet.

Basierend auf den Erkenntnissen der bisherigen Forschung und eigenen Überlegungen wurde ein Modell zur Untersuchung der Erfolgsdeterminanten entwickelt, das bis dahin in keiner vergleichbaren Form vorlag. Zu den hierin enthaltenen sechs Social-Media-spezifischen Ressourcen wurden im Rahmen der vorliegenden Arbeit neue Messmodelle entwickelt und empirisch validiert. Deren Entwicklung erfolgte unter Berücksichtigung zahlreicher Publikationen und des Feedbacks mehrerer Marketing-Experten. Empirisch validiert wurde die Güte der Messmodelle anschließend mit zwei separaten Datensätzen. Die neu entwickelten Messmodelle zu den sechs Social-Media-spezifischen Ressourcen können daher auch in zukünftigen Untersuchungen genutzt werden und stellen damit aus methodischer Sicht einen zentralen Forschungsbeitrag dieser Arbeit dar.

Auf empirischer Ebene ergeben sich ebenfalls mehrere bedeutende Implikationen für die wissenschaftliche Forschung. Mit einer branchenübergreifenden Untersuchung konnte erstmalig nachgewiesen werden, dass sich sieben verschiedene Determinanten positiv auf den Social-Media- und/oder kundenbezogenen Erfolg von B2C-Unternehmen auswirken. Bei diesen Determinanten handelt es sich um unternehmenskulturbezogene und Social-Media-spezifische Ressourcen sowie um Fähigkeiten, wodurch die Relevanz des Bezugsrahmens und des Untersuchungsmodells zusätzlich untermauert wird. Allein von den sechs Social-Media-spezifischen Ressourcen mit neu entwickelten Skalen haben vier einen positiven Einfluss auf mindestens eine der beiden Erfolgsgrößen. Hinsichtlich der zwei verbleibenden Social-Media-spezifischen Ressourcen konnte plausibel gemacht werden, dass sich deren positiver Einfluss in den folgenden Jahren noch zeigen könnte. Beide Aspekte sprechen somit für die weitere

Untersuchung Social-Media-spezifischer Ressourcen in zukünftigen Forschungsarbeiten. Des Weiteren leistet die gemeinsame Untersuchung von Ressourcen und Fähigkeiten einen wichtigen Beitrag für die wissenschaftliche Forschung, da aktuell keine ausreichenden empirischen Erkenntnisse zur Wirkung von Fähigkeiten auf den Unternehmenserfolg bestehen.

Die geschilderten theoretisch-konzeptionellen, methodischen und empirischen Beiträge der vorliegenden Arbeit tragen folglich zu einem differenzierten Verständnis der Determinanten von Good Social Media Marketing in der Forschung bei. Daneben beinhalten die Untersuchungsergebnisse mehrere hilfreiche Implikationen für die unternehmerische Praxis, die im folgenden Abschnitt näher betrachtet werden.

6.2.2 Implikationen für die unternehmerische Praxis

Bereits in Abschnitt 1.1 wurde die zunehmende Bedeutung von Social Media für das Marketing von Unternehmen verdeutlicht. Wenngleich der Einfluss von Social Media Marketing auf den Social-Media-übergeordneten Unternehmenserfolg nicht im Fokus der vorliegenden Arbeit stand, konnte die Relevanz eines guten Social Media Marketing hier empirisch nachgewiesen werden. Anhand von Unternehmen mit einem Umsatz in Deutschland von bis zu 500 Millionen Euro wurde gezeigt, dass ein gutes Social Media Marketing sowohl zur Gewinnung neuer Kunden als auch zur erfolgreichen Gestaltung bestehender Kundenbeziehungen beiträgt. Infolge der steigenden Ausgaben für Social Media Marketing werden diese positiven Effekte womöglich in zukünftigen empirischen Untersuchungen ebenfalls bei noch größeren Unternehmen in Erscheinung treten. Um von den mit Social Media Marketing verbundenen Chancen zu profitieren, benötigen Unternehmen gemäß den empirischen Untersuchungsergebnissen dieser Arbeit unternehmenskulturbezogene und Social-Media-spezifische Ressourcen sowie Fähigkeiten.

Im Bereich der Unternehmenskultur kommt es für Unternehmen insbesondere auf ein adäquates Maß an Kunden- und Interaktionsorientierung an. Durch Social Media und andere Online-Medien verfügen Konsumenten heute über umfangreiche Informationen und haben zulasten von Unternehmen an Marktmacht gewonnen. Zur Überzeugung dieser ermächtigten

Konsumenten sollten Unternehmen mehr denn je deren Bedürfnisse verstehen und erfüllen. Die Ergebnisse der vorliegenden Arbeit und anderer Studien bieten hinreichende Belege für den positiven Einfluss der Kundenorientierung auf die erfolgreiche Gestaltung von Kundenbeziehungen. Für das Verständnis und die Erfüllung von Konsumentenbedürfnissen können Unternehmen u. a. von Social Media profitieren. Über Social Media erhalten Unternehmen nützliche Informationen zu den Bedürfnissen der Konsumenten sowie neue Möglichkeiten zur direkten Interaktion mit ihnen. Dabei sollten Unternehmen anders als in traditionellen Massenmedien von den Chancen des Austauschs mit einzelnen Konsumenten und deren bewusster Ermächtigung Gebrauch machen. Beispielsweise können individuelle Kundenanfragen personalisiert beantwortet und Kunden motiviert werden, ihre Meinungen zu den Produkten bzw. Dienstleistungen eines Unternehmens mitzuteilen oder interaktiv an deren Gestaltung mitzuwirken. Die empirischen Untersuchungsergebnisse verdeutlichen, dass jene Interaktionsorientierung von Social-Media-Nutzern wahrgenommen wird und zu mehr Interaktionen zwischen Unternehmen und Konsumenten führt. Hierüber generierte Zusatzinformationen stellen eine hilfreiche Grundlage für potenzielle Produkt- oder Service-Verbesserungen eines Unternehmens dar.

Hinsichtlich der Social-Media-spezifischen Ressourcen sind die Social-Media-Strategie, das Topmanagement-Commitment zu Social Media, die Social-Media-Bereitschaft der Mitarbeiter und die Social-Media-Organisation von besonderer Bedeutung. Gemäß den empirischen Untersuchungsergebnissen dieser Arbeit lässt sich durch eine strategische Planung der Social-Media-Aktivitäten u. a. die Reichweite von Unternehmen im Social-Media-Umfeld vergrößern. Unternehmen sollten daher eine individuelle Social-Media-Strategie definieren, die auf Basis klar definierter Ziele einen Orientierungsrahmen für zentrale Social-Media-Entscheidungen gibt. Die definierten Social-Media-Ziele sollten für alle Beteiligten verständlich und zudem mit den allgemeinen Unternehmenszielen abgestimmt sein, um möglichst über Social Media hinaus von den dortigen Aktivitäten zu profitieren. Hierdurch können Unternehmen neben ihrer Social-Media-Reichweite auch den Erfolg ihrer bestehenden Kundenbeziehungen steigern, wie die Ergebnisse der vorliegenden Arbeit verdeutlichen.

Während die Social-Media-Strategie damit sowohl einen positiven Einfluss auf den Social-Media- als auch auf den kundenbezogenen Erfolg ausübt, sollten Unternehmen die Social-

Media-Unterstützung ihrer obersten Führungsebene differenzierter betrachten. Die Untersuchungsergebnisse zeigen, dass das Topmanagement-Commitment zu Social Media zwar über mehr Interaktionen zwischen Unternehmen und Konsumenten positiv zum Social-Media-Erfolg beiträgt, jedoch gleichzeitig eine nachteilige Wirkung auf den Erfolg bestehender Kundenbeziehungen haben kann. Es gilt daher abzuwägen, welches Ausmaß an Social-Media-Unterstützung des Topmanagements aus einer unternehmensindividuellen Sicht optimal erscheint. Im Hinblick auf einen Erfolg im Social-Media-Umfeld sollte die oberste Führungsebene die eigenen Social-Media-Aktivitäten in jedem Fall als wichtig erachten sowie deren Entwicklung und Umsetzung umfangreich unterstützen. Die Unterstützung kann sich ebenso durch einen aktiven Verfechter der Social-Media-Aktivitäten auf Topmanagement-Ebene wie durch die Bereitstellung adäquater Ressourcen zeigen. Dabei sollten Unternehmen allerdings berücksichtigen, dass jene Topmanagement-Ressourcen begrenzt sind, wodurch sich eine stärkere Unterstützung der Social-Media-Aktivitäten negativ auf andere erfolgsrelevante Bereiche auswirken kann. Für Unternehmen ist es folglich von entscheidender Bedeutung, die Abstimmung zwischen Social-Media- und anderen Aktivitäten zu finden, welche für die Erreichung der übergreifenden Unternehmensziele am vielversprechendsten erscheint.

Im Gegensatz zum Topmanagement-Commitment fällt die Empfehlung hinsichtlich der Unterstützung der Social-Media-Aktivitäten durch die Mitarbeiter weniger komplex aus. Die empirischen Untersuchungsergebnisse der vorliegenden Arbeit verdeutlichen, dass Mitarbeiter, die in der Lage, gewillt und befugt sind, die Social-Media-Aktivitäten ihres Unternehmens zu unterstützen, zur Steigerung der Social-Media-Reichweite beitragen, ohne den kundenbezogenen Erfolg negativ zu beeinflussen. Zur Steigerung ihres Social-Media-Erfolgs sollten Unternehmen demnach ihre Mitarbeiter motivieren, sich für die Social-Media-Aktivitäten ihres Unternehmens zu engagieren, z. B. durch das Teilen oder Kommentieren von Unternehmensbeiträgen. Darüber hinaus können Unternehmen die Social-Media-Kenntnisse ihrer Mitarbeiter durch das Angebot geeigneter Schulungen fördern und die vorhandenen Kenntnisse motivierter Mitarbeiter durch die Bereitstellung größerer Handlungsspielräume nutzen.

Neben motivierten und fähigen Mitarbeitern benötigen Unternehmen ebenfalls geeignete organisationale Strukturen und Prozesse. Wenngleich in der vorliegenden Arbeit kein positiver Effekt der Social-Media-Organisation auf den Social-Media-Erfolg gefunden wurde, wird davon ausgegangen, dass sich dieser aufgrund der kurzen Social-Media-Historie in den kommenden Jahren noch zeigen könnte. Zudem wird anhand des hier und in anderen Studien gefundenen positiven Einflusses auf den kundenbezogenen Erfolg die grundlegende Relevanz der Anpassung organisationaler Strukturen und Prozesse deutlich. Auf Basis dieser Erkenntnisse sollten Unternehmen ihre Organisation nicht allein im Hinblick auf Social Media anpassen, jedoch deren generelle Eignung vor dem Hintergrund der grundlegenden Veränderungen im Social-Media-Zeitalter regelmäßig prüfen und, wo erforderlich, entsprechende Anpassungen vornehmen.

Die verbleibenden Social-Media-spezifischen Ressourcen Social-Media-Monitoring und interne Social-Media-Integration sollten ebenfalls nicht außer Acht gelassen werden. Ähnlich zur Social-Media-Organisation wird vermutet, dass sich in zukünftigen Untersuchungen ein positiver Effekt auf den Social-Media- und damit womöglich auch auf den kundenbezogenen Erfolg zeigen könnte. Des Weiteren wurde im Rahmen dieser Arbeit empirisch dargelegt, dass das Zusammenspiel aller Social-Media-spezifischen Ressourcen einen signifikanten Einfluss auf den Social-Media-Erfolg ausübt. Zu diesen Ressourcen zählen u. a. das Social-Media-Monitoring und die interne Social-Media-Integration. Folglich sollten Unternehmen aus den Ergebnissen dieser Arbeit keineswegs schließen, dass die systematische Erfassung und Analyse von unternehmensrelevanten Social-Media-Informationen sowie die unternehmensinterne Nutzung von Social-Media-Technologien nicht von Bedeutung sind.

Zusätzlich zu den aufgeführten unternehmenskulturbezogenen und Social-Media-spezifischen Ressourcen sollten Unternehmen über geeignete Fähigkeiten im Bereich Marketing verfügen. Die empirischen Untersuchungsergebnisse dieser Arbeit zeigen, dass die Prozesse zur Entwicklung und Umsetzung von Marketing-Aktivitäten sowohl zu mehr Interaktionen zwischen Unternehmen und Konsumenten im Social-Media-Umfeld als auch zu erfolgreicheren Kundenbeziehungen führen. Vor dem Hintergrund dieser durchweg positiven Erfolgswirkung sollten Unternehmen ihren Marketing-Fähigkeiten einen hohen Stellenwert beimessen und beispielsweise an ihren Fähigkeiten hinsichtlich der Entwicklung von Kommunikationsprogrammen arbeiten. Dabei sind gleichermaßen Kompetenzen im Bereich der Planung wie auch der Umsetzung von Marketing-Aktivitäten relevant.

6.3 Grenzen der Untersuchung und zukünftiger Forschungsbedarf

Wenngleich die Ergebnisse der vorliegenden Arbeit sowohl für die wissenschaftliche Forschung als auch für die unternehmerische Praxis mehrere bedeutsame Implikationen beinhalten, unterliegt die Untersuchung einigen Grenzen, aus denen sich Ansatzpunkte für die zukünftige Forschung ergeben. Diese Grenzen der Untersuchung und der damit einhergehende zukünftige Forschungsbedarf werden im Folgenden aufgezeigt.

Als Erstes ist zu berücksichtigen, dass die hier betrachteten Wirkungszusammenhänge mit dieser Arbeit überwiegend erstmalig untersucht wurden. Die diskutierten Ergebnisse der empirischen Untersuchung sind demnach vor dem Hintergrund ihrer zeitlichen, räumlichen und inhaltlichen Rahmenbedingungen zu bewerten. So wurde als eventueller Grund für die nicht bestätigten Hypothesen zur Erfolgswirkung einzelner Social-Media-spezifischer Ressourcen bereits die kurze Social-Media-Markenhistorie genannt, durch die sich deren positiver Einfluss womöglich erst in den kommenden Jahren zeigen wird. Zukünftige Studien sollten daher untersuchen, ob die Social-Media-Organisation, das Social-Media-Monitoring und die interne Social-Media-Integration zu einem späteren Zeitpunkt tatsächlich eine positive Wirkung auf den Social-Media-Erfolg ausüben. Da der Ursprung der meisten heute populären Social-Media-Plattformen in den USA liegt, erscheint es durchaus möglich, dass sich die vermuteten Wirkungszusammenhänge zu diesen Determinanten bei einer Untersuchung des US-amerikanischen Marktes bereits heute bestätigen lassen. Hinsichtlich der räumlichen Rahmenbedingungen wäre zudem insbesondere eine Übertragung der Untersuchung auf China interessant. Es wird davon ausgegangen, dass sich die Ergebnisse dort u. a. infolge kultureller Unterschiede und anderer Social-Media-Plattformen von denen dieser Arbeit unterscheiden können.

Neben Untersuchungen zu einem späteren Zeitpunkt oder mit anderen geografischen Rahmenbedingungen könnten Subgruppenanalysen mit differenzierteren Ergebnissen und Implikationen einen wichtigen Forschungsbeitrag leisten. Im Rahmen dieser Arbeit wurde anhand von Unternehmen mit einem Umsatz in Deutschland von bis zu 500 Millionen Euro der Mehrwert einer Unterscheidung nach der Unternehmensgröße verdeutlicht. Eine Betrachtung weiterer sinnvoller Subgruppen war aufgrund der Anzahl von 165 auswertbaren Unternehmensdatensätzen nicht möglich. Sofern umsetzbar, sollten zukünftige Studien daher großzahligere Untersuchungen durchführen, um z. B. weitere Größen- oder auch einzelne Branchengruppen analysieren zu können.

Ebenfalls im Hinblick auf noch differenziertere Erkenntnisse zu den Determinanten von Good Social Media Marketing sollte die optimale Ausgestaltung derjenigen Konstrukte mit einer positiven Erfolgswirkung näher untersucht werden. Die vorliegende Arbeit bietet erste Einsichten dazu, welche unternehmenskulturbezogenen und Social-Media-spezifischen Ressourcen sowie Fähigkeiten zum Social-Media- und kundenbezogenen Erfolg beitragen. Hierauf aufbauend stellt sich für Unternehmen die Frage, wie genau die relevanten Determinanten in ihrem Fall am besten ausgestaltet werden sollten. Eine Beantwortung dieser Fragestellung war nicht Gegenstand dieser Untersuchung, weshalb sich zukünftige Forschungsarbeiten näher hiermit befassen sollten. Dabei erscheint vor allem eine differenziertere Betrachtung der Social-Media-spezifischen Ressourcen von Bedeutung, da diese bislang kaum untersucht wurden. Beispielhafte Themen könnten das optimale Ausmaß an Topmanagement-Commitment zu Social Media oder die im Social-Media-Zeitalter erforderlichen organisationalen Strukturen und Prozesse in Abhängigkeit von der Größe, der Branche und den Zielen eines Unternehmens sein.

Darüber hinaus ergeben sich weitere Grenzen aus dem Modell sowie der Konzeption und Methodik der Untersuchung. Auch wenn das hier genutzte Untersuchungsmodell bereits verschiedene Determinanten beinhaltet, ist es durchaus denkbar, dass zusätzliche Konstrukte mit einem potenziellen Einfluss auf den Erfolg von Social Media Marketing bestehen. So könnte z. B. die mit einer unternehmerischen Orientierung einhergehende Proaktivität und Risikobereitschaft über schnellere Lerneffekte zu einem erfolgreicheren Social Media Marketing führen. Hinsichtlich der Konzeption und Methodik der Untersuchung sind die Eingrenzung auf B2C-Unternehmen und die Operationalisierung des Social-Media-Erfolgs mit Hilfe von Facebook-Metriken als Limitationen zu nennen. Obgleich in der vorliegenden Arbeit die Relevanz des Themas für B2C-Unternehmen und die für diese zentrale Bedeutung von Facebook erläutert wurde, wäre ebenfalls eine Untersuchung von B2B-Unternehmen sowie von YouTube, Twitter, Blogs oder eigenen Unternehmensangeboten mit Social-Media-Funktionalitäten interessant. Insofern sind Forschungsarbeiten erforderlich, die der Untersuchung dieser Aspekte nachgehen.

Die aufgezeigten Grenzen und Forschungsansätze verdeutlichen, dass in dieser Arbeit trotz der bedeutsamen Implikationen für die Forschung und Praxis nicht der Anspruch einer abschließenden Bewertung der Determinanten von Good Social Media Marketing erhoben wird. Vielmehr besteht die Hoffnung nach weiteren Untersuchungen, die den aufgezeigten Forschungsansätzen anknüpfend an diese Arbeit sukzessive nachgehen. Ein weiteres Teilziel der vorliegenden Arbeit wäre zudem erreicht, wenn die Implikationen für die Praxis in möglichst vielen Unternehmen Berücksichtigung finden und zur nachhaltigen Steigerung des Social-Media-Erfolgs beitragen.

Anhangsverzeichnis

Anhang

Anhang A: Ursprüngliche Prüfung der Reliabilität anhand der Gütekriterien der ersten Generation (Pretest) vor der Indikator-Eliminierung

Konstrukt	Indikator	Explorative Faktorenanalyse						α
		Faktorladung	MSA	KMO	Bartlett	# Faktoren	Erklärte Varianz	
Topmanagement-Commitment zu Social Media (TMC)	TMC1	0,79	0,81	0,84	0,00	1	52,44%	0,85
	TMC2	0,88	0,82					
	TMC3	0,69	0,88					
	TMC4	0,71	0,86					
	TMC5	0,39	0,88					
	TMC6	0,79	0,82					

Anmerkungen: Bartlett = Signifikanz nach Bartlett; # Faktoren = Anzahl extrahierter Faktoren; Erklärte Varianz = Erklärter Varianzanteil; α = Cronbachs Alpha.

Tabelle 33: Ursprüngliche Prüfung der Reliabilität anhand der Gütekriterien der ersten Generation (Pretest) vor der Indikator-Eliminierung

Quelle: Eigene Darstellung.

Anhang B: Ursprüngliche Prüfung der Reliabilität anhand der Gütekriterien der zweiten Generation (Pretest) vor der Indikator-Eliminierung

Konstrukt	Indikator	Faktor-ladung	p-Wert	Indikator-reliabilität	Faktor-reliabilität	DEV
Social-Media-Strategie (SMS)	SMS1	0,84	0,00	0,70	0,89	0,59
	SMS2	0,85	0,00	0,72		
	SMS3	0,83	0,00	0,69		
	SMS4	0,85	0,00	0,72		
	SMS5	0,65	0,00	0,43		
	SMS6	0,51	0,00	0,26		
Topmanagement-Commitment zu Social Media (TMC)	TMC1	0,79	0,00	0,63	0,88	0,60
	TMC2	0,88	0,00	0,78		
	TMC3	0,68	0,00	0,46		
	TMC4	0,73	0,00	0,53		
	TMC6	0,77	0,00	0,59		
Social-Media-Organisation (SMO)	SMO1	0,83	0,00	0,69	0,84	0,48
	SMO2	0,80	0,00	0,64		
	SMO3	0,50	0,00	0,25		
	SMO4	0,65	0,00	0,43		
	SMO5	0,62	0,00	0,38		
	SMO6	0,70	0,00	0,49		
Social-Media-Monitoring (SMM)	SMM1	0,82	0,00	0,67	0,92	0,65
	SMM2	0,79	0,00	0,62		
	SMM3	0,76	0,00	0,57		
	SMM4	0,81	0,00	0,66		
	SMM5	0,82	0,00	0,67		
	SMM6	0,84	0,00	0,70		
Social-Media-Bereitschaft der Mitarbeiter (SMB)	SMB1	0,88	0,00	0,78	0,82	0,61
	SMB2	0,78	0,00	0,61		
	SMB3	0,66	0,00	0,43		
Interne Social-Media-Integration (SMI)	SMI1	0,63	0,00	0,40	0,83	0,62
	SMI2	0,79	0,00	0,63		
	SMI3	0,91	0,00	0,83		
Modellfit: χ^2 (362) = 615,01 (p = 0,00); χ^2/df = 1,70; TLI = 0,77; CFI = 0,79; RMSEA = 0,11; SRMR = 0,10.						

Tabelle 34: Ursprüngliche Prüfung der Reliabilität anhand der Gütekriterien der zweiten Generation (Pretest) vor der Indikator-Eliminierung

Quelle: Eigene Darstellung.

Anhang C: Online-Fragebogen

10%

M&M
DEPARTMENT OF
MARKETING & MEDIA RESEARCH

HERZLICH WILLKOMMEN!

Liebe Teilnehmerin, lieber Teilnehmer,

vielen Dank für Ihre Bereitschaft, an unserer Befragung zum Thema **„Erfolgsfaktoren für Unternehmen im digitalen Zeitalter"** teilzunehmen. Die Befragung wird vom Lehrstuhl für Marketing & Medien der Westfälischen Wilhelms-Universität Münster durchgeführt.

Sämtliche Daten werden ausschließlich zu wissenschaftlichen Zwecken verwendet und nicht an Dritte weitergegeben. Die Auswertung erfolgt **anonym und streng vertraulich**. Bei Rückfragen können Sie sich jederzeit an unseren Projektleiter Jan Flemming wenden (jan.flemming@wiwi.uni-muenster.de).

Auf der folgenden Seite stellen wir Ihnen zunächst einige kurze Fragen, um herauszufinden, ob Sie zur Zielgruppe dieser Befragung gehören. Bitte benutzen Sie während der Befragung **keinesfalls den Zurück-Button Ihres Internetbrowsers**, da der Fragebogen hierdurch ungültig wird.

Wir danken Ihnen herzlich für Ihre Unterstützung!

Mit freundlichen Grüßen

Prof. Dr. Thorsten Hennig-Thurau

Jan Flemming

Weiter

powered by eQuestionnaire™

20%

M&M
DEPARTMENT OF MARKETING & MEDIA RESEARCH

FRAGEN ZUR ZIELGRUPPEN-ZUGEHÖRIGKEIT

Bitte beantworten Sie die folgenden Fragen stellvertretend für Ihr Unternehmen.
WICHTIGER HINWEIS: **Sollten Sie in einer Geschäftseinheit Ihres Unternehmens tätig sein, die als eigenständige Marke auftritt (z.B. Persil bei Henkel, Bild bei Springer, Audi beim VW Konzern), beziehen Sie die folgenden Fragen bitte ausschließlich auf Ihre** Geschäftseinheit **(z.B. Persil) und nicht auf das übergeordnete Unternehmen (z.B. Henkel).**

Wie lautet der Name Ihres Unternehmens / Ihrer Geschäftseinheit?
HINWEIS: Diese Frage benötigen wir, um Doppelungen zu vermeiden.

Name Ihres Unternehmens / Ihrer Geschäftseinheit:

Sind die Kunden Ihres Unternehmens / Ihrer Geschäftseinheit überwiegend Unternehmen oder Konsumenten?

Unternehmen (B2B)

Konsumenten (B2C)

Seit wie vielen Jahren sind Sie in Ihrem Unternehmen / Ihrer Geschäftseinheit beschäftigt?

< 0,5 Jahre

0,5 - 1 Jahr(e)

1 - 2 Jahr(e)

2 - 3 Jahre

> 3 Jahre

Auf welcher Führungsebene sind Sie in Ihrem Unternehmen / Ihrer Geschäftseinheit?

Keine Führungsverantwortung (z.B. Sachbearbeiter, Arbeiter)

Untere Führungsebene (z.B. Teamleiter, Meister)

Mittlere Führungsebene (z.B. Bereichsleiter, (Haupt-)Abteilungsleiter)

Obere Führungsebene (z.B. Vorstand, Geschäftsführung)

Hat Ihr Unternehmen / Ihre Geschäftseinheit eine eigene Facebook-Seite?

Ja, wir haben (u.a.) eine deutschsprachige Facebook-Seite.

Ja, wir haben eine internationale, aber keine deutschsprachige Facebook-Seite.

Nein, wir haben keine Facebook-Seite.

Wie hoch schätzen Sie Ihr Wissen hinsichtlich der Social-Media-Aktivitäten Ihres Unternehmens / Ihrer Geschäftseinheit ein?

Ich kenne mich gar nicht aus	Ich kenne mich nur wenig aus	Ich kenne mich einigermaßen aus	Ich kenne mich gut aus	Ich kenne mich ausgezeichnet aus
1	2	3	4	5

Weiter

30%

M&M
DEPARTMENT OF
MARKETING & MEDIA RESEARCH

VIELEN DANK!

Sie gehören zur Zielgruppe dieser Befragung.

Die Beantwortung der verbleibenden Fragen dauert ca. 15 Minuten. Es ist möglich, dass Ihnen einige Aussagen oder Fragen ähnlich vorkommen. Bitte beantworten Sie dennoch sämtliche Fragen vollständig und wahrheitsgemäß.

Als Dankeschön erhalten Sie für einen vollständig ausgefüllten Fragebogen einen 25 EUR Amazon-Gutschein.

Wir danken Ihnen nochmals herzlich für Ihre Unterstützung. Die Befragung kann nun durch Anklicken des Weiter-Buttons gestartet werden.

Weiter

powered by eQuestionnaire™

40%

M&M DEPARTMENT OF MARKETING & MEDIA RESEARCH

SOCIAL MEDIA IM UNTERNEHMEN

Zu Beginn bitten wir Sie um erste Informationen zum Umgang mit Social Media in Ihrem Unternehmen / Ihrer Geschäftseinheit (%Unternehmensname%).

Welche Abteilung ist in Ihrem Unternehmen / Ihrer Geschäftseinheit (%Unternehmensname%) für die Entwicklung und Umsetzung Ihrer Social-Media-Aktivitäten zuständig?

HINWEIS: Mehrfachantworten möglich.

- Marketing
- Unternehmenskommunikation / PR
- IT
- Vertrieb
- Personal (HR)
- Eigenständige Social-Media-Abteilung
- Sonstige:
- Keine - Die Zuständigkeit liegt bei einem übergeordneten Unternehmen
- Keine - Die Zuständigkeit ist nicht explizit geregelt

Inwieweit treffen die folgenden Aussagen auf die Mitarbeiter Ihres Unternehmens / Ihrer Geschäftseinheit (%Unternehmensname%) zu?

	Gar nicht zutreffend						Voll zutreffend
Unsere Mitarbeiter ...	1	2	3	4	5	6	7
... engagieren sich stark für unsere Social-Media-Aktivitäten.							
... kennen sich sehr gut mit Social Media aus.							
... haben im Bereich Social Media einen großen Handlungsspielraum.							

Inwieweit treffen die folgenden Aussagen zur internen Verwendung von Social-Media-Technologien auf Ihr Unternehmen / Ihre Geschäftseinheit (%Unternehmensname%) zu?

HINWEIS: Mit der internen Verwendung von Social-Media-Technologien sind digitale Diskussionsforen und -plattformen oder ähnliche Formen von Social Media gemeint, die unternehmensintern genutzt werden.

	Gar nicht zutreffend						Voll zutreffend
Social-Media-Technologien ...	1	2	3	4	5	6	7
... nutzen wir, um die Zusammenarbeit unserer Mitarbeiter über Abteilungs- und Hierarchiegrenzen hinweg zu fördern.							
... sind tief in unsere unternehmerischen Kernprozesse integriert (z.B. in Service-, CRM- oder Vertriebsprozesse).							
... nutzen wir zur Förderung des bereichsübergreifenden Austausches unserer Mitarbeiter (z.B. Austausch von Informationen und Wissen).							

Inwieweit nutzt Ihr Unternehmen / Ihre Geschäftseinheit (%Unternehmensname%) im Bereich Social Media die Unterstützung externer Dienstleister? Die Entwicklung und Umsetzung unserer Social-Media-Aktivitäten erfolgt ...

... ausschließlich intern 1	2	3	... gleichermaßen intern und extern 4	5	6	... ausschließlich extern 7
○	○	○	○	○	○	○

Bitte schätzen Sie das ungefähre Social-Media-Budget Ihres Unternehmens / Ihrer Geschäftseinheit (%Unternehmensname%) im Jahr 2012 in Deutschland.

≤ 10.000 EUR	○
10.001 - 50.000 EUR	○
50.001 - 100.000 EUR	○
100.001 - 250.000 EUR	○
250.001 - 500.000 EUR	○
500.001 - 1.000.000 EUR	○
1.000.001 - 2.500.000 EUR	○
> 2.500.000 EUR	○

Wie sicher sind Sie sich bei Ihrer Angabe bzgl. des Social-Media-Budgets?

Gar nicht sicher 1	2	3	4	5	6	Sehr sicher 7
○	○	○	○	○	○	○

Welchen Anteil haben die folgenden Social-Media-Plattformen an den Social-Media-Aktivitäten Ihres Unternehmens / Ihrer Geschäftseinheit (%Unternehmensname%)? Bitte verteilen Sie entsprechend 100 % auf die folgenden Plattformen.

Sie können noch **100** % verteilen

Facebook		%
Twitter		%
Youtube		%
Eigene Brand Community		%
Sonstige		%
Summe	0 %	

Weiter

50%

DEPARTMENT OF MARKETING & MEDIA RESEARCH

SOCIAL MEDIA IM UNTERNEHMEN

Vielen Dank, Sie haben bereits die Hälfte des gesamten Fragebogens geschafft! Nun bitten wir Sie um weitere Einschätzungen zum Umgang mit Social Media in Ihrem Unternehmen / Ihrer Geschäftseinheit (%Unternehmensname%).

Inwieweit treffen die folgenden Aussagen zur Social-Media-Strategie auf Ihr Unternehmen / Ihre Geschäftseinheit (%Unternehmensname%) zu?

	Gar nicht zutreffend 1	2	3	4	5	6	Voll zutreffend 7
Unsere Social-Media-Aktivitäten sind mit anderen Marketing-Aktivitäten abgestimmt (z.B. Werbung, Kundenservice).	○	○	○	○	○	○	○
Unsere Social-Media-Ziele sind mit den allgemeinen Zielen unseres Unternehmens / unserer Geschäftseinheit abgestimmt.	○	○	○	○	○	○	○
Unser Unternehmen / Unsere Geschäftseinheit hat eine Social-Media-Strategie, die die angestrebten Social-Media-Aktivitäten bestimmt.	○	○	○	○	○	○	○
Unsere Social-Media-Ziele sind klar beschrieben und für alle Beteiligten nachvollziehbar.	○	○	○	○	○	○	○
Unser Unternehmen / Unsere Geschäftseinheit hat eine Social-Media-Strategie, die für einen Zeitraum von mehr als einem Jahr ausgelegt ist.	○	○	○	○	○	○	○
Unser Unternehmen / Unsere Geschäftseinheit hat eine explizit definierte und dokumentierte Social-Media-Strategie.	○	○	○	○	○	○	○

Inwieweit treffen die folgenden Aussagen zum Topmanagement-Commitment zu Social Media auf Ihr Unternehmen / Ihre Geschäftseinheit (%Unternehmensname%) zu?

HINWEIS: Mit Topmanagement ist die oberste Führungsebene Ihres Unternehmens / Ihrer Geschäftseinheit gemeint.

	Gar nicht zutreffend 1	2	3	4	5	6	Voll zutreffend 7
Mitglieder des Topmanagements sind persönlich aktiv in die Entwicklung und Umsetzung unserer Social-Media-Aktivitäten eingebunden (z.B. durch eigene Social-Media-Beiträge).	○	○	○	○	○	○	○
Das Topmanagement betrachtet Social Media als ein wichtiges Thema für unser Unternehmen / unsere Geschäftseinheit.	○	○	○	○	○	○	○
Unser Topmanagement sieht gelegentliche Fehler im Bereich Social Media als etwas Normales an.	○	○	○	○	○	○	○
Das Topmanagement stellt adäquate Ressourcen (z.B. personell, finanziell, zeitlich) zur Entwicklung und Umsetzung unserer Social-Media-Aktivitäten bereit.	○	○	○	○	○	○	○
In unserem Topmanagement gibt es mindestens einen aktiven Verfechter für unsere Social-Media-Aktivitäten.	○	○	○	○	○	○	○
Das Topmanagement zeigt ein hohes Commitment für die Entwicklung und Umsetzung unserer Social-Media-Aktivitäten.	○	○	○	○	○	○	○

Inwieweit treffen die folgenden Aussagen zur Social-Media-Organisation auf Ihr Unternehmen / Ihre Geschäftseinheit (%Unternehmensname%) zu?

	1 Gar nicht zutreffend	2	3	4	5	6	7 Voll zutreffend
Social Media hat einen weitreichenden Einfluss auf die Gestaltung unserer Unternehmensstrukturen.	○	○	○	○	○	○	○
In unserem Unternehmen / unserer Geschäftseinheit ist allen Mitarbeitern bekannt, wer für Social Media verantwortlich ist.	○	○	○	○	○	○	○
Die Social-Media-Kompetenzen unserer Mitarbeiter werden durch ein umfangreiches Angebot von Schulungen gefördert.	○	○	○	○	○	○	○
In unserem Unternehmen / unserer Geschäftseinheit sind Social-Media-Guidelines, die den Gebrauch sozialer Medien genau regeln, allen Mitarbeitern bekannt (z.B. Art und Inhalt der Kommunikation, rechtliche Aspekte).	○	○	○	○	○	○	○
Social Media hat einen weitreichenden Einfluss auf die Gestaltung unserer organisationalen Prozesse.	○	○	○	○	○	○	○
Die Eignung der Strukturen und Prozesse unseres Unternehmens / unserer Geschäftseinheit für Social Media wird regelmäßig geprüft.	○	○	○	○	○	○	○

Inwieweit treffen die folgenden Aussagen zum Social-Media-Monitoring auf Ihr Unternehmen / Ihre Geschäftseinheit (%Unternehmensname%) zu?

	1 Gar nicht zutreffend	2	3	4	5	6	7 Voll zutreffend
Wir erfassen kontinuierlich quantitative unternehmensrelevante Social-Media-Informationen (z.B. Anzahl Fans, Likes, Follower, Kommentare).	○	○	○	○	○	○	○
Wir erfassen regelmäßig qualitative unternehmensrelevante Social-Media-Informationen (z.B. Service-Anregungen, Stimmungen, Trends).	○	○	○	○	○	○	○
Wir verwenden explizit definierte Erfolgskriterien für die Bewertung unserer Social-Media-Aktivitäten (z.B. Metriken zu Reichweite, Interaktion).	○	○	○	○	○	○	○
Wir haben ein Social-Media-Monitoring mit klar definierter Verwendung der Ergebnisse.	○	○	○	○	○	○	○
Für die Bewertung unserer Social-Media-Aktivitäten führen wir weitreichende Datenanalysen durch (z.B. Verknüpfung mit anderen Daten, Korrelations- und Kausalanalysen).	○	○	○	○	○	○	○
Wir verwenden Erfolgskriterien, die unsere Social-Media-Aktivitäten mit businessrelevanten Kennzahlen in Verbindung setzen (z.B. Markeneffekte, Anzahl generierter Leads, Conversion-Rates).	○	○	○	○	○	○	○

Weiter

60%

M&M
DEPARTMENT OF
MARKETING & MEDIA RESEARCH

ALLGEMEINE INFORMATIONEN

Auf dieser Seite bitten wir Sie um allgemeine Informationen zu Ihnen und Ihrem Unternehmen / Ihrer Geschäftseinheit (%Unternehmensname%).

In welcher Branche ist Ihr Unternehmen / Ihre Geschäftseinheit (%Unternehmensname%) hauptsächlich tätig?

- Automobil
- Chemie- & Pharmaprodukte (z.B. Kosmetik- & Pflegeprodukte, Wasch- & Reinigungsmittel)
- Haushaltsgeräte
- Lebensmittel
- Medien & Verlage (z.B. Bücher, Filme, Musik)
- Textil-, Mode- & Sportartikel
- Unterhaltungselektronik (z.B. TV, Computer, MP3-Player, Fotografie)
- Bildungswesen
- Energie- & Wasserversorgung
- Finanz- & Versicherungsdienstleistungen
- Gastgewerbe (z.B. Beherbergung, Gastronomie)
- Gesundheitswesen
- Kommunikationsdienstleistungen
- Transport- & Verkehrsdienstleistungen
- Unterhaltungs- & Erholungsdienstleistungen (z.B. Museen, Kinos, Freizeitparks, Sport)
- Handel (online & offline)
- Sonstige:

Wie viele Mitarbeiter sind derzeit in Ihrem Unternehmen / Ihrer Geschäftseinheit (%Unternehmensname%) in Deutschland in etwa beschäftigt?

Anzahl Mitarbeiter:

Wie hoch war der Umsatz Ihres Unternehmens / Ihrer Geschäftseinheit (%Unternehmensname%) im Jahr 2012 in Deutschland ungefähr?

- < 25 Mio. EUR
- 25 - 50 Mio. EUR
- 50 - 100 Mio. EUR
- 100 - 250 Mio. EUR
- 250 - 500 Mio. EUR
- 500 - 1.000 Mio. EUR
- 1.000 - 2.500 Mio. EUR
- > 2.500 Mio. EUR

Wie lautet der Name Ihrer Abteilung?

Abteilung:

Wie lautet Ihre genaue Stellenbezeichnung?

Stellenbezeichnung:

Weiter

70%

M&M DEPARTMENT OF MARKETING & MEDIA RESEARCH

UNTERNEHMENSKULTUR

Im Folgenden möchten wir gerne etwas über die Kultur in Ihrem Unternehmen / Ihrer Geschäftseinheit (%Unternehmensname%) erfahren.

Inwieweit treffen die folgenden Aussagen zur Kundenorientierung auf Ihr Unternehmen / Ihre Geschäftseinheit (%Unternehmensname%) zu?

	Gar nicht zutreffend 1	2	3	4	5	6	Voll zutreffend 7
Daten zu kundenbezogenen Erfolgskennzahlen (z.B. Kundenzufriedenheit oder -loyalität) werden bei uns regelmäßig in verschiedenen Unternehmensbereichen verwendet.	○	○	○	○	○	○	○
Wir messen systematisch und regelmäßig kundenbezogene Erfolgskennzahlen (z.B. Kundenzufriedenheit oder -loyalität).	○	○	○	○	○	○	○
Unser Unternehmen / Unsere Geschäftseinheit existiert primär, um Werte für Kunden zu schaffen.	○	○	○	○	○	○	○
Wir sind kundenorientierter als unsere Wettbewerber.	○	○	○	○	○	○	○
Unsere Strategie zur Erzielung von Wettbewerbsvorteilen ist geprägt von unserem Verständnis von Kundenbedürfnissen.	○	○	○	○	○	○	○

Inwieweit treffen die folgenden Aussagen zur Innovationsorientierung auf Ihr Unternehmen / Ihre Geschäftseinheit (%Unternehmensname%) zu?

	Gar nicht zutreffend 1	2	3	4	5	6	Voll zutreffend 7
Innovation wird bei uns im Projektmanagement oft und positiv aufgegriffen.	○	○	○	○	○	○	○
Unser Management sucht aktiv nach innovativen Ideen.	○	○	○	○	○	○	○
Technische Innovationen werden in unserem Unternehmen / unserer Geschäftseinheit mit offenen Armen aufgenommen.	○	○	○	○	○	○	○

Inwieweit treffen die folgenden Aussagen zur Lernorientierung auf Ihr Unternehmen / Ihre Geschäftseinheit (%Unternehmensname%) zu?

	Gar nicht zutreffend 1	2	3	4	5	6	Voll zutreffend 7
Unsere Manager sehen die Lernfähigkeit unseres Unternehmens / unserer Geschäftseinheit als Schlüssel zu unserem Wettbewerbsvorteil.	○	○	○	○	○	○	○
Lernen wird bei uns als entscheidende Voraussetzung für das Überleben unseres Unternehmens / unserer Geschäftseinheit gesehen.	○	○	○	○	○	○	○
In unserer Unternehmenskultur ist das Lernen der Mitarbeiter eine Top-Priorität.	○	○	○	○	○	○	○

Inwieweit treffen die folgenden Aussagen zur Interaktionsorientierung auf Ihr Unternehmen / Ihre Geschäftseinheit (%Unternehmensname%) zu?

	Gar nicht zutreffend 1	2	3	4	5	6	Voll zutreffend 7
Wir sind der Ansicht, dass Kundenreaktionen auf Marketing-Maßnahmen auf der Ebene des einzelnen Kunden betrachtet werden sollten.	○	○	○	○	○	○	○
Wir sind der Ansicht, dass der einzelne Kunde im Fokus aller Marketing-Aktivitäten stehen sollte.	○	○	○	○	○	○	○
Wir motivieren unsere Kunden, interaktiv an der Gestaltung unserer Produkte bzw. Dienstleistungen mitzuwirken.	○	○	○	○	○	○	○
Wir motivieren unsere Kunden, uns ihre Meinungen zu unseren Produkten bzw. Dienstleistungen mitzuteilen.	○	○	○	○	○	○	○
In unserem Unternehmen / unserer Geschäftseinheit haben personalisierte Antworten auf individuelle Kundenanfragen eine hohe Priorität.	○	○	○	○	○	○	○

Weiter

80%

M&M DEPARTMENT OF MARKETING & MEDIA RESEARCH

MARKETING-FÄHIGKEITEN & LEISTUNGEN

Sie haben es fast geschafft. Wir möchten lediglich noch etwas über die Marketing-Fähigkeiten und Leistungen Ihres Unternehmens / Ihrer Geschäftseinheit (%Unternehmensname%) erfahren. Auf der nächsten Seite können Sie bereits Ihre E-Mail-Adresse für den Erhalt des Amazon-Gutscheins eingeben.

Bitte bewerten Sie Ihr Unternehmen / Ihre Geschäftseinheit (%Unternehmensname%) im Wettbewerbsvergleich hinsichtlich der Marketing-Fähigkeiten in den folgenden Bereichen.

	Deutlich schlechter als Wettbewerber -3	-2	-1	0	1	2	Deutlich besser als Wettbewerber 3
Entwicklung von Produkten bzw. Dienstleistungen	○	○	○	○	○	○	○
Entwicklung von Preisstrategien	○	○	○	○	○	○	○
Entwicklung von Distributionssystemen	○	○	○	○	○	○	○
Entwicklung von Marketing-Kommunikationsprogrammen	○	○	○	○	○	○	○
Kompetenzen im Bereich Marketing-Planung	○	○	○	○	○	○	○
Umsetzung von Marketing-Aktivitäten	○	○	○	○	○	○	○
Kompetenzen im Bereich Social-Media-Marketing	○	○	○	○	○	○	○

Bitte bewerten Sie Ihr Unternehmen / Ihre Geschäftseinheit (%Unternehmensname%) im Wettbewerbsvergleich hinsichtlich der Leistungen in den folgenden Bereichen.

	Deutlich schlechter als Wettbewerber -3	-2	-1	0	1	2	Deutlich besser als Wettbewerber 3
Kunden zufriedenstellen	○	○	○	○	○	○	○
Kundenbeziehungen managen	○	○	○	○	○	○	○
Kunden gewinnen	○	○	○	○	○	○	○
Kunden binden	○	○	○	○	○	○	○

Weiter

90%

M&M DEPARTMENT OF MARKETING & MEDIA RESEARCH

DIGITALISIERUNG & AMAZON-GUTSCHEIN

Die letzten Fragen beschäftigen sich mit dem Einfluss der Digitalisierung auf Ihr Unternehmen / Ihre Geschäftseinheit (%Unternehmensname%). Am unteren Ende dieser Seite können Sie dann Ihre E-Mail-Adresse für den Erhalt des Amazon-Gutscheins eingeben.

Bitte sagen Sie uns, inwieweit die folgenden Aussagen auf Ihr Unternehmen / Ihre Geschäftseinheit (%Unternehmensname%) heute zutreffen und inwieweit sie vor drei Jahren zugetroffen haben.

Die Chancen und Risiken der Digitalisierung stellen für uns eine zentrale Herausforderung dar.

	Gar nicht zutreffend 1	2	3	4	5	6	Voll zutreffend 7
Heute	○	○	○	○	○	○	○
Vor 3 Jahren	○	○	○	○	○	○	○

Die Digitalisierung hat bei uns zur Folge, dass alle Prozesse und Strukturen daraufhin überprüft werden, ob Sie noch zeitgemäß sind.

	Gar nicht zutreffend 1	2	3	4	5	6	Voll zutreffend 7
Heute	○	○	○	○	○	○	○
Vor 3 Jahren	○	○	○	○	○	○	○

Marken-, Kunden- und Produktmanagement sind bei uns "Silos", deren Entscheidungen nur wenig aufeinander abgestimmt werden.

	Gar nicht zutreffend 1	2	3	4	5	6	Voll zutreffend 7
Heute	○	○	○	○	○	○	○
Vor 3 Jahren	○	○	○	○	○	○	○

Kunden werden bei uns in alle unternehmerischen Kernprozesse integriert (z.B. CRM, Markenführung, Produktentwicklung, Produktion, Logistik, After Sales Services).

	Gar nicht zutreffend 1	2	3	4	5	6	Voll zutreffend 7
Heute	○	○	○	○	○	○	○
Vor 3 Jahren	○	○	○	○	○	○	○

Wir arbeiten in vielen Wertschöpfungsbereichen mit einem großen, flexiblen Netzwerk an externen Partnern zusammen.

	Gar nicht zutreffend 1	2	3	4	5	6	Voll zutreffend 7
Heute	○	○	○	○	○	○	○
Vor 3 Jahren	○	○	○	○	○	○	○

Hat sich Ihr Marketing vor dem Hintergrund der Digitalisierung verändert? Inwieweit treffen die folgenden Aussagen auf Ihr Unternehmen / Ihre Geschäftseinheit (%Unternehmensname%) zu?

Wir haben vor dem Hintergrund der Digitalisierung ...	Gar nicht zutreffend 1	2	3	4	5	6	Voll zutreffend 7
... unsere Produkte bzw. Dienstleistungen (z.B. Gestaltung, Sortiment, Distribution) grundlegend verändert.	○	○	○	○	○	○	○
... unser Markenmanagement grundlegend verändert.	○	○	○	○	○	○	○
... unser Kundenmanagement grundlegend verändert.	○	○	○	○	○	○	○

Sie haben nun alle Fragen beantwortet. Vielen Dank für Ihre Teilnahme an unserer Befragung!

Wenn Sie einen 25 EUR Amazon-Gutschein erhalten möchten, tragen Sie bitte Ihre E-Mail-Adresse in das folgende Feld ein. Der Gutschein wird Ihnen nach Beendigung der Studie in Form eines Amazon-Gutschein-Codes per E-Mail zugeschickt.

Meine E-Mail-Adresse:

Weiter

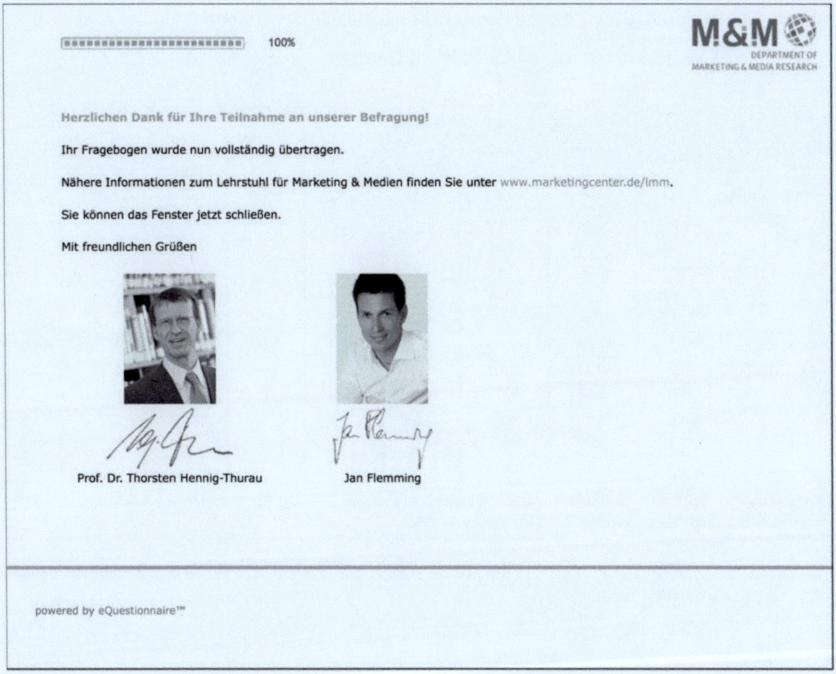

100%

M&M DEPARTMENT OF MARKETING & MEDIA RESEARCH

Herzlichen Dank für Ihre Teilnahme an unserer Befragung!

Ihr Fragebogen wurde nun vollständig übertragen.

Nähere Informationen zum Lehrstuhl für Marketing & Medien finden Sie unter www.marketingcenter.de/lmm.

Sie können das Fenster jetzt schließen.

Mit freundlichen Grüßen

Prof. Dr. Thorsten Hennig-Thurau | Jan Flemming

powered by eQuestionnaire™

Abbildung 24: Online-Fragebogen

Quelle: Eigene Darstellung.

Anhang D: Ursprüngliche Prüfung der Reliabilität anhand der Gütekriterien der ersten Generation vor der Indikator-Eliminierung

Konstrukt	**Indi-kator**	**Explorative Faktorenanalyse**							**α**
		Ladung Faktor 1	**Ladung Faktor 2**	**MSA**	**KMO**	**Bart-lett**	**# Fak-toren**	**Erklärte Varianz**	
Social-Media-Organisation (SMO)	SMO1	0,92	-0,07	0,71	0,77	0,00	2	52,85%	0,79
	SMO2	0,95	-0,05	0,70					
	SMO3	-0,18	0,66	0,78					
	SMO4	0,03	0,47	0,89					
	SMO5	0,17	0,48	0,88					
	SMO6	0,33	0,54	0,84					
Marketing-Fähigkeiten (MF)	MF1	0,23	0,46	0,78	0,77	0,00	2	51,72%	0,78
	MF2	-0,16	0,80	0,69					
	MF3	0,18	0,51	0,83					
	MF4	0,85	-0,03	0,75					
	MF5	0,77	0,04	0,75					
	MF6	0,72	-0,03	0,83					

Anmerkungen: Bartlett = Signifikanz nach Bartlett; # Faktoren = Anzahl extrahierter Faktoren; Erklärte Varianz = Erklärter Varianzanteil; α = Cronbachs Alpha.

Tabelle 35: Ursprüngliche Prüfung der Reliabilität anhand der Gütekriterien der ersten Generation vor der Indikator-Eliminierung

Quelle: Eigene Darstellung.

Anhang E: Ursprüngliche Prüfung der Reliabilität anhand der Gütekriterien der zweiten Generation vor der Indikator-Eliminierung

Konstrukt	Indikator	Faktor-ladung	p-Wert	Indikator-reliabilität	Faktor-reliabilität	DEV
Kundenorientierung (KO)	KO1	0,65	0,00	0,42	0,83	0,50
	KO2	0,85	0,00	0,72		
	KO3	0,48	0,00	0,23		
	KO4	0,52	0,00	0,27		
	KO5	0,93	0,00	0,87		
	Modellfit: χ^2 (5) = 110,85 (p = 0,00); χ^2/df = 22,17; TLI = 0,52; CFI = 0,76; RMSEA = 0,35; SRMR = 0,13.					
Interaktionsorientierung (INT)	INT1	0,53	0,00	0,28	0,82	0,48
	INT2	0,75	0,00	0,56		
	INT3	0,56	0,00	0,31		
	INT4	0,83	0,00	0,68		
	INT5	0,74	0,00	0,55		
	Modellfit: χ^2 (5) = 49,28 (p = 0,00); χ^2/df = 9,86; TLI = 0,72; CFI = 0,86; RMSEA = 0,23; SRMR = 0,09.					
Social-Media-Strategie (SMS)	SMS1	0,78	0,00	0,61	0,86	0,52
	SMS2	0,86	0,00	0,73		
	SMS3	0,70	0,00	0,49		
	SMS4	0,83	0,00	0,69		
	SMS5	0,50	0,00	0,25		
	SMS6	0,61	0,00	0,37		
	Modellfit: χ^2 (9) = 33,58 (p = 0,00); χ^2/df = 3,73; TLI = 0,91; CFI = 0,95; RMSEA = 0,13; SRMR = 0,06.					
Topmanagement-Commitment zu Social Media (TMC)	TMC1	0,85	0,00	0,72	0,85	0,50
	TMC2	0,90	0,00	0,80		
	TMC3	0,69	0,00	0,48		
	TMC4	0,59	0,00	0,34		
	TMC5	0,42	0,00	0,18		
	TMC6	0,68	0,00	0,46		
	Modellfit: χ^2 (9) = 4,39 (p = 0,88); χ^2/df = 0,49; TLI = 1,02; CFI = 1,00; RMSEA = 0,00; SRMR = 0,02.					
Social-Media-Organisation (SMO)	SMO1	0,87	0,00	0,76	0,83	0,57
	SMO2	0,93	0,00	0,86		
	SMO5	0,47	0,00	0,22		
	SMO6	0,67	0,00	0,45		
	Modellfit: χ^2 (2) = 14,99 (p = 0,00); χ^2/df = 7,49; TLI = 0,88; CFI = 0,96; RMSEA = 0,19; SRMR = 0,06.					
Social-Media-Monitoring (SMM)	SMM1	0,82	0,00	0,67	0,86	0,51
	SMM2	0,73	0,00	0,54		
	SMM3	0,71	0,00	0,50		
	SMM4	0,66	0,00	0,43		
	SMM5	0,62	0,00	0,38		
	SMM6	0,72	0,00	0,51		
	Modellfit: χ^2 (9) = 43,62 (p = 0,00); χ^2/df = 4,85; TLI = 0,87; CFI = 0,92; RMSEA = 0,15; SRMR = 0,05.					

Konstrukt	Indikator	Faktor-ladung	p-Wert	Indikator-reliabilität	Faktor-reliabilität	DEV
Kundenbezogener Erfolg (KBE)	KBE1	0,78	0,00	0,60	0,80	0,52
	KBE2	0,86	0,00	0,75		
	KBE3	0,48	0,00	0,23		
	KBE4	0,69	0,00	0,48		
	Modellfit: χ^2 (2) = 5,73 (p = 0,06); χ^2/df = 2,86; TLI = 0,95; CFI = 0,98; RMSEA = 0,10; SRMR = 0,03.					

Tabelle 36: Ursprüngliche Prüfung der Reliabilität anhand der Gütekriterien der zweiten Generation vor der Indikator-Eliminierung

Quelle: Eigene Darstellung.

Anhang F: Individuelle Wirkungen der Innovations-, Lern- und Interaktionsorientierung auf den kundenbezogenen Erfolg mit Kontrollvariable

Hypothese		Kundenbezogener Erfolg		
		β	p	Bestätigt?
H2b	*Innovationsorientierung*	0,44	*** (0,00)	✓
	Unternehmensgröße (Kontrollvariable)	0,03	n. s. (0,71)	-
	Modellfit	χ^2 (12) = 14,55 (p = 0,27); χ^2/df = 1,21; TLI = 0,99; CFI = 1,00; RMSEA = 0,04; SRMR = 0,03.		
H3b	*Lernorientierung*	0,49	*** (0,00)	✓
	Unternehmensgröße (Kontrollvariable)	0,04	n. s. (0,56)	-
	Modellfit	χ^2 (12) = 27,00 (p = 0,01); χ^2/df = 2,25; TLI = 0,96; CFI = 0,98; RMSEA = 0,09; SRMR = 0,04.		
H4b	*Interaktionsorientierung*	0,49	*** (0,00)	✓
	Unternehmensgröße (Kontrollvariable)	0,05	n. s. (0,50)	-
	Modellfit	χ^2 (12) = 12,11 (p = 0,44); χ^2/df = 1,01; TLI = 1,00; CFI = 1,00; RMSEA = 0,01; SRMR = 0,04.		
Anmerkungen: n = 174; β = standardisierter Pfadkoeffizient; p = p-Wert; * / ** / *** = Signifikanz zum 10%- / 5%- / 1%-Niveau; n. s. = nicht signifikant; ✓ / ✗ = Hypothese bestätigt / nicht bestätigt.				

Tabelle 37: Individuelle Wirkungen der Innovations-, Lern- und Interaktionsorientierung auf den kundenbezogenen Erfolg mit Kontrollvariable

Quelle: Eigene Darstellung.

Literaturverzeichnis

Aaker, D. A./Kumar, V./Day, G. S./Leone, R. P. (2011): Marketing Research, 10th ed., John Wiley & Sons, Hoboken, NJ.

Adweek (2014): The World's Weirdest Supermarket Ad Is Both Super Cool and Super Crazy, http://www.adweek.com/adfreak/worlds-weirdest-supermarket-ad-both-super-cool-and-super-crazy-155937, Abruf: 31.07.2014.

Afshar, V. (2013): The Seven Success Factors of Social Business Strategy, http://www.huffingtonpost.com/vala-afshar/the-seven-success-factors_b_3677185.html, Abruf: 21.08.2014.

Ahire, S. L./Golhar, D. Y./Waller, M. A. (1996): Development and Validation of TQM Implementation Constructs, Decision Sciences, Vol. 27 (1), S. 23-56.

Ahire, S. L./O'Shaughnessy, K. (1998): The Role of Top Management Commitment in Quality Management: An Empirical Analysis of the Auto Parts Industry, International Journal of Quality Science, Vol. 3 (1), S. 5-37.

American Marketing Association (2014a): Definition of Marketing, https://www.ama.org/AboutAMA/Pages/Definition-of-Marketing.aspx, Abruf: 29.07.2014.

American Marketing Association (2014b): Dictionary, https://www.ama.org/resources/Pages/Dictionary.aspx?dLetter=O, Abruf: 29.07.2014.

Amit, R./Schoemaker, P. J. H. (1993): Strategic Assets and Organizational Rent, Strategic Management Journal, Vol. 14 (1), S. 33-46.

Anderson, J. C./Gerbing, D. W. (1982): Some Methods for Respecifying Measurement Models to Obtain Unidimensional Construct Measurement, Journal of Marketing Research, Vol. 19 (4), S. 453-460.

Anderson, J. C./Gerbing, D. W. (1988): Structural Equation Modeling in Practice: A Review and Recommended Two-Step Approach, Psychological Bulletin, Vol. 103 (3), S. 411-423.

Andzulis, J./Panagopoulos, N. G./Rapp, A. (2012): A Review of Social Media and Implications for the Sales Process, Journal of Personal Selling & Sales Management, Vol. 32 (2), S. 305-316.

Aral, S./Dellarocas, C./Godes, D. (2013): Introduction to the Special Issue – Social Media and Business Transformation: A Framework for Research, Information Systems Research, Vol. 24 (1), S. 3-13.

Arbuckle, J. L. (2013): IBM SPSS Amos 22 User's Guide, IBM, o. O.

Armstrong, J. S./Overton, T. S. (1977): Estimating Nonresponse Bias in Mail Surveys, Journal of Marketing Research, Vol. 14 (3), S. 396-402.

Atuahene-Gima, K. (1993): Determinants of Inward Technology Licensing Intentions: An Empirical Analysis of Australian Engineering Firms, Journal of Product Innovation Management, Vol. 10 (3), S. 230-240.

Atuahene-Gima, K./Slater, S. F./Olson, E. M. (2005): The Contingent Value of Responsive and Proactive Market Orientations for New Product Program Performance, Journal of Product Innovation Management, Vol. 22 (6), S. 464-482.

Ayres, C. (2009): Revenge is Best Served Cold – on YouTube, http://www.thetimes.co.uk/tto/law/columnists/article2051377.ece, Abruf: 04.08.2014.

Backhaus, K./Erichson, B./Plinke, W./Weiber, R. (2011): Multivariate Analysemethoden, 13. Aufl., Springer, Berlin, Heidelberg.

Bagozzi, R./Yi, Y. (2012): Specification, Evaluation, and Interpretation of Structural Equation Models, Journal of the Academy of Marketing Science, Vol. 40 (1), S. 8-34.

Bagozzi, R. P. (2007): On the Meaning Formative Measurement and How It Differs From Reflective Measurement: Comment on Howell, Breivik, and Wilcox (2007), Psychological Methods, Vol. 12 (2), S. 229-237.

Bagozzi, R. P./Baumgartner, H. (1994): The Evaluation of Structural Equation Models and Hypotheses Testing, in: Bagozzi, R. P. (ed.), Blackwell, Cambridge, MA, S. 386-422.

Bagozzi, R. P./Phillips, L. W. (1982): Representing and Testing Organizational Theories: A Holistic Construal, Administrative Science Quarterly, Vol. 27 (3), S. 459-489.

Bagozzi, R. P./Yi, Y. (1988): On the Evaluation of Structural Equation Models, Journal of the Academy of Marketing Science, Vol. 16 (1), S. 74-94.

Bagozzi, R. P./Yi, Y./Phillips, L. W. (1991): Assessing Construct Validity in Organizational Research, Administrative Science Quarterly, Vol. 36 (3), S. 421-458.

Baker, W. E./Sinkula, J. M. (1999): The Synergistic Effect of Market Orientation and Learning Orientation on Organizational Performance, Journal of the Academy of Marketing Science, Vol. 27 (4), S. 411-427.

Baker, W. E./Sinkula, J. M. (2007): Does Market Orientation Facilitate Balanced Innovation Programs? An Organizational Learning Perspective, Journal of Product Innovation Management, Vol. 24 (4), S. 316-334.

Barksdale, H. C./Darden, B. (1971): Marketers' Attitudes Toward the Marketing Concept, Journal of Marketing, Vol. 35 (4), S. 29-36.

Barney, J. B. (1986a): Organizational Culture: Can It Be a Source of Sustained Competitive Advantage?, Academy of Management Review, Vol. 11 (3), S. 656-665.

Barney, J. B. (1986b): Strategic Factor Markets: Expectations, Luck, and Business Strategy, Management Science, Vol. 32 (10), S. 1231-1241.

Barney, J. B. (1991): Firm Resources and Sustained Competitive Advantage, Journal of Management, Vol. 17 (1), S. 99-120.

Barney, J. B. (1997): Gaining and Sustaining Competitive Advantage, Addison-Wesley, Reading, MA et al.

Barney, J. B. (2001): Is the Resource-based "View" a Useful Perspective for Strategic Management Research? Yes., Academy of Management Review, Vol. 26 (1), S. 41-56.

Barney, J. B./Ketchen, D. J./Wright, M. (2011): The Future of Resource-Based Theory: Revitalization or Decline?, Journal of Management, Vol. 37 (5), S. 1299-1315.

Bentler, P. M. (1990): Comparative Fit Indexes in Structural Models, Psychological Bulletin, Vol. 107 (2), S. 238-246.

Bentler, P. M. (1995): EQS Structural Equations Program Manual, Multivariate Software, Encino, CA.

Bentler, P. M./Bonett, D. G. (1980): Significance Tests and Goodness of Fit in the Analysis of Covariance Structures, Psychological Bulletin, Vol. 88 (3), S. 588-606.

Bergkvist, L./Rossiter, J. R. (2007): The Predictive Validity of Multiple-Item Versus Single-Item Measures of the Same Constructs, Journal of Marketing Research, Vol. 44 (2), S. 175-184.

Beuth, G. (2013): Josep Guardiola: 14 Titel in vier Jahren mit dem FC Barcelona, http://www.sportal.de/josep-guardiola-14-titel-in-vier-jahren-mit-dem-fc-barcelona-1-2013011624209200000-02, Abruf: 11.08.2014.

Bingham, C. B./Eisenhardt, K. M./Furr, N. R. (2007): What Makes a Process a Capability? Heuristics, Strategy, and Effective Capture of Opportunities, Strategic Entrepreneurship Journal, Vol. 1 (1-2), S. 27-47.

Bitz, X. (2014): Bayern-Personal auf dem Prüfstand, http://www.tz.de/sport/fc-bayern/fc-bayern-pep-guardiola-gefahr-identitaet-so-spanisch-roten-3765166.html, Abruf: 11.08.2014.

Blazevic, V./Wiertz, C./Cotte, J./Ruyter, K. de/Keeling, D. I. (2014): GOSIP in Cyberspace: Conceptualization and Scale Development for General Online Social Interaction Propensity, Journal of Interactive Marketing, Vol. 28 (2), S. 87-100.

Bollen, K. A. (2002): Latent Variables in Psychology and the Social Sciences, Annual Review of Psychology, Vol. 53, S. 605-634.

Bollen, K. A./Lennox, R. (1991): Conventional Wisdom on Measurement: A Structural Equation Perspective, Psychological Bulletin, Vol. 110 (2), S. 305.

Brown, P. (2012): iPhone Owner Loyalty Declines: Is Apple Losing its Innovation Edge?, http://www.strategyanalytics.com/default.aspx?mod=reportabstractviewer&a0=7880, Abruf: 29.08.2014.

Browne, M. W./Cudeck, R. (1993): Alternative Ways of Assessing Model Fit, in: Bollen, K. A.; Long, J. S. (eds.): Testing Structural Equation Models, SAGE, Newbury Park, CA, S. 136-162.

Burt, R. S. (1976): Interpretational Confounding of Unobserved Variables in Structural Equation Models, Sociological Methods Research, Vol. 5 (1), S. 3-52.

BuzzFeed (2014): A German Supermarket Made The Most Gloriously Entertaining Commercial You'll See Today, http://www.buzzfeed.com/abagg/this-is-the-most-ridiculously-entertaining-supermarket-comme, Abruf: 31.07.2014.

Calantone, R. J./Cavusgil, S. T./Zhao, Y. (2002): Learning Orientation, Firm Innovation Capability, and Firm Performance, Industrial Marketing Management, Vol. 31 (6), S. 515-524.

Campbell, D. T. (1960): Recommendations for APA Test Standards Regarding Construct, Trait, or Discriminant Validity, American Psychologist, Vol. 15 (8), S. 546-553.

Campbell, S. R./Anitsal, I./Anitsal, M. M. (2013): Social Media's Key Success Factors: An Analysis of Customer Reactions, Business Studies Journal, Vol. 5 (1), S. 43-56.

Carroll, D. (2014): Bio, http://www.davecarrollmusic.com/bio, Abruf: 04.08.2014.

Chen, Y.-C./Li, P.-C./Evans, K. R. (2012): Effects of Interaction and Entrepreneurial Orientation on Organizational Performance: Insights into Market Driven and Market Driving, Industrial Marketing Management, Vol. 41 (6), S. 1019-1034.

Chui, M./Manyika, J./Bughin, J./Dobbs, R./Roxburgh, C./Sarrazin, H./Sands, G./Westergren, M. (2012): The Social Economy: Unlocking Value and Productivity Through Social Technologies, McKinsey Global Institute, o. O.

Churchill, G. A. (1979): A Paradigm for Developing Better Measures of Marketing Constructs, Journal of Marketing Research, Vol. 16 (1), S. 64-73.

CIA (2015): The World Factbook, https://www.cia.gov/library/publications/the-world-factbook/, Abruf: 25.02.2015.

CMO Council/Lithium (2011): Variance in the Social Brand Experience, CMO Council, o. O.

Conway, J. M./Huffcut, A. I. (2003): A Review and Evaluation of Exploratory Factor Analysis Practices in Organizational Research, Organizational Research Methods, Vol. 6 (2), S. 147-168.

Cooper, R. G./Kleinschmidt, E. J. (1995): Benchmarking the Firm's Critical Success Factors in New Product Development, Journal of Product Innovation Management, Vol. 12 (5), S. 374-391.

Cortina, J. M. (1993): What Is Coefficient Alpha? An Examination of Theory and Applications, Journal of Applied Psychology, Vol. 78 (1), S. 98-104.

Cronbach, L. J. (1951): Coefficient Alpha and the Internal Structure of Tests, Psychometrika, Vol. 16 (3), S. 297-334.

Curry, P. (2011): Socialnomics Author Erik Qualman on How Social Media is Shaping the Future, http://www.proremodeler.com/socialnomics-author-erik-qualman-how-social-media-shaping-future, Abruf: 25.02.2015.

Day, G. S. (1994): The Capabilities of Market-Driven Organizations, Journal of Marketing, Vol. 58 (4), S. 37-52.

de Brentani, U./Kleinschmidt, E. J. (2004): Corporate Culture and Commitment: Impact on Performance of International New Product Development Programs, Journal of Product Innovation Management, Vol. 21 (5), S. 309-333.

de Vries, L./Gensler, S./Leeflang, P. S. H. (2012): Popularity of Brand Posts on Brand Fan Pages: An Investigation of the Effects of Social Media Marketing, Journal of Interactive Marketing, Vol. 26 (2), S. 83-91.

Deighton, J./Kornfeld, L. (2009): Interactivity's Unanticipated Consequences for Marketers and Marketing, Journal of Interactive Marketing, Vol. 23 (1), S. 4-10.

Derenthal, K. (2009): Innovationsorientierung von Unternehmen: Messung, Determinanten und Erfolgswirkungen, Gabler, Wiesbaden.

Deshpandé, R./Farley, J. U. (1998): Measuring Market Orientation: Generalization and Synthesis, Journal of Market-Focused Management, Vol. 2 (3), S. 213-232.

Deshpandé, R./Farley, J. U. (2004): Organizational Culture, Market Orientation, Innovativeness, and Firm Performance: An International Research Odyssey, International Journal of Research in Marketing, Vol. 21 (1), S. 3-22.

Deshpandé, R./Farley, J. U./Webster, F. E. (1993): Corporate Culture, Customer Orientation, and Innovativeness in Japanese Firms: A Quadrad Analysis, Journal of Marketing, Vol. 57 (1), S. 23-37.

Deshpandé, R./Webster, F. E. (1989): Organizational Culture and Marketing: Defining the Research Agenda, Journal of Marketing, Vol. 53 (1), S. 3-15.

Duden (2015): Bereitschaft, http://www.duden.de/rechtschreibung/Bereitschaft, Abruf: 06.09.2015.

Dziuban, C. D./Shirkey, E. C. (1974): When Is a Correlation Matrix Appropriate for Factor Analysis? Some Decision Rules, Psychological Bulletin, Vol. 81 (6), S. 358-361.

Edwards, J. R./Bagozzi, R. P. (2000): On the Nature and Direction of Relationships Between Constructs and Measures, Psychological Methods, Vol. 5 (2), S. 155-174.

Eisenhardt, K. M./Martin, J. A. (2000): Dynamic Capabilities: What are They?, Strategic Management Journal, Vol. 21 (10-11), S. 1105-1121.

Ellis, P. D. (2006): Market Orientation and Performance: A Meta-Analysis and Cross-National Comparisons, Journal of Management Studies, Vol. 43 (5), S. 1089-1107.

Ernst, H./Hoyer, W. D./Krafft, M./Krieger, K. (2011): Customer Relationship Management and Company Performance – The Mediating Role of New Product Performance, Journal of the Academy of Marketing Science, Vol. 39 (2), S. 290-306.

European Commission (2003): Commission Recommendation of 6 May 2003 Concerning the Definition of Micro, Small and Medium-Sized Enterprises, Official Journal of the European Union, Vol. 46 (L 124), S. 36-41.

Facebook (2014a): Apple Inc., https://www.facebook.com/pages/Apple-Inc/137947732957611?rf=108060649214184, Abruf: 26.06.2014.

Facebook (2014b): BMW Karriere, https://www.facebook.com/bmwkarriere, Abruf: 29.07.2014.

Facebook (2014c): Deutsche Bahn Karriere, https://www.facebook.com/DBKarriere, Abruf: 29.07.2014.

Facebook (2014d): Newsroom – Company Info, http://newsroom.fb.com/company-info/, Abruf: 27.06.2014.

Facebook (2014e): Telekom Karriere, https://www.facebook.com/TelekomKarriere, Abruf: 29.07.2014.

Facebook (2015): Newsroom - Company Info, http://newsroom.fb.com/company-info/, Abruf: 25.02.2015.

FAZ.NET (2013): Zum vierten Mal Weltfußballer, http://www.faz.net/aktuell/sport/fussball/zum-vierten-mal-weltfussballer-immer-wieder-messi-12017723.html, Abruf: 11.08.2014.

FC Barcelona (2012): Pep Guardiola's Numbers as Manager, http://www.fcbarcelona.com/football/first-team/detail/article/pep-guardiola-s-numbers-as-manager, Abruf: 11.08.2014.

FIFA (2011): The Barcelona Academy, http://www.fifa.com/world-match-centre/news/newsid/141/334/2/index.html, Abruf: 11.08.2014.

Fornell, C. (1982): A Second Generation of Multivariate Analysis: An Overview, in: Fornell, C. (ed.), Praeger, New York, NY, S. 1-12.

Fornell, C./Bookstein, F. L. (1982): Two Structural Equation Models: LISREL and PLS Applied to Consumer Exit-Voice Theory, Journal of Marketing Research, Vol. 19 (4), S. 440-452.

Fornell, C./Larcker, D. F. (1981): Evaluating Structural Equation Models with Unobservable Variables and Measurement Error, Journal of Marketing Research, Vol. 18 (1), S. 39-50.

Gabbatt, A. (2009): United Breaks Guitars Singer Reprises YouTube Airline Lament, http://www.theguardian.com/technology/blog/2009/aug/19/united-breaks-guitars-song-sequel, Abruf: 04.08.2014.

Gardner, D. G./Cummings, L. L./Dunham, R. B./Pierce, J. L. (1998): Single-Item Versus Multiple-Item Measurement Scales: An Empirical Comparison, Educational & Psychological Measurement, Vol. 58 (6), S. 898.

Gatignon, H./Xuereb, J.-M. (1997): Strategic Orientation of the Firm and New Product Performance, Journal of Marketing Research, Vol. 34 (1), S. 77-90.

Gensler, S./Völckner, F./Liu-Thompkins, Y./Wiertz, C. (2013): Managing Brands in the Social Media Environment, Journal of Interactive Marketing, Vol. 27 (4), S. 242-256.

Gerbing, D. W./Anderson, J. C. (1988): An Updated Paradigm for Scale Development Incorporating Unidimensionality and Its Assessment, Journal of Marketing Research, Vol. 25 (2), S. 186-192.

Goldsmith, B. (2008): Porn Passed Over As Web Users Become Social, http://www.reuters.com/article/2008/09/16/us-internet-book-life-idUSSP31943720080916, Abruf: 21.02.2015.

Google (2013): Google+ Hangouts and Photos: Save Some Time, Share Your Story, http://googleblog.blogspot.de/2013/10/google-hangouts-and-photos-save-some.html, Abruf: 25.07.2014.

Grant, R. M. (1996): Prospering in Dynamically-Competitive Environments: Organizational Capability as Knowledge Integration, Organization Science, Vol. 7 (4), S. 375-387.

Grewal, R./Cote, J. A./Baumgartner, H. (2004): Multicollinearity and Measurement Error in Structural Equation Models: Implications for Theory Testing, Marketing Science, Vol. 23 (4), S. 519-529.

Grewal, R./Slotegraaf, R. J. (2007): Embeddedness of Organizational Capabilities, Decision Sciences, Vol. 38 (3), S. 451-488.

Grinstein, A. (2008): The Relationships between Market Orientation and Alternative Strategic Orientations: A Meta-Analysis, European Journal of Marketing, Vol. 42 (1/2), S. 115-134.

Groth, M./Hennig-Thurau, T./Walsh, G. (2009): Customer Reactions to Emotional Labor: The Roles of Employee Acting Strategies and Customer Detection Accuracy, Academy of Management Journal, Vol. 52 (5), S. 958-974.

Gruber, H./Lehner, A. (2014): Taktik-Experte Frank Wormuth im Interview, http://www.spox.com/de/sport/fussball/championsleague/1405/Artikel/frank-wormuth-interview-fc-bayern-real-madrid-halbfinale-probleme-pep-guardiola-system-taktik-ballbesitz,seite=2.html, Abruf: 11.08.2014.

Gundlach, G. T./Wilkie, W. L. (2009): The American Marketing Association's New Definition of Marketing: Perspective and Commentary on the 2007 Revision, Journal of Public Policy & Marketing, Vol. 28 (2), S. 259-264.

Handelsblatt (2013): LinkedIn beschleunigt Aufholjagd zu Xing, http://www.handelsblatt.com/unternehmen/it-medien/deutschsprachiger-raum-linkedin-beschleunigt-aufholjagd-zu-xing/8779256.html, Abruf: 30.05.2014.

Hanna, R./Rohm, A./Crittenden, V. L. (2011): We're All Connected: The Power of the Social Media Ecosystem, Business Horizons, Vol. 54 (3), S. 265-273.

Hansen, J./McDonald, R./Mitchell, R. (2013): Competence Resource Specialization, Causal Ambiguity, and the Creation and Decay of Competitiveness: The Role of Marketing Strategy in New Product Performance and Shareholder Value, Journal of the Academy of Marketing Science, Vol. 41 (3), S. 300-319.

Hattie, J. (1985): Methodology Review: Assessing Unidimensionality of Tests and Items, Applied Psychological Measurement, Vol. 9 (2), S. 139-164.

Hennig-Thurau, T. (2004): Customer Orientation of Service Employees: Its Impact on Customer Satisfaction, Commitment, and Retention, International Journal of Service Industry Management, Vol. 15 (5), S. 460-478.

Hennig-Thurau, T./Hofacker, C. F./Bloching, B. (2013): Marketing the Pinball Way: Understanding How Social Media Change the Generation of Value for Consumers and Companies, Journal of Interactive Marketing, Vol. 27 (4), S. 237-241.

Hennig-Thurau, T./Malthouse, E. C./Friege, C./Gensler, S./Lobschat, L./Rangaswamy, A./ Skiera, B. (2010): The Impact of New Media on Customer Relationships, Journal of Service Research, Vol. 13 (3), S. 311-330.

Hennig-Thurau, T./Sattler, H. (2011): VHB-JOURQUAL 2.1: Ein Ranking von betriebswirtschaftlich relevanten Zeitschriften auf der Grundlage von Urteilen der VHB-Mitglieder, http://vhbonline.org/service/jourqual/vhb-jourqual-21-2011/, Abruf: 18.08.2014.

Hennig-Thurau, T./vor dem Esche, J./Bloching, B. (2012): Flippern statt Bowling, Marketing Review St. Gallen, Vol. 29 (4), S. 8-15.

Hennig-Thurau, T./Wiertz, C./Feldhaus, F. (2015): Does Twitter Matter? The Impact of Microblogging Word of Mouth on Consumers' Adoption of New Movies, Journal of the Academy of Marketing Science, Vol. 43 (3), S. 375-394.

Hermes, O. (2010): Ein Weltkonzern scheitert an Social Media, http://www.absatzwirtschaft.de/ein-weltkonzern-scheitert-an-social-media-9287/, Abruf: 08.02.2015.

Hoffman, R. C./Hegarty, W. H. (1993): Top Management Influence on Innovations: Effects of Executive Characteristics and Social Culture, Journal of Management, Vol. 19 (3), S. 549.

Hollebeek, L. D./Glynn, M. S./Brodie, R. J. (2014): Consumer Brand Engagement in Social Media: Conceptualization, Scale Development and Validation, Journal of Interactive Marketing, Vol. 28 (2), S. 149-165.

Homburg, C./Baumgartner, H. (1995): Beurteilung von Kausalmodellen, Marketing: Zeitschrift für Forschung und Praxis, 17. Jg. (3), S. 162-176.

Homburg, C./Giering, A. (1996): Konzeptualisierung und Operationalisierung komplexer Konstrukte: Ein Leitfaden für die Marketingforschung, Marketing: Zeitschrift für Forschung und Praxis, 18. Jg. (1), S. 5-24.

Homburg, C./Klarmann, M./Pflesser, C. (2008): Konfirmatorische Faktorenanalyse, in: Herrmann, A.; Homburg, C.; Klarmann, M. (Hrsg.): Handbuch Marktforschung, 3. Aufl., Gabler, Wiesbaden, S. 271-303.

Homburg, C./Pflesser, C. (2000): A Multiple-Layer Model of Market-Oriented Organizational Culture: Measurement Issues and Performance Outcomes, Journal of Marketing Research, Vol. 37 (4), S. 449-462.

Hong, J./Song, T. H./Yoo, S. (2013): Paths to Success: How Do Market Orientation and Entrepreneurship Orientation Produce New Product Success?, Journal of Product Innovation Management, Vol. 30 (1), S. 44-55.

Howell, R. D./Breivik, E./Wilcox, J. B. (2007a): Is Formative Measurement Really Measurement? Reply to Bollen (2007) and Bagozzi (2007), Psychological Methods, Vol. 12 (2), S. 238-245.

Howell, R. D./Breivik, E./Wilcox, J. B. (2007b): Reconsidering Formative Measurement, Psychological Methods, Vol. 12 (2), S. 205-218.

Hu, L./Bentler, P. M. (1999): Cutoff Criteria for Fit Indexes in Covariance Structure Analysis: Conventional Criteria versus New Alternatives, Structural Equation Modeling, Vol. 6 (1), S. 1-55.

Huber, G. P./Power, D. J. (1985): Retrospective Reports of Strategic-level Managers: Guidelines for Increasing their Accuracy, Strategic Management Journal, Vol. 6 (2), S. 171-180.

Hulland, J. (1999): Use of Partial Least Squares (PLS) in Strategic Management Research: A Review of Four Recent Studies, Strategic Management Journal, Vol. 20 (2), S. 195.

Hult, G. T. M./Hurley, R. F./Knight, G. A. (2004): Innovativeness: Its Antecedents and Impact on Business Performance, Industrial Marketing Management, Vol. 33 (5), S. 429-438.

Hult, G. T. M./Ketchen, D. J. (2001): Does Market Orientation Matter?: A Test of the Relationship Between Positional Advantage and Performance, Strategic Management Journal, Vol. 22 (9), S. 899-906.

Hurley, R. F./Hult, G. T. M. (1998): Innovation, Market Orientation, and Organizational Learning: An Integration and Empirical Examination, Journal of Marketing, Vol. 62 (3), S. 42-54.

Huselid, M. A. (1995): The Impact of Human Resource Management Practices on Turnover, Productivity, and Corporate Financial Performance, Academy of Management Journal, Vol. 38 (3), S. 635-672.

Hutter, T. (2010): Facebook: Wenn Fanpages zum Kriegsschauplatz werden, http://www.thomashutter.com/index.php/2010/03/facebook-wenn-fanpages-kriegsschau-platz-werden/, Abruf: 08.02.2015.

Instagram (2014): Press, http://instagram.com/press, Abruf: 25.07.2014.

Jarvis, C. B./MacKenzie, S. B./Podsakoff, P. M. (2003): A Critical Review of Construct Indicators and Measurement Model Misspecification in Marketing and Consumer Research, Journal of Consumer Research, Vol. 30 (2), S. 199-218.

Jayachandran, S./Sharma, S./Kaufman, P./Raman, P. (2005): The Role of Relational Information Processes and Technology Use in Customer Relationship Management, Journal of Marketing, Vol. 69 (4), S. 177-192.

Jöreskog, K. G. (1971): Statistical Analysis of Sets of Congeneric Tests, Psychometrika, Vol. 36 (2), S. 109-133.

Jöreskog, K. G./Sörbom, D. (1982): Recent Developments in Structural Equation Modeling, Journal of Marketing Research, Vol. 19 (4), S. 404-416.

Kaiser, H. F./Rice, J. (1974): Little Jiffy, Mark IV, Educational and Psychological Measurement, Vol. 34 (1), S. 111-117.

Kaplan, A. M./Haenlein, M. (2010): Users of the World, Unite! The Challenges and Opportunities of Social Media, Business Horizons, Vol. 53 (1), S. 59-68.

Kaplan, A. M./Haenlein, M. (2012): The Britney Spears Universe: Social Media and Viral Marketing at Its Best, Business Horizons, Vol. 55 (1), S. 27-31.

Kemp, S. (2015): Digital, Social & Mobile Worldwide in 2015, http://wearesocial.net/blog/2015/01/digital-social-mobile-worldwide-2015/, Abruf: 21.02.2015.

Khang, H./Ki, E.-J./Ye, L. (2012): Social Media Research in Advertising, Communication, Marketing, and Public Relations, 1997-2010, Journalism & Mass Communication Quarterly, Vol. 89 (2), S. 279-298.

Kietzmann, J. H./Hermkens, K./McCarthy, I. P./Silvestre, B. S. (2011): Social Media? Get Serious! Understanding the Functional Building Blocks of Social Media, Business Horizons, Vol. 54 (3), S. 241-251.

Kim, G./Shin, B./Grover, V. (2010): Investigating Two Contradictory Views of Formative Measurement in Information Systems Research, MIS Quarterly, Vol. 34 (2), S. 345-365.

Kim, K. H. (2005): The Relation Among Fit Indexes, Power, and Sample Size in Structural Equation Modeling, Structural Equation Modeling, Vol. 12 (3), S. 368-390.

Kirca, A. H./Jayachandran, S./Bearden, W. O. (2005): Market Orientation: A Meta-Analytic Review and Assessment of Its Antecedents and Impact on Performance, Journal of Marketing, Vol. 69 (2), S. 24-41.

Knight, D./Durham, C. C./Locke, E. A. (2001): The Relationship of Team Goals, Incentives, and Efficacy to Strategic Risk, Tactical Implementation, and Performance, Academy of Management Journal, Vol. 44 (2), S. 326-338.

Kogut, B./Zander, U. (1992): Knowledge of the Firm, Combinative Capabilities, and the Replication of Technology, Organization Science, Vol. 3 (3), S. 383-397.

Kohli, A. K./Jaworski, B. J. (1990): Market Orientation: The Construct, Research Propositions, and Managerial Implications, Journal of Marketing, Vol. 54 (2), S. 1-18.

Kohli, A. K./Jaworski, B. J./Kumar, A. (1993): MARKOR: A Measure of Market Orientation, Journal of Marketing Research, Vol. 30 (4), S. 467-477.

Kozlenkova, I. V./Samaha, S. A./Palmatier, R. W. (2014): Resource-Based Theory in Marketing, Journal of the Academy of Marketing Science, Vol. 42 (1), S. 1-21.

Krasnikov, A./Jayachandran, S. (2008): The Relative Impact of Marketing, Research-and-Development, and Operations Capabilities on Firm Performance, Journal of Marketing, Vol. 72 (4), S. 1-11.

Krause, D. R. (1999): The Antecedents of Buying Firms' Efforts to Improve Suppliers, Journal of Operations Management, Vol. 17 (2), S. 205-224.

Kumar, V./Aksoy, L./Donkers, B./Venkatesan, R./Wiesel, T./Tillmanns, S. (2010): Undervalued or Overvalued Customers: Capturing Total Customer Engagement Value, Journal of Service Research, Vol. 13 (3), S. 297-310.

Kumar, V./Bhaskaran, V./Mirchandani, R./Shah, M. (2013): Creating a Measurable Social Media Marketing Strategy: Increasing the Value and ROI of Intangibles and Tangibles for Hokey Pokey, Marketing Science, Vol. 32 (2), S. 194-212.

Kumar, V./Jones, E./Venkatesan, R./Leone, R. P. (2011): Is Market Orientation a Source of Sustainable Competitive Advantage or Simply the Cost of Competing?, Journal of Marketing, Vol. 75 (1), S. 16-30.

Kumar, V./Sundaram, B. (2012): An Evolutionary Road Map to Winning with Social Media Marketing, Marketing Research, Vol. 24 (2), S. 4-7.

Labrecque, L. I. (2014): Fostering Consumer-Brand Relationships in Social Media Environments: The Role of Parasocial Interaction, Journal of Interactive Marketing, Vol. 28 (2), S. 134-148.

Labrecque, L. I./vor dem Esche, J./Mathwick, C./Novak, T. P./Hofacker, C. F. (2013): Consumer Power: Evolution in the Digital Age, Journal of Interactive Marketing, Vol. 27 (4), S. 257-269.

Lado, A. A./Boyd, N. G./Wright, P. (1992): A Competency-Based Model of Sustainable Competitive Advantage: Toward a Conceptual Integration, Journal of Management, Vol. 18 (1), S. 77-91.

Lance, C. E. (1988): Residual Centering, Exploratory and Confirmatory Moderator Analysis, and Decomposition of Effects in Path Models Containing Interactions, Applied Psychological Measurement, Vol. 12 (2), S. 163-175.

Leonard-Barton, D. (1992): Core Capabilities and Core Rigidities: A Paradox in Managing New Product Development, Strategic Management Journal, Vol. 13 (S1), S. 111-125.

Leonardi, P. M./Huysman, M./Steinfield, C. (2013): Enterprise Social Media: Definition, History, and Prospects for the Study of Social Technologies in Organizations, Journal of Computer-Mediated Communication, Vol. 19 (1), S. 1-19.

Li, C./Solis, B. (2013a): The Evolution of Social Business: Six Stages of Social Business Transformation, Altimeter Group, San Mateo, CA.

Li, C./Solis, B. (2013b): The Seven Success Factors of Social Business Strategy, Jossey-Bass, San Francisco, CA.

LinkedIn (2014): About LinkedIn, http://press.linkedin.com/about, Abruf: 25.07.2014.

Little, T. D./Bovaird, J. A./Widaman, K. F. (2006): On the Merits of Orthogonalizing Powered and Product Terms: Implications for Modeling Interactions Among Latent Variables, Structural Equation Modeling, Vol. 13 (4), S. 497-519.

Locke, E. A./Latham, G. P. (2004): What Should We Do About Motivation Theory? Six Recommendations for the Twenty-First Century, Academy of Management Review, Vol. 29 (3), S. 388-403.

Löhr, J. (2014): Virale Werbung, http://www.faz.net/aktuell/wirtschaft/unternehmen/virale-werbung-wenn-s-klappt-ist-es-supergeil-12822656.html, Abruf: 31.07.2014.

MacKenzie, S. B./Podsakoff, P. M./Jarvis, C. B. (2005): The Problem of Measurement Model Misspecification in Behavioral and Organizational Research and Some Recommended Solutions, Journal of Applied Psychology, Vol. 90 (4), S. 710-730.

MacKenzie, S. B./Podsakoff, P. M./Podsakoff, N. P. (2011): Construct Measurement and Validation Procedures in MIS and Behavioral Research: Integrating New and Existing Techniques, MIS Quarterly, Vol. 35 (2), S. 293-334.

Makadok, R. (2001): Toward a Synthesis of the Resource-Based and Dynamic-Capability Views of Rent Creation, Strategic Management Journal, Vol. 22 (5), S. 387-401.

Malthouse, E. C./Haenlein, M./Skiera, B./Wege, E./Zhang, M. (2013): Managing Customer Relationships in the Social Media Era: Introducing the Social CRM House, Journal of Interactive Marketing, Vol. 27 (4), S. 270-280.

Mangold, W. G./Faulds, D. J. (2009): Social Media: The New Hybrid Element of the Promotion Mix, Business Horizons, Vol. 52 (4), S. 357-365.

MarketWatch (2014): United Continental Holdings Inc., http://www.marketwatch.com/investing/stock/ual, Abruf: 04.08.2014.

Marsh, H. W./Balla, J. R./McDonald, R. P. (1988): Goodness-of-Fit Indexes in Confirmatory Factor Analysis: The Effect of Sample Size, Psychological Bulletin, Vol. 103 (3), S. 391-410.

Mattgey, R. (2014): Kostenlose Downloads: Super Tools, super Apps, supergeil, http://www.chip.de/artikel/Kostenlose-Downloads-Super-Tools-super-Apps-super-geil_68856452.html, Abruf: 31.07.2014.

McDonald, R. P. (1981): The Dimensionality of Tests and Items, British Journal of Mathematical and Statistical Psychology, Vol. 34 (1), S. 100-117.

McNamara, C. P. (1972): The Present Status of the Marketing Concept, Journal of Marketing, Vol. 36 (1), S. 50-57.

Meffert, H./Burmann, C./Kirchgeorg, M. (2012): Marketing, 11. Aufl., Gabler, Wiesbaden.

Melton, H. L./Hartline, M. D. (2013): Employee Collaboration, Learning Orientation, and New Service Development Performance, Journal of Service Research, Vol. 16 (1), S. 67-81.

Menguc, B./Auh, S. (2006): Creating a Firm-Level Dynamic Capability through Capitalizing on Market Orientation and Innovativeness, Journal of the Academy of Marketing Science, Vol. 34 (1), S. 63-73.

Menon, A./Bharadwaj, S. G./Adidam, P. T./Edison, S. W. (1999): Antecedents and Consequences of Marketing Strategy Making: A Model and a Test, Journal of Marketing, Vol. 63 (2), S. 18-40.

Menon, A./Jaworski, B. J./Kohli, A. K. (1997): Product Quality: Impact of Interdepartmental Interactions, Journal of the Academy of Marketing Science, Vol. 25 (3), S. 187-200.

Miglani, J. (2014a): Forrester Research Social Media Forecast, 2014 to 2019 (US), Q3 2014 Update, https://www.forrester.com/Forrester+Research+Social+Media+Forecast+2014+To+2019+US+Q3+2014+Update/fulltext/-/E-RES119281, Abruf: 05.02.2015.

Miglani, J. (2014b): Forrester Research Social Media Forecast, 2014 to 2019 (Western Europe), https://www.forrester.com/Forrester+Research+Social+Media+Forecast+2014+To+2019+Western+Europe/fulltext/-/E-res117467, Abruf: 05.02.2015.

Miles, S. J./Mangold, W. G. (2014): Employee Voice: Untapped Resource or Social Media Time Bomb?, Business Horizons, Vol. 57 (3), S. 401-411.

Mills, A. J. (2012): Virality in social media: the SPIN Framework, Journal of Public Affairs, Vol. 12 (2), S. 162-169.

Montoya-Weiss, M. M./Calantone, R. (1994): Determinants of New Product Performance: A Review and Meta-Analysis, Journal of Product Innovation Management, Vol. 11 (5), S. 397-417.

Morgan, N. (2012): Marketing and Business Performance, Journal of the Academy of Marketing Science, Vol. 40 (1), S. 102-119.

Morgan, N. A./Vorhies, D. W./Mason, C. H. (2009): Market Orientation, Marketing Capabilities, and Firm Performance, Strategic Management Journal, Vol. 30 (8), S. 909-920.

Muntinga, D. G./Moorman, M./Smit, E. G. (2011): Introducing COBRAs, International Journal of Advertising, Vol. 30 (1), S. 13-46.

Narver, J. C./Slater, S. F. (1990): The Effect of a Market Orientation on Business Profitability, Journal of Marketing, Vol. 54 (4), S. 20-35.

Narver, J. C./Slater, S. F./MacLachlan, D. L. (2004): Responsive and Proactive Market Orientation and New-Product Success, Journal of Product Innovation Management, Vol. 21 (5), S. 334-347.

Newbert, S. L. (2007): Empirical Research on the Resource-Based View of the Firm: An Assessment and Suggestions for Future Research, Strategic Management Journal, Vol. 28 (2), S. 121-146.

Ngo, L. V./O'Cass, A. (2012): In Search of Innovation and Customer-Related Performance Superiority: The Role of Market Orientation, Marketing Capability, and Innovation Capability Interactions, Journal of Product Innovation Management, Vol. 29 (5), S. 861-877.

Noble, C. H./Sinha, R. K./Kumar, A. (2002): Market Orientation and Alternative Strategic Orientations: A Longitudinal Assessment of Performance Implications, Journal of Marketing, Vol. 66 (4), S. 25-39.

Nunnally, J. C. (1978): Psychometric Theory, 2nd ed., McGraw-Hill, New York, NY et al.

Olson, E. M./Slater, S. F./Hult, G. T. M. (2005): The Performance Implications of Fit Among Business Strategy, Marketing Organization Structure, and Strategic Behavior, Journal of Marketing, Vol. 69 (3), S. 49-65.

Olsson, U. H./Foss, T./Troye, S. V./Howell, R. D. (2000): The Performance of ML, GLS, and WLS Estimation in Structural Equation Modeling Under Conditions of Misspecification and Nonnormality, Structural Equation Modeling, Vol. 7 (4), S. 557-595.

Oxford English Dictionary (2015): Readiness, http://www.oed.com/view/Entry/158863?redirectedFrom=readiness#eid, Abruf: 06.09.2015.

Palmatier, R. W./Scheer, L. K./Steenkamp, J.-B. E. M. (2007): Customer Loyalty to Whom? Managing the Benefits and Risks of Salesperson-Owned Loyalty, Journal of Marketing Research, Vol. 44 (2), S. 185-199.

Penrose, E. (1959): The Theory of the Growth of the Firm, Blackwell, Oxford.

Peter, J. P. (1979): Reliability: A Review of Psychometric Basics and Recent Marketing Practices, Journal of Marketing Research, Vol. 16 (1), S. 6-17.

Peter, J. P. (1981): Construct Validity: A Review of Basic Issues and Marketing Practices, Journal of Marketing Research, Vol. 18 (2), S. 133-145.

Peter, J. P./Churchill, G. A. (1986): Relationships Among Research Design Choices and Psychometric Properties of Rating Scales: A Meta-Analysis, Journal of Marketing Research, Vol. 23 (1), S. 1-10.

Peteraf, M. A./Barney, J. B. (2003): Unraveling The Resource-Based Tangle, Managerial & Decision Economics, Vol. 24 (4), S. 309-323.

Peters, K./Chen, Y./Kaplan, A. M./Ognibeni, B./Pauwels, K. (2013): Social Media Metrics – A Framework and Guidelines for Managing Social Media, Journal of Interactive Marketing, Vol. 27 (4), S. 281-298.

Plangger, K. (2012): The Power of Popularity: How the Size of a Virtual Community Adds to Firm Value, Journal of Public Affairs, Vol. 12 (2), S. 145-153.

Podsakoff, P. M./MacKenzie, S. B./Jeong-Yeon Lee/Podsakoff, N. P. (2003): Common Method Biases in Behavioral Research: A Critical Review of the Literature and Recommended Remedies, Journal of Applied Psychology, Vol. 88 (5), S. 879-903.

Podsakoff, P. M./Organ, D. W. (1986): Self-Reports in Organizational Research: Problems and Prospects, Journal of Management, Vol. 12 (4), S. 531-544.

Postel, M./Schnoor, M./Zahn, A.-M. (2010): Messbarer Erfolg im Social Media Marketing – 10 Tipps für den Einstieg, BVDW, Düsseldorf.

Powell, T. C. (1995): Total Quality Management as Competitive Advantage: A Review and Empirical Study, Strategic Management Journal, Vol. 16 (1), S. 15-37.

Priem, R. L./Butler, J. E. (2001a): Is the Resource-Based "View" a Useful Perspective for Strategic Management Research?, Academy of Management Review, Vol. 26 (1), S. 22-40.

Priem, R. L./Butler, J. E. (2001b): Tautology in the Resource-Based View and the Implications of Externally Determined Resource Value: Further Comments, Academy of Management Review, Vol. 26 (1), S. 57-66.

Puscher, F. (2012): Nestlé hat aus dem Palmöl-Desaster gelernt und demonstriert online jetzt Transparenz, http://www.absatzwirtschaft.de/nestle-hat-aus-dem-palmoel-desaster-gelernt-und-demonstriert-online-jetzt-transparenz-12249/, Abruf: 08.02.2015.

Ramani, G./Kumar, V. (2008): Interaction Orientation and Firm Performance, Journal of Marketing, Vol. 72 (1), S. 27-45.

Ramani, G./Kumar, V./Chang, H. (2012): The Dynamic Impact of Fan Sign-Ups and Word-of-Mouth on Sales: Evidence from a Social Networking Website, AMA Winter Educators' Conference Proceedings, Vol. 23, S. 377-378.

Ramaswami, S. N./Srivastava, R. K./Bhargava, M. (2009): Market-Based Capabilities and Financial Performance of Firms: Insights into Marketing's Contribution to Firm Value, Journal of the Academy of Marketing Science, Vol. 37 (2), S. 97-116.

Reddit (2014): About Reddit, http://www.reddit.com/about/, Abruf: 25.07.2014.

Reinartz, W./Krafft, M./Hoyer, W. D. (2004): The Customer Relationship Management Process: Its Measurement and Impact on Performance, Journal of Marketing Research, Vol. 41 (3), S. 293-305.

Reynolds, C. (2009): Smashed Guitar, YouTube Song, http://articles.latimes.com/2009/jul/07/travel/la-tr-smash-guitar-united-07072009, Abruf: 01.08.2014.

Richardson, H. A./Simmering, M. J./Sturman, M. C. (2009): A Tale of Three Perspectives, Organizational Research Methods, Vol. 12 (4), S. 762-800.

Rodríguez, N. G./Pérez, M. J. S./Gutiérrez, J. A. T. (2008): Can a Good Organizational Climate Compensate for a Lack of Top Management Commitment to New Product Development?, Journal of Business Research, Vol. 61 (2), S. 118-131.

Rodriguez Cano, C./Carrillat, F. A./Jaramillo, F. (2004): A Meta-Analysis of the Relationship Between Market Orientation and Business Performance: Evidence From Five Continents, International Journal of Research in Marketing, Vol. 21 (2), S. 179-200.

Rui, H./Liu, Y./Whinston, A. (2013): Whose and What Chatter Matters? The Effect of Tweets on Movie Sales, Decision Support Systems, Vol. 55 (4), S. 863-870.

Sawhney, M./Verona, G./Prandelli, E. (2005): Collaborating to Create: The Internet as a Platform for Customer Engagement in Product Innovation, Journal of Interactive Marketing, Vol. 19 (4), S. 4-17.

Schmidt, F. L./Hunter, J. E./Outerbridge, A. N. (1986): Impact of Job Experience and Ability on Job Knowledge, Work Sample Performance, and Supervisory Ratings of Job Performance, Journal of Applied Psychology, Vol. 71 (3), S. 432-439.

Schrader, U./Hennig-Thurau, T. (2009): VHB-JOURQUAL2: Method, Results, and Implications of the German Academic Association for Business Research's Journal Ranking, Business Research, Vol. 2 (2), S. 180-204.

Seraj, M. (2012): We Create, We Connect, We Respect, Therefore We Are: Intellectual, Social, and Cultural Value in Online Communities, Journal of Interactive Marketing, Vol. 26 (4), S. 209-222.

Sheth, J. N./Sisodia, R. S./Sharma, A. (2000): The Antecedents and Consequences of Customer-Centric Marketing, Journal of the Academy of Marketing Science, Vol. 28 (1), S. 55.

Singh, S./Sonnenburg, S. (2012): Brand Performances in Social Media, Journal of Interactive Marketing, Vol. 26 (4), S. 189-197.

Sinkula, J. M./Baker, W. E./Noordewier, T. (1997): A Framework for Market-Based Organizational Learning: Linking Values, Knowledge, and Behavior, Journal of the Academy of Marketing Science, Vol. 25 (4), S. 305-318.

Slater, S. F. (1995): Issues in Conducting Marketing Strategy Research, Journal of Strategic Marketing, Vol. 3 (4), S. 257-270.

Slater, S. F./Narver, J. C. (1995): Market Orientation and the Learning Organization, Journal of Marketing, Vol. 59 (3), S. 63-74.

Smith, A. N./Fischer, E./Yongjian, C. (2012): How Does Brand-Related User-Generated Content Differ across YouTube, Facebook, and Twitter?, Journal of Interactive Marketing, Vol. 26 (2), S. 102-113.

Socialbakers (2014a): Analytics User Guide, Socialbakers, o. O.

Socialbakers (2014b): Company Overview, http://www.socialbakers.com/company-overview, Abruf: 03.07.2014.

Spiller, C. (2011): Champions League, http://www.zeit.de/sport/2011-05/barcelona-champions-league, Abruf: 11.08.2014.

Steiger, J. H./Lind, J. C. (1980): Statistically-Based Tests for the Number of Common Factors, http://www.statpower.net/Steiger%20Biblio/Steiger-Lind%201980.pdf, Abruf: 31.08.2014.

Stelzner, M. A. (2014): 2014 Social Media Marketing Industry Report, Social Media Examiner, o. O.

Stephen, A. T./Galak, J. (2012): The Effects of Traditional and Social Earned Media on Sales: A Study of a Microlending Marketplace, Journal of Marketing Research, Vol. 49 (5), S. 624-639.

Swain, S. D./Weathers, D./Niedrich, R. W. (2008): Assessing Three Sources of Misresponse to Reversed Likert Items, Journal of Marketing Research, Vol. 45 (1), S. 116-131.

Swink, M. (2000): Technological Innovativeness as a Moderator of New Product Design Integration and Top Management Support, Journal of Product Innovation Management, Vol. 17 (3), S. 208-220.

Teece, D. J. (2007): Explicating Dynamic Capabilities: The Nature and Microfoundations of (Sustainable) Enterprise Performance, Strategic Management Journal, Vol. 28 (13), S. 1319-1350.

Teece, D. J./Pisano, G./Shuen, A. (1997): Dynamic Capabilities and Strategic Management, Strategic Management Journal, Vol. 18 (7), S. 509-533.

Tencent (2014): Tencent Announces 2014 First Quarter Results, http://www.tencent.com/en-us/content/at/2014/attachments/20140514.pdf, Abruf: 25.07.2014.

Thalmann, J./Brettel, M. (2012): Antecedents of Interaction Orientation: The Influence of Organizational and Behavioral Characteristics, Journal of Strategic Marketing, Vol. 20 (5), S. 425-445.

Tomorrow Focus Media (2013): Social Trends – Social Media, Tomorrow Focus Media, o. O.

Trainor, K. J. (2012): Relating Social Media Technologies to Performance: A Capabilities-Based Perspective, Journal of Personal Selling & Sales Management, Vol. 32 (2), S. 317-331.

Trainor, K. J./Andzulis, J./Rapp, A./Agnihotri, R. (2014): Social Media Technology Usage and Customer Relationship Performance: A Capabilities-Based Examination of Social CRM, Journal of Business Research, Vol. 67 (6), S. 1201-1208.

Trusov, M./Bucklin, R. E./Pauwels, K. (2009): Effects of Word-of-Mouth Versus Traditional Marketing: Findings from an Internet Social Networking Site, Journal of Marketing, Vol. 73 (5), S. 90-102.

Tsai, W. (2002): Social Structure of "Coopetition" Within a Multiunit Organization: Coordination, Competition, and Intraorganizational Knowledge Sharing, Organization Science, Vol. 13 (2), S. 179-190.

Tucker, L. R./Lewis, C. (1973): A Reliability Coefficient for Maximum Likelihood Factor Analysis, Psychometrika, Vol. 38 (1), S. 1-10.

Twitter (2014): Company, https://about.twitter.com/company, Abruf: 25.07.2014.

Universität St. Gallen/Conrad Caine (2012): Social Media Excellence 12, http://www.social-media-study.com, Abruf: 23.10.2012.

van Bruggen, G. H./Lilien, G. L./Kacker, M. (2002): Informants in Organizational Marketing Research: Why Use Multiple Informants and How to Aggregate Responses, Journal of Marketing Research, Vol. 39 (4), S. 469-478.

van Noort, G./Willemsen, L. M. (2012): Online Damage Control: The Effects of Proactive Versus Reactive Webcare Interventions in Consumer-Generated and Brand-Generated Platforms, Journal of Interactive Marketing, Vol. 26 (3), S. 131-140.

Verhoef, P. C./Leeflang, P. S. H. (2009): Understanding the Marketing Department's Influence Within the Firm, Journal of Marketing, Vol. 73 (2), S. 14-37.

Vickery, G./Wunsch-Vincent, S. (2007): Participative Web and User-Created Content, OECD Publishing, Paris.

VK (2014): Welcome!, http://vk.com, Abruf: 25.07.2014.

vor dem Esche, J./Hennig-Thurau, T. (2014): German Digitalization Consumer Report 2014, Digitalization Think:Lab, Münster.

Vorhies, D. W./Morgan, N. A. (2005): Benchmarking Marketing Capabilities for Sustainable Competitive Advantage, Journal of Marketing, Vol. 69 (1), S. 80-94.

Vorhies, D. W./Morgan, R. E./Autry, C. W. (2009): Product-Market Strategy and the Marketing Capabilities of the Firm: Impact on Market Effectiveness and Cash Flow Performance, Strategic Management Journal, Vol. 30 (12), S. 1310-1334.

Wang, X./Yu, C./Wei, Y. (2012): Social Media Peer Communication and Impacts on Purchase Intentions: A Consumer Socialization Framework, Journal of Interactive Marketing, Vol. 26 (4), S. 198-208.

Weiber, R./Mühlhaus, D. (2014): Strukturgleichungsmodellierung, 2. Aufl., Springer Gabler, Berlin, Heidelberg.

Weibo (2014): Weibo Reports First Quarter 2014 Financial Results, http://ir.weibo.com/phoenix.zhtml?c=253076&p=irol-newsArticle&ID=1933340&highlight=, Abruf: 25.07.2014.

Weinberg, B. D./Ruyter, K. de/Dellarocas, C./Buck, M./Keeling, D. I. (2013): Destination Social Business: Exploring an Organization's Journey with Social Media, Collaborative Community and Expressive Individuality, Journal of Interactive Marketing, Vol. 27 (4), S. 299-310.

Wernerfelt, B. (1984): A Resource-Based View of the Firm, Strategic Management Journal, Vol. 5 (2), S. 171-180.

Wernerfelt, B. (2014): On the Role of the RBV in Marketing, Journal of the Academy of Marketing Science, Vol. 42 (1), S. 22-23.

Wikipedia (2015): Nestlé, http://de.wikipedia.org/wiki/Nestl%C3%A9, Abruf: 08.02.2015.

Wilcox, J. B./Howell, R. D./Breivik, E. (2008): Questions about Formative Measurement, Journal of Business Research, Vol. 61 (12), S. 1219-1228.

Winter, S. G. (2003): Understanding Dynamic Capabilities, Strategic Management Journal, Vol. 24 (10), S. 991-995.

Wirtz, B. W./Piehler, R./Ullrich, S. (2013): Determinants of Social Media Website Attractiveness, Journal of Electronic Commerce Research, Vol. 14 (1), S. 11-33.

Wright, J. (2014): Mourinho, Guardiola, Ancelotti – Who is the Most Successful Coach of the Champions League Era?, http://www.goal.com/en/news/1717/editorial/2014/04/21/4765142/mourinho-guardiola-ancelotti-who-is-the-most-successful-coach-of-, Abruf: 11.08.2014.

XING (2014): Unternehmen – XING AG, https://corporate.xing.com/no_cache/deutsch/unternehmen/xing-ag/, Abruf: 30.05.2014.

Yadav, M. S./Valck, K. de/Hennig-Thurau, T./Hoffman, D. L./Spann, M. (2013): Social Commerce: A Contingency Framework for Assessing Marketing Potential, Journal of Interactive Marketing, Vol. 27 (4), S. 311-323.

YouTube (2009a): United Breaks Guitars, http://www.youtube.com/watch?feature=player_embedded&v=5YGc4zOqozo, Abruf: 31.07.2014.

YouTube (2009b): United Breaks Guitars – CNN Situation Room – Wolf Blitzer, http://www.youtube.com/watch?v=-QDkR-Z-69Y, Abruf: 04.08.2014.

YouTube (2014a): Döner Süpergeil (Edeka Supergeil Parodie), http://www.youtube.com/watch?feature=player_embedded&v=FEM8E-VeLzk, Abruf: 31.07.2014.

YouTube (2014b): EDEKA – Supergeil (EigenARTig's Supergeiler Remix), http://www.youtube.com/watch?v=gdKU1dQbzok, Abruf: 31.07.2014.

YouTube (2014c): EDEKA Supergeil (feat. Friedrich Liechtenstein), http://www.youtube.com/watch?v=jxVcgDMBU94&feature=youtu.be, Abruf: 31.07.2014.

YouTube (2014d): Statistics, https://www.youtube.com/yt/press/statistics.html, Abruf: 25.07.2014.

Zirger, B. J./Maidique, M. A. (1990): A Model of New Product Development: An Empirical Test, Management Science, Vol. 36 (7), S. 867-883.